普通高等教育“十三五”规划教材
高等院校大学物理实验立体化教材

大学物理实验

（提高部分）

总主编　朱基珍
主　编　肖荣军
副主编　张秀彦　黄　刚
参　编　杨　浩　莫　曼　卢　娟　莫济成
　　　　禤汉元　方志杰　周　江

华中科技大学出版社
中国·武汉

内容提要

本套教材是根据教育部高等学校物理学与天文学教学指导委员会物理基础课程教学指导分委员会制定的《理工科类大学物理实验课程教学基本要求》，借鉴国内外近年来物理实验教学内容和课程体系改革与研究成果，结合广西科技大学大学物理实验教学中心多年来的教改成果、课程建设的实践经验编写而成的。本套教材体现分层教学、开放教学、研究性教学、成果导向教学的实验教学新要求，为非物理类专业大学物理实验教材。全套共分为两册，第一册《大学物理实验(基础部分)》，适用于基础实验教学；第二册《大学物理实验(提高部分)》，适用于提高型、研究型实验教学。

全书通过穿插内容，把物理学的发展简史呈现出来，反映了物理实验在物理学发展中的作用，并对目前先进测量技术作了介绍。

图书在版编目(CIP)数据

大学物理实验．提高部分/朱基珍总主编；肖荣军主编．—武汉：华中科技大学出版社，2018.1(2022.1重印)
ISBN 978-7-5680-3686-3

Ⅰ．①大… Ⅱ．①朱… ②肖… Ⅲ．①物理学-实验-高等学校-教材 Ⅳ．①O4-33

中国版本图书馆CIP数据核字(2017)第325948号

大学物理实验(提高部分)
Daxue Wuli Shiyan (Tigao Bufen)

朱基珍 总主编
肖荣军 主　编

策划编辑：周芬娜　王汉江
责任编辑：王汉江
封面设计：原色设计
责任校对：何　欢
责任监印：周治超
出版发行：华中科技大学出版社(中国·武汉)　电话：(027)81321913
武汉市东湖新技术开发区华工科技园　邮编：430223
录　排：华中科技大学惠友文印中心
印　刷：武汉市籍缘印刷厂
开　本：787mm×1092mm　1/16
印　张：13.25
字　数：343千字
版　次：2022年1月第1版第4次印刷
定　价：38.00元

前　　言

《大学物理实验》分基础和提高两册，与课程网站上的微课教学资源配合使用，通过混合式教学设计，实现物理实验的分层次、线上线下相结合的混合式教学。全套教材适合高等院校非物理类专业的本科学生使用，也可作为实验技术人员和有关教师的参考用书。

本册为提高部分，共分 5 章。第 1 章对物理实验与计算机的应用、课程网站的应用作介绍；第 2 章介绍定性与半定量实验；第 3 章为综合性实验；第 4 章为设计性实验；第 5 章为研究性实验。对于设计性与研究性实验，书中只给定了其实验任务、实验要求、实验条件和参考资料，具体的实验设计和实验研究由学生在探索中完成，并可从课程网站的教学资源中获得设计引导或研究引导。

教材体现"成果为本"的新教学理念，每个实验都进行了"成果导向教学设计"，从"知识"和"能力"两个方面设计教学目标，引导学生的学习，以达到预期学习成果。

本套教材图、表、公式的编号为便于查阅分两种编号方式：一为以实验为主的编号方式，其图、表、公式编号采用"×-×-×"，如实验 3-1 中图、表、公式采用"3-1-×"，其中，"3-1"表示实验 3-1，"×"表示图、表、公式的顺序号。二为除实验以外其他章节的图、表、公式编号方式采用"×.×.×"，如第 2 章 2.1 节中图、表、公式采用"2.1.×"，其中"2.1"表示节，"×"表示顺序号。

朱基珍教授负责全套教材的审定，肖荣军主持本书的编写和统稿工作。杨浩负责第 1 章的编写；莫曼负责第 2 章的编写；肖荣军负责第 3 章实验 3-1 至实验 3-12 及拓展阅读 3、拓展阅读 4 的编写；张秀彦负责第 3 章实验 3-13 至实验 3-24 的编写；其他参编人员负责第 4 章、第 5 章的编写。

本书编写过程中得到了广西教育厅、广西科技大学的大力支持及经费资助，在此表示感谢。

由于我们的水平和条件有限，书中难免存在着不完善和不妥之处，真诚地希望各位读者提出建议并指正。

编　者

2019 年 1 月

目　录

第1章　物理实验与计算机应用

现代科学技术的发展，为改进普通物理实验教学创造了很好的条件。同时，利用计算机对实验教学进行辅助，很大程度上改善了实验教学的效果，也为实验教学新模式的构建提供了最有力的支持。利用计算机，可以实现按教学需要实时监控教学质量，促进教学质量的提高。计算机模拟仿真实验、用微机控制实验过程和采集实验数据等计算机辅助系列，在物理实验中被广泛地运用，如“虚拟示波器”、“虚实结合综合光学实验”等。

1.1　计算机在物理实验数据处理中的应用

物理实验中的数据处理是实验的一个重要组成部分和关键环节。将计算机引入到实验数据处理中，不但可以提高处理效率，同时还能避免在处理过程中计算错误的发生，实现数据图表化、误差分析标准化。

一、数学计算软件在物理实验中的应用

所谓“万物皆数”，一切知识的根基都来自于数学。在科学研究和工程应用过程中，往往需要大量的数学计算，传统的纸笔已经不能从根本上满足海量计算的要求。当实验数据处理需要复杂计算且要求较高时，往往使实验者要花费大量时间在数据处理过程上。而使用数学计算软件(如 Matlab、Mathematica 等)来对实验数据进行数值计算则可以有效地减轻计算工作量，提高工作效率。现代数学计算软件具有编程简单、易于学习、能快速进行复杂运算的特点，无论是在校学生，还是工程技术人员和科研人员，都可以快速学习 Matlab、Mathematica 等软件的使用并用它们来解决各种数值计算问题。

1. Matlab 简介

Matlab 软件的出现是和科学计算紧密联系在一起的。20 世纪 70 年代，Clever Moler 在线性代数课程教学中为了让学生能使用 Fortran 的 Linpack、Eispack 子程序库，又不至于在编程上花费太多时间，而开发了 Matlab 软件。1984 年 MathWorks 公司成立，Matlab 正式向市场推出，同时开发者也继续进行着软件的研究和开发工作。到目前为止，Matlab 已经发布了 7.0 版本，MathWorks 公司又实现了一次技术层面上的飞跃。

Matlab 的特点在于强大的数值计算和可视化软件能力，它最初主要用于方便矩阵的存取，其基本元素是无需定义维数的矩阵。经过十几年的完善和扩充，现在已发展成为线性代数课程的标准工具，也成为其他许多领域课程的使用工具。Matlab 不仅在数学方面，而且在物理、统计、工程、金融等方面都有强大的工具箱可以使用。

2. 数学计算软件 Matlab 的使用

由于篇幅所限，这里主要介绍 Matlab 在物理实验数据处理中可能会用到的一些基本命

令，至于 Matlab 的高级命令和 Mathematica 的使用方法，请读者自行查阅相关书籍。

(1) Matlab 的界面

Matlab 窗口顶部的标准菜单可以用于做文件管理和文件调试等工作；右边有一个下拉列表框，它可以选择和设置当前工作路径；左下方是历史命令窗口；右边是 Matlab 最重要的窗口：命令窗口。Matlab 的界面见图 1.1.1。

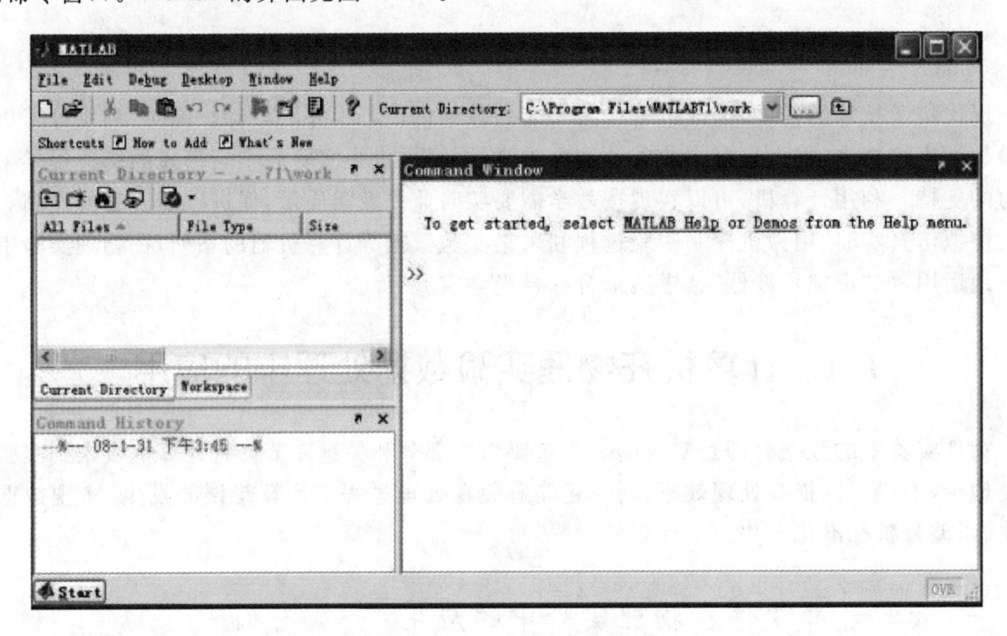

图 1.1.1　Matlab 界面图

命令窗口位于 Matlab 界面右边。命令在双大于号“≫”提示符后面输入。读者可以在这里尝试输入一些实际的基本命令。例如，我们想得到 433 乘以 15 的结果，就可以在提示符后面输入 433* 15，然后按 Enter 回车，即可得到结果如下：

```
≫433* 15
ans=
  6495
```

即 433 乘以 15 的结果为 6495。

(2) Matlab 中的变量定义

与其他任何计算机语言一样，Matlab 也可以定义变量。如果想要使用自己定义的变量名，例如变量叫 x，假设要让它等于 5 乘以 6，则可以在命令窗口输入下面命令

```
≫x= 5* 6
x=
  30
```

定义变量以后，就可以对它进行引用。假设我们还要计算 x 乘以 3.56 的结果，并把结果赋给 y，那么可以输入

```
≫y= x* 3.56     % 将 x* 3.56 的结果赋给 y
y=
  106.8000
```

注意在刚才输入的内容中，“% 将 x* 3.56 的结果赋给 y”表示对输入内容的注释。

Matlab中的注释都是以%号开始的。它的作用在于使得计算过程更容易让他人读懂，Matlab在处理时会自动将注释部分忽略。

在 Matlab 中，为了方便使用者进行数学运算，还附带了许多基本的或是常见的数学量和函数。例如要使用圆周率时只需输入 pi 即可。

```
≫r= 2;              % 定义半径等于 2
≫S= 2* pi* r^2      % 计算圆面积
S=
  25.1327
```

如果需要求平方根，则可以用 sqrt 函数。例如：

```
≫x= sqrt(15)
x=
  3.8730
```

由于本书篇幅有限，所以不再在这里对 Matlab 中包含的其他函数进行介绍，感兴趣的读者请自行查看 Matlab 的帮助文档或是相关手册对其内置函数进行进一步的了解。

(3) 矩阵的创建

在 Matlab 里的数据分析是按列矩阵进行的。不同的变量存储在各列中。通过这种存储方式 Matlab 很容易对数据集合进行统计分析。矩阵是两维数字数组，要在 Matlab 中创建矩阵，输入的行各元素之间用空格或逗号分隔，行末用分号进行标记。

考虑下面例子：　$\boldsymbol{A}=\begin{bmatrix}-1 & 6\\ 7 & 11\end{bmatrix}$

这个矩阵在 Matlab 中可以使用下面命令输入

```
≫A= [- 1,6;7,11]
A=
  - 1   6
   7   11
```

(4) 矩阵的基本操作

Matlab 中提供了完善的矩阵操作算符，基本上所有能想到的矩阵运算都可以在 Matlab 中得到实现。考虑矩阵

$$\boldsymbol{B}=\begin{bmatrix}2 & 0 & 1\\ -1 & 7 & 4\end{bmatrix}$$

在 Matlab 中输入

```
≫B= [2,0,1;- 1,7,4]
B=
   2  0  1
  - 1  7  4
```

在需要对矩阵 **B** 进行数量相乘时可以通过引用矩阵名称进行计算

```
≫C= 2* B
C=
   4   0   2
  - 2  14   8
```

如果两个矩阵行数和列数都相等,那么可用“+”、“-”运算符来对它们进行相加减操作:

```
≫D= [0,1,8;2,2,1];
≫B+ D
ans=
  2  1  9
  1  9  5
≫C- D
ans=
   4   - 1  - 6
 - 4   12    7
```

矩阵转置可以对矩阵的行和列进行交换。在 Matlab 中使用单引号'来进行转置操作。

```
≫E= B'
E=
  2  - 1
  0    7
  1    4
```

(5) 矩阵乘法

在数学中我们知道,两个矩阵 **A** 和 **B**,如果 **A** 是一个 $m\times p$ 矩阵,而 **B** 是 $p\times n$ 矩阵,那么将它们相乘可以得到一个 $m\times n$ 矩阵。在 Matlab 中如果要进行矩阵乘法运算,可以采用运算符“* ”。请注意,进行矩阵乘法运算时,需要保证矩阵维数的正确性,否则 Matlab 会提示错误。

考虑下面两个矩阵

$$\boldsymbol{A}=\begin{bmatrix}1 & 1\\ 2 & 5\end{bmatrix}\qquad \boldsymbol{B}=\begin{bmatrix}4 & 1\\ 3 & 1\end{bmatrix}$$

要让矩阵 **A** 和矩阵 **B** 相乘,在 Matlab 中可以输入

```
≫A= [1,1;2,5];
≫B= [4,1;3,1];
≫A* B
ans=
   7  2
  23  7
```

在 Matlab 中还可以对矩阵进行数组乘法操作。数组乘法运算符为“. * ”。注意数组乘法运算符和矩阵乘法运算符的区别。数组乘法实际上是把两矩阵的元素与元素相乘。例如

$$\text{A}.*\text{B}=\begin{bmatrix}a_{11} & a_{12}\\ a_{21} & a_{22}\end{bmatrix}.*\begin{bmatrix}b_{11} & b_{12}\\ b_{21} & b_{22}\end{bmatrix}=\begin{bmatrix}a_{11}\times b_{11} & a_{12}\times b_{12}\\ a_{21}\times b_{21} & a_{22}\times b_{22}\end{bmatrix}$$

```
≫A.* B
ans=
4  1
6  5
```

(6) 使用 Matlab 进行线性函数拟合

当实验所测量到的数据满足类似 $y = ax + b$ 的线性相关关系时，可以使用 Matlab 中的 polyfit(x,y,n)函数来求得 a 和 b 的值。polyfit(x,y,n)函数中的 n 表示需要 Matlab 求出的多项式的次数，对于 $y = ax + b$ 形式的方程，n=1。polyfit(x,y,n)函数使用最小二乘法来对数据进行计算拟合。可以通过下面这个简单的例子来学习使用该函数。

例 1　假设已知某导体电阻随温度变化的数据如表 1.1.1 所示。这里假设温度 t 的误差很小，可以忽略，数据点的分散主要是由电阻 R 的误差引起的。

表 1.1.1　电阻随温度变化实验数据

t/℃	17.8	26.9	37.7	48.2	58.3
R/Ω	3.554	3.687	3.827	3.969	4.105

设导体电阻和温度的关系式为

$$R_t = R_0 + R_0 \alpha t$$

将上式与 $y = ax + b$ 比较，可得到

$$y = R_t,\quad a = R_0\alpha,\quad x = t,\quad b = R_0$$

接下来将根据已有数据用 Matlab 来计算出 $a = R_0\alpha$ 和 $b = R_0$ 的数值。首先在命令窗口把实验数据输入 Matlab：

```
≫x= [17.8,26.9,37.7,48.2,58.3]          % 输入温度 t
x=
  17.8000  26.9000  37.7000  48.2000  58.3000
≫y= [3.554,3.687,3.827,3.969,4.105]     % 输入电阻 Rt
y=
  3.5540  3.6870  3.8270  3.9690  4.1050
```

然后可以调用 polyfit(x,y,n)函数让 Matlab 计算拟合数据的多项式的系数。由于现在希望产生的是一个一次多项式，所以可以用下面形式调用 polyfit 函数。

```
≫m= polyfit(x,y,1)      % 对实验数据进行 1 阶多项式最小二乘拟合
m=
  0.0135  3.3175
```

即根据数据拟合得到的 $a = R_0\alpha = 0.0135$ 和 $b = R_0 = 3.3175$，导体电阻和温度关系为

$$R_t = 0.0135t + 3.3175$$

(7) 绘制函数图形

在例 1 中，假设在得到导体电阻与温度关系的关系式后，想要把对应的图形在坐标系中绘制出来，那么利用 Matlab 中的 plot 函数。依次输入命令

```
≫t= [17:0.1:59];              % 建立水平坐标轴
≫R= m(1)* t+ m(2);            % 产生 Rt= 0.0135t+ 3.3175 函数
≫plot(x,y,'o',t,R),xlabel('温度(℃)'),ylabel('电阻(Ω)'),grid on,…
axis([17  59  3.5  4.2])      % 绘制图形
```

得到的结果图形如图 1.1.2 所示。图中的 o 表示对应的原始数据点位置，直线表示用 polyfit 函数拟合得到的结果。可以看到，原始数据与拟合直线结果还是相当接近的。

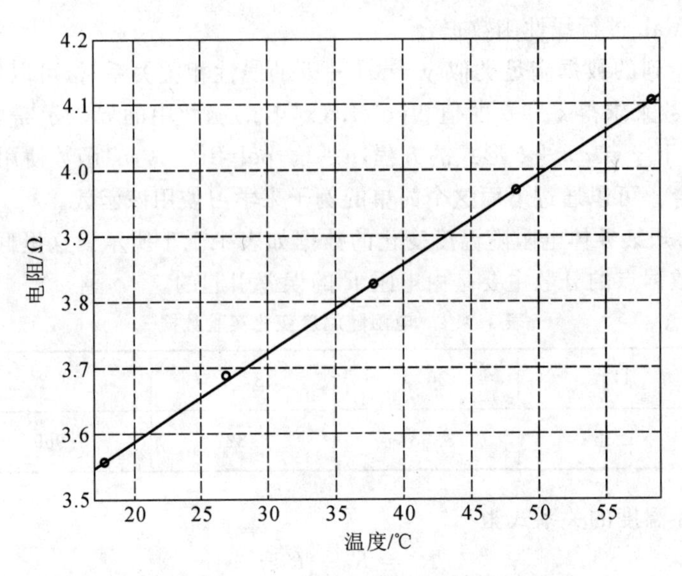

图 1.1.2　例 1 中通过数值拟合得到的直线图

(8) 在 Matlab 中计算相关系数 γ

在得到系数 a 和 b 后,通常用相关系数 γ 来检验结果是否合理。对于 1 阶多项式最小二乘拟合,相关系数 γ 定义为

$$\gamma=\frac{\sum_{i=1}^{n}(x_i-\bar{x})(y_i-\bar{y})}{\sqrt{\sum_{i=1}^{n}(x_i-\bar{x})^2\sum_{i=1}^{n}(y_i-\bar{y})^2}}=\frac{\overline{xy}-\bar{x}\cdot\bar{y}}{\sqrt{[(\bar{x})^2-\overline{x^2}][(\bar{y})^2-\overline{y^2}]}}$$

相关系数 γ 的值在 −1 到 +1 之间,如果 $|\gamma|$ 接近 1,就说明实验数据点能聚集在一条直线附近,用 1 阶多项式做最小二乘拟合比较合理;相反,如果 $|\gamma|$ 接近 0 而远小于 1,那就说明试验点分布不能聚集在直线附近,不适合用 1 阶多项式做最小二乘拟合,应当用其他函数重新试探进行拟合。

例 1 中的相关系数在 Matlab 中可以用如下命令进行计算:

```
x= [17.8,26.9,37.7,48.2,58.3];            % 输入温度为 x
y= [3.554,3.687,3.827,3.969,4.105];       % 输入电阻为 y
xa= mean(x);            % 温度均值 x̄
ya= mean(y);            % 电阻均值 ȳ
deltax= x- xa;          % 计算 (xi- x̄),i= 1,…,5,并将结果存于数组 deltax 中
deltay= y- ya;          % 计算 (yi- ȳ),i= 1,…,5,并将结果存于数组 deltay 中
Lxx= deltax* deltax';           % 计算 Σ(i=1..n) (xi - x̄)^2
Lyy= deltay* deltay';           % 计算 Σ(i=1..n) (yi - ȳ)^2
Lxy= deltax* deltay';           % 计算 Σ(i=1..n) (xi - x̄)(yi - ȳ)
gama= Lxy/sqrt(Lxx* Lyy)        % 计算相关系数 γ 并显示
```

按例 1 中原有数据最终计算到得的相关系数为 $\gamma=0.9999$,说明得到的数据变化符合线

性关系，采用 1 阶多项式做最小二乘拟合是合理的。

二、最小二乘法处理实验数据示例

下面将以固体线热膨胀系数的测定和霍尔效应为例，介绍使用 Matlab 对其实验数据用最小二乘法进行处理的方法和过程。

1. Matlab 中对测定固体线热膨胀系数的实验数据处理过程

(1) 实验原理

在一定温度范围内，原长为 l_0 的固体受热后伸长量 Δl 与其温度的增加量 Δt 近似成正比，与原长 l_0 也成正比。通常定义固体在温度每升高 1 ℃时，在某一方向上的长度增量 $\Delta l/\Delta t$ 与 0 ℃(由于温度变化不大时长度增量非常小，实验中取室温)时同方向上的长度 l_0 之比，叫做固体的线热膨胀系数 α，即

$$\alpha = \frac{\Delta l}{l_0 \cdot \Delta t} \tag{1.1.1}$$

或

$$\Delta l = \alpha l_0 \Delta t \tag{1.1.2}$$

实验证明，不同材料的线热膨胀系数是不同的。本实验要求对实验室配备的实验铁棒、铜棒、铝棒分别进行测量并计算其线热膨胀系数。

(2) 在 Matlab 中用最小二乘法处理实验数据

在一次实验中所测量到的铝棒实验数据如表 1.1.2 所示。这里假设温度 t 的误差很小，可以忽略，数据点的分散主要是由固体伸长量 Δl 的误差引起的。本实验中所使用铝棒长度 l_0 ＝0.4 m。

表 1.1.2　铝棒的线热膨胀系数测量数据表

温度/℃	21.3	40.0	50.0	60.0	70.0
千分表读数/mm	0.0000	0.1709	0.2625	0.3552	0.4481

对数据进行 1 阶多项式最小二乘拟合。先在 Matlab 中输入数据：

```
≫deltal= [0.0000,0.1709,0.2625,0.3552,0.4481];
≫x= [21.3,40.0,50.0,60.0,70.0];
≫y= deltal* 0.001;      % 将 deltal 单位换算成米(m)
≫m= polyfit(x,y,1)
m=
  1.0e- 003*
  0.0092     - 0.1966
```

即拟合得到的直线斜率

$$a = l_0\alpha = 9.2\times10^{-6}(\text{m}\cdot℃^{-1})$$

接下来计算相关系数，可得到 $\gamma = 1.0000$(format long 环境下显示 γ 数值为 0.99999167814688)。γ 值的计算结果表示数据基本沿直线分布，之前求到的 $a = l_0\alpha = 0.0092$ 值可用。

由式(1.1.2)得到对应铝棒的线热膨胀系数

$$\alpha = \frac{a}{l_0} = 2.2997\times10^{-5}(℃^{-1})$$

接下来对测量结果进行不确定度评定。首先,计算测量值 Δl 的不确定度:

$$U_{\Delta l\mathrm{A}}=\sqrt{\frac{\sum_{i=1}^{n}(y_i-ax_i-b)^2}{n-2}}=8.1317\times10^{-7}(\mathrm{m})$$

$$U_{\Delta l\mathrm{B}}=\frac{\Delta_{千分表}}{3}=\frac{4\times10^{-6}}{3}=1.3333\times10^{-6}(\mathrm{m})$$

Δl 的总不确定度为

$$U_{\Delta l}=\sqrt{U_{\Delta l\mathrm{A}}^2+U_{\Delta l\mathrm{B}}^2}=1.5617\times10^{-6}(\mathrm{m})$$

根据不确定度的传递关系,拟合直线结果的斜率 a 和截距 b 的不确定度分别为

$$U_a=U_{\Delta l}\sqrt{\frac{1}{\sum_{i=1}^{n}(x_i-\bar{x})^2}}=\frac{U_{\Delta l}}{\sqrt{n[\overline{x^2}-(\bar{x})^2]}}=4.1612\times10^{-8}(\mathrm{m}\cdot℃^{-1})$$

$$U_b=U_{\Delta l}\sqrt{\frac{\sum_{i=1}^{n}x_i^2}{n\sum_{i=1}^{n}(x_i-\bar{x})^2}}=\sqrt{\overline{x^2}}\cdot U_a=2.1262\times10^{-6}(\mathrm{m})$$

Matlab 中输入下面命令后得到 Δl-t 关系,如图 1.1.3 所示。

```
≫t= [21:0.1:70];
≫Dl= m(1)* t+ m(2);
≫plot(x,y,'o',t,Dl),xlabel('温度(℃)'),ylabel('伸长量(m)'),...grid on,
  axis([21 70 0 0.45* 0.001])
```

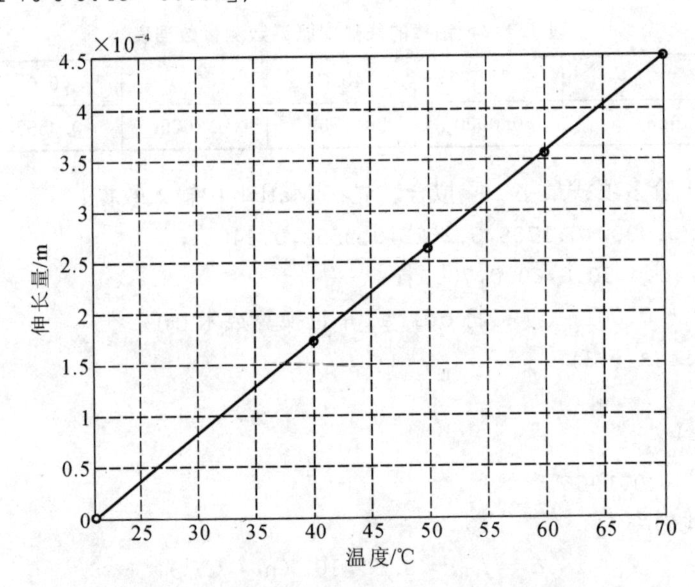

图 1.1.3　铝棒伸长量随温度变化改变关系图

由 $a=l_0\alpha$ 可知,a 与待测量 α 的相对不确定度相等,即

$$\frac{U_\alpha}{\alpha}=\frac{U_a}{a}=\frac{4.1612\times10^{-8}}{9.2\times10^{-6}}=0.45\%$$

$$U_\alpha=\frac{U_a}{a}\alpha=1.0403\times10^{-7}(℃^{-1})$$

即测量结果可以表示为

$$\begin{cases} \alpha = \alpha \pm U_{\alpha} = (2.30 \pm 0.01) \times 10^{-5} (℃^{-1}) \\ U_{r} = 0.45\% \end{cases} \quad (P = 68.3\%)$$

(3) Matlab 处理程序

```
% 输入数据
x= [21.3,40.0,50.0,60.0,70.0];
deltal= [0,0.1709,0.2625,0.3552,0.4481];
% 长度单位换算
y= deltal* 0.001;
% 进行拟合
m= polyfit(x,y,1)
% 求拟合相关系数γ
xa= mean(x);
ya= mean(y);
deltax= x- xa;
deltay= y- ya;
Lxx= deltax* deltax';
Lyy= deltay* deltay';
Lxy= deltax* deltay';
gama= Lxy/sqrt(Lxx* Lyy)
% 输出求到的铝棒对应线热膨胀系数α
alpha= m(1)/0.4
% 求伸长量Δl的总不确定度
yr= m(1)* x+ m(2);
v= y- yr;
sigmav2= v* v';
n= 5;
uya= sqrt(sigmav2/(n- 2))
uyb= 0.004e- 3/3
uy= sqrt(uya^2+ uyb^2)
% 求斜率 a 和截距 b 的总不确定度
ua= uy* sqrt(1/(Lxx))
ub= uy* sqrt((x* x')/(n* Lxx))
% 输出 Ur
ur= ua/m(1)
% 求线热膨胀系数α的不确定度
deltaalpha= alpha* ua/m(1)
% 输出图形
t= [20:0.1:70];
Dl= m(1)* t+ m(2);
```

```
plot(x,y,'o',t,Dl),xlabel('温度(℃)'),ylabel('伸长量(m)'),...
grid on,axis([20  70  0  0.45* 0.001])
```

2. Matlab 中用最小二乘法对霍尔效应实验数据的处理过程

(1) 实验原理

将一块半导体或导体材料,沿 Z 轴方向加以磁场 $\boldsymbol{B}$,沿 X 轴方向通以工作电流 I_S,则在 Y 轴方向产生电压差 U_H,这种现象称为霍尔效应。U_H 称为霍尔电压。

实验表明,在磁场不太强时,霍尔电压 U_H 与电流强度 I 和磁感应强度 B 成正比,与板的厚度 d 成反比,即

$$U_H = R_H \frac{I_S B}{d} \tag{1.1.3}$$

或

$$U_H = K_H I_S B \tag{1.1.4}$$

该实验中利用式(1.1.4),实现了利用霍尔效应对磁场的测量。实验方法是在已知霍尔元件灵敏度 K_H 的前提下,将霍尔元件放置于待测磁场的相应位置,然后控制工作电流 I_S,记录产生的霍尔电压 U_H,然后再根据式(1.1.4)即可求出对应的磁感应强度 B 。

(2) 在 Matlab 中用最小二乘法处理实验数据

假设某台仪器所使用霍尔元件灵敏度 $K_H = 27.0\ \mathrm{mV \cdot mA^{-1} \cdot T^{-1}}$,然后在一次实验中所测量到的实验数据如表 1.1.3 所示。这里假设工作电流 I_S 的误差很小可以忽略,数据点的分散主要是由霍尔电压 U_H 的误差引起的。

表 1.1.3　霍尔效应实验数据

次数	1	2	3	4	5	6	7	8
I_S/mA	1.00	2.00	3.00	4.00	5.00	6.00	7.00	8.00
U_H/mV	2.24	4.50	6.75	8.99	11.25	13.48	15.71	17.94

尝试对数据进行 1 阶多项式最小二乘法拟合。先在 Matlab 中输入数据:

```
≫x= [1.00,2.00,3.00,4.00,5.00,6.00,7.00,8.00];
≫y= [2.25,4.50,6.75,8.99,11.25,13.48,15.71,17.94];
≫m= polyfit(x,y,1)
m=
  2.2429  0.0146
```

即拟合得到的直线斜率

$$a = K_H \cdot B = 2.2429(\mathrm{mV \cdot mA^{-1}})$$

然后计算相关系数。在 Matlab 的默认显示精度下得到相关系数 $\gamma = 1.0000$(如果之前有用 format long 命令提高显示精度可看到实际数值为 0.99999714323644)。γ 值的计算结果表示数据基本沿直线分布,之前求到的 $a = K_H \cdot B = 2.2429$ 可用。

由此可得磁感应强度

$$B = \frac{a}{K_H} = 0.0831\ (\mathrm{T})$$

在 Matlab 中绘制出 U_H-I_S 关系,如图 1.1.4 所示。

接下来对测量结果进行不确定度评定。首先,计算测量值霍尔电压 U_H 的不确定度:

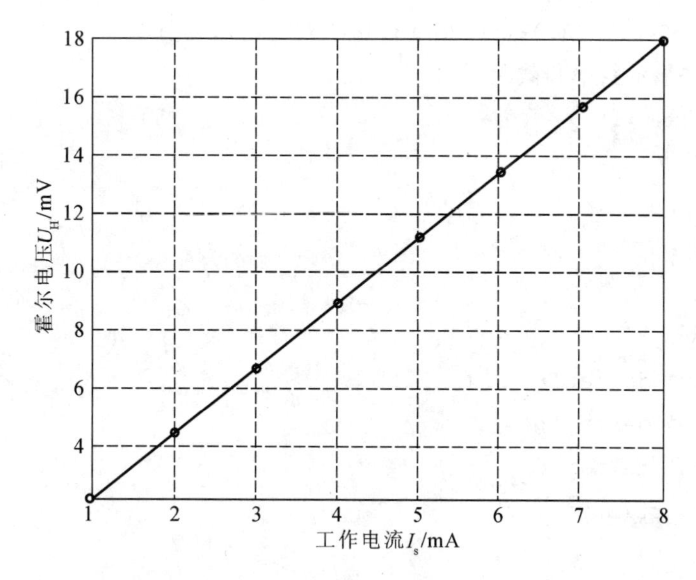

图 1.1.4　霍尔电压随工作电流变化关系图

$$U_{U_H A} = \sqrt{\frac{\sum_{i=1}^{n}(y_i - ax_i - b)^2}{n-2}} = 0.0142(\text{mV})$$

$$U_{U_H B} = \frac{\Delta_{U_H}}{3} = \frac{0.10}{3} = 0.0333(\text{mV})$$

U_H 的总不确定度为

$$U_{U_H} = \sqrt{U_{U_H A}^2 + U_{U_H B}^2} = 0.0362(\text{mV})$$

根据不确定度的传递关系，拟合直线结果的斜率 a 和截距 b 的不确定度分别为

$$U_a = U_{U_H}\sqrt{\frac{1}{\sum_{i=1}^{n}(x_i - \bar{x})^2}} = \frac{U_{U_H}}{\sqrt{n[\overline{x^2} - (\bar{x})^2]}} = 0.0056(\text{mV} \cdot \text{mA}^{-1})$$

$$U_b = U_{U_H}\sqrt{\frac{\sum_{i=1}^{n}x_i^2}{n\sum_{i=1}^{n}(x_i - \bar{x})^2}} = \sqrt{\overline{x^2}} \cdot U_a = 0.0282(\text{mV})$$

由 $a = K_H \cdot B$ 知，a 与待测量 B 的相对不确定度相等，即

$$\frac{U_B}{B} = \frac{U_a}{a} = \frac{0.0056}{2.2429} = 0.25\%$$

$$U_B = \frac{U_a}{a}B = 2.0703 \times 10^{-4}(\text{T})$$

即测量结果可以表示为

$$\begin{cases} B = 0.0831 \pm 0.0002(\text{T}) \\ U_r = 0.25\% \end{cases} \quad (P = 68.3\%)$$

(3) Matlab 处理程序

```
% 输入数据
x= [1.00,2.00,3.00,4.00,5.00,6.00,7.00,8.00];
```

```
y= [2.25,4.50,6.75,8.99,11.25,13.48,15.71,17.94];
% 拟合直线并显示斜率和截距
m= polyfit(x,y,1)
% 求相关系数 γ
xa= mean(x);
ya= mean(y);
deltax= x-xa;
deltay= y-ya;
Lxx= deltax* deltax';
Lyy= deltay* deltay';
Lxy= deltax* deltay';
gama= Lxy/sqrt(Lxx* Lyy)
% 求 U_{U_H A}
yr= m(1)* x+ m(2);
v= y- yr;
sigmav2= v* v';
n= 8;
uya= sqrt(sigmav2/(n- 2))
% 求 U_{U_H B}
deltaVh= 0.10;
uyb= DeltaVh/3
% 求 U_H 总不确定度
uy= sqrt(uya^2+ uyb^2)
% 求 U_a、U_b
ua= uy* sqrt(1 /Lxx)
ub= uy* sqrt((x* x')/(n* Lxx))
% 求 U_r
ur= ua/m(1)
% 求磁感应强度 B
B= m(1)/27.0
% 求 U_B
Ub= ur* B
% 绘制图形
i= [1:0.1:8];
yn= m(1)* i+ m(2);
plot(x,y,'o',i,yn),xlabel('工作电流(mA)'),ylabel('霍尔电压(mV)'), ...
grid on,axis([1  8  2  18])
```

三、大学物理实验课程网站简介

物理实验课程是培养学生科学实验能力和素养的重要实践性课程。从 2004 年开始，为了培养和提高学生的科学实验素质和创新能力，广西科技大学对面向全校的大学物理实验课程进行了改革和建设。物理实验教学的课程体系、教学方式、教学内容、实验方法和技术手段，以及教学管理等方面得到了系统的改革，使面向全校各专业学生的物理实验教学发生了彻底的变化，形成了一定的特色。

在课程建设中，利用实验课程网站，我们实现了实验室管理的自动化、网络化，提高了实验课程的管理水平。通过物理实验课程网站，用户可以在网上实现实验预习、实验预约、成绩查询、实验答疑、查询分组信息和考试时间、云课堂查看实验微课、自主测试等多项功能。下面对大学物理实验课程网站的使用方法进行简单介绍。

在计算机中打开浏览器后，在地址栏输入网站地址(目前网站在我校校园网内的地址为 http://172.19.64.7)，进入后可见到教学网站页面，如图 1.1.5 所示。

图 1.1.5　教学网站页面

其中的“精品课程”栏目可以让学生查看以往的课堂教学录像、教学资料和教学课件等资源，“预约系统”栏目则主要用于让学生对实验进行预约。

点击“预约系统”栏目后可进入图 1.1.6 所示的页面。

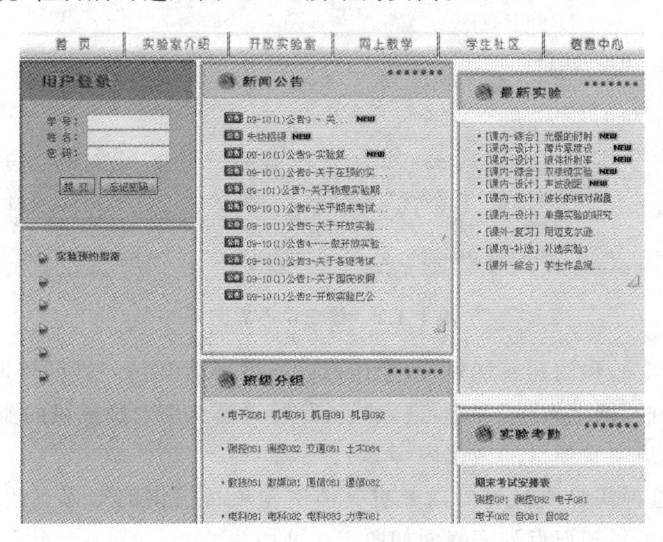

图 1.1.6　预约系统界面

如图 1.1.6 所示,页面由“用户登录”、“新闻公告”、“最新实验”、“班级分组”和“期末考试安排表”等多个栏目组成。用户可以在左上方输入学号、姓名及密码后登录系统。页面正下方的“班级分组”栏目可以让学生了解各个开课班级的分组和上课时间安排。右下方的“期末考试安排表”栏目可以让学生在期末时提前了解考试时间的安排。

用户在成功登录系统后进入到如图 1.1.7 所示的页面,页面中会显示出登录用户所属班级、可约实验个数、已约实验个数、上次登录时间等信息。在页面的左边,有一列共 7 个按钮,可以分别实现“修改资料”、“预约实验”、“实验预约单”、“成绩查询”、“网上教学”、“系统帮助”、“退出”功能。学生可以在这里了解实验项目内容,熟悉实验原理和所配备的仪器,并在已开放的实验时间段内自行选择某一时间来进行实验。

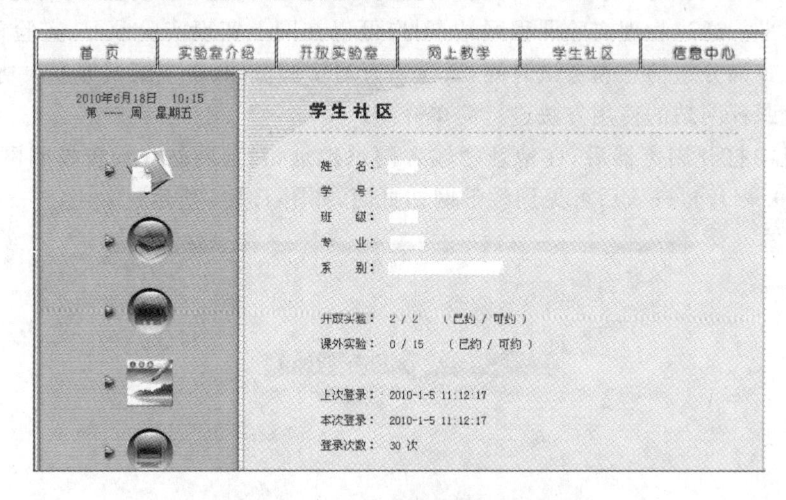

图 1.1.7 成功登录系统页面

对实验原理或方法有疑问的学生,还可以利用信息中心直接在网上向老师提出问题,让老师进行指导和解答。信息中心界面如图 1.1.8 所示。

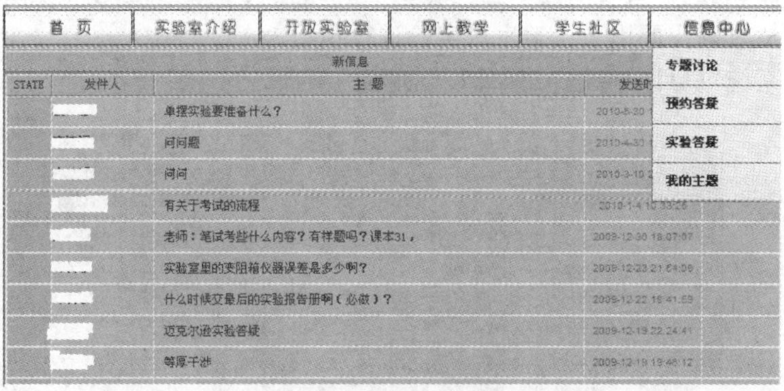

图 1.1.8 信息中心界面

除了可以进行实验预约和答疑外,学生还可以通过云课堂访问微课资源并进行测试和讨论。点击网站首页的“网上教学”菜单,进入“云课堂”页面。用老师提供的账号和密码登录后,即可查看或收藏相应实验项目的微课内容。

在云课堂中,选择实验项目后可以查看具体实验项目提供的知识点微课和测试、讨论记录。云课堂的实验项目知识点列表界面如图 1.1.9 所示。

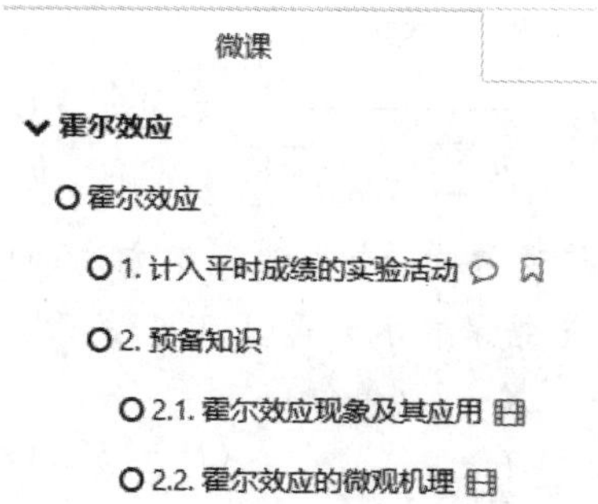

微课

- 霍尔效应
  - 霍尔效应
    - 1. 计入平时成绩的实验活动
    - 2. 预备知识
      - 2.1. 霍尔效应现象及其应用
      - 2.2. 霍尔效应的微观机理

图 1.1.9　云课堂项目知识点列表

在该列表中，表示该知识点提供有相应的微课视频。点击该图标即可在上方打开并观看微课。表示提供有自测题，学生可以点击测试图标，打开试卷进行测试，检查自己对相关知识的掌握程度。表示可以进行相关讨论，点击图标进入后可以查看已有的讨论记录并加入讨论。

知识拓展

最小二乘法的不确定度计算

当被测量的值由实验数据用最小二乘法拟合的直线或曲线上得到时，其不确定度可以用统计方法得到。由于这种方法涉及许多数理统计知识，这里仅作一些简单介绍。

下面以最简单的直线拟合为例进行分析。假设已经测量到了一系列实验数据 (x_i, y_i)，其中 $i=1,2,\cdots,n$，并且变量 x 与 y 之间已经通过最小二乘法拟合得到它们满足线性关系 $y=ax+b$，可以通过以下方法计算拟合结果参数 a、b 的不确定度。

先用式(1.1.5)计算实测数据点在拟合直线两侧的离散程度，其离散程度大小用标准偏差 $U_{y\text{A}}$ 表示。$U_{y\text{A}}$ 反映的是每个 y_i 的标准不确定度的A类分量值。

$$U_{y\text{A}}=\sqrt{\frac{\sum_{i=1}^{n}(y_i-ax_i-b)^2}{n-2}} \tag{1.1.5}$$

然后再考虑仪器误差。由于最小二乘法的定义只考虑了响应的误差，使得该直线到参与回归点的垂直距离的和最小，换句话说，就是只考虑了 Y 轴上的误差，并假定该误差是服从正态分布的，所以只需要考虑测量 y 值所用仪器误差 $U_{y\text{B}}$ 即可。

在根据实验中实际测量仪器得到仪器误差 $U_{y\text{B}}$ 以后，求出 y 值的总不确定度 U_y，即

$$U_y=\sqrt{U_{y\text{A}}^2+U_{y\text{B}}^2}$$

根据不确定度的传递关系，可以求出拟合直线斜率 a、截距 b 的不确定度 U_a、U_b，即

$$U_a=U_y\sqrt{\frac{1}{\sum_{i=1}^{n}(x_i-\bar{x})^2}}=\frac{U_y}{\sqrt{n[\overline{x^2}-(\bar{x})^2]}}$$

$$U_b = U_y \sqrt{\frac{\sum_{i=1}^{n} x_i^2}{n \sum_{i=1}^{n} (x_i - \overline{x})^2}} = \sqrt{\overline{x^2}} \cdot U_a$$

计算出 U_y、U_a、U_b 后,就可按通常的测量结果评定方法,利用不确定度的传递关系求出待测物理量 x 的总不确定度 U,并把结果表示为式(1.1.6)的形式。

$$\begin{cases} X = \overline{X} \pm U(\text{单位}) \\ U_r = \dfrac{U}{\overline{X}} \times 100\% \end{cases} \quad (P = 68.3\%) \tag{1.1.6}$$

1.2 虚拟实验技术在物理实验中的应用

本节内容主要包含与计算机应用密切相关的物理实验项目。虚拟实验技术以计算机为核心,结合了虚拟现实技术(VR)、虚拟仪器技术、计算机辅助教学(CAI)和多媒体计算技术(MPC)等多项新兴技术,是物理实验教学的新手段和新技术。

实验 1-1 虚拟仿真系统实验

虚拟仿真实验技术起源于 20 世纪末,是依托"虚拟现实"(Virtual Reality,英文缩写 VR)技术而产生和发展的一种实验模式。国内外一些远程教育机构曾采用过各种方法来解决实验的近距离性与教学手段的远距离性的矛盾。在当时使用的各种方法中,有的仅适合少数简单实验,有的由于与理论教学不相衔接而导致效果不佳。直至 20 世纪 90 年代,计算机硬件和虚拟实验技术的迅速发展才给远程实验教学带来了希望。

仿真实验技术是利用软件和硬件的结合,取代传统的常规实验仪器设备,在计算机或计算机网络上进行模拟、仿真各种实验的技术。利用现代计算机和高速网络,物理实验可以实现虚拟化和远程化,从根本上解决现有的实验教学与远程教育模式不相适应的状况。本实验主要介绍由中国科技大学奥锐科技有限公司开发的"大学物理仿真实验 2010 版"系统的使用。

【实验目的】

(1) 掌握大学物理仿真实验系统的操作和使用。

(2) 了解大学物理分布式远程虚拟仿真实验教学系统所能实现的功能。

(3) 在大学物理仿真实验系统中进行仿真实验。

【实验仪器】

(1) 计算机;(2) "大学物理仿真实验系统 2010 版"系统。

【实验原理】

仿真实验系统由计算机(或计算机网络)、实验设备模块和实验软件三部分组成。为了能够保证实验软件的运行速度,运行虚拟实验系统的计算机对 CPU 处理器和内存有一定的要求。当在本地计算机上进行实验时,还要求配备外部存储设备,例如硬盘等。

实验设备模块的功能主要靠软件来实现。通过编写程序,可以在计算机上实现多种仪器,例如示波器、信号发生器、数字万用表等,或是直接显示信号的强度、频率、波形等性质,并利用鼠标、键盘等输入设备对仪器进行操作和调节。计算机上软件形式的虚拟设备具有很大的灵活性,实验者可以根据自己的需要进行设计、定义和扩充,使得这些虚拟设备更符合实际测量精度的需要。利用各种虚拟仿真实验软件,不但能很好地完成传统实验室的工作,还可以实现一些在传统实验室中无法完成的事情。实验仿真软件是一个实验平台,它可以把要研究的对象用多媒体手段表现出来。

【实验内容与步骤】

(1) 在校园网环境下,在 IE 浏览器地址栏输入 http://172.19.65.14:8210 打开“大学物理仿真实验 2010 版”的网站。网站主页如图 1-1-1 所示。如不能顺利打开仿真实验网站,请自行下载或按提示下载并安装 silverlight 插件。

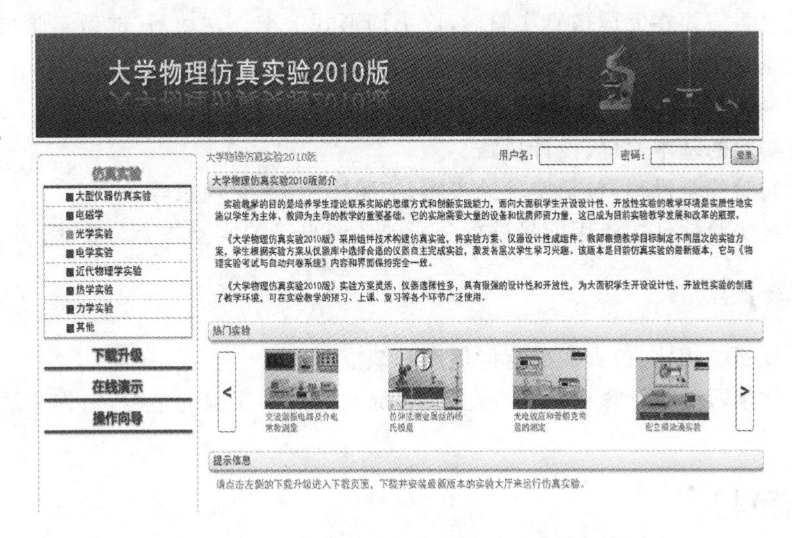

图 1-1-1　“大学物理仿真实验 2010 版”网站

(2) 点击网站主页左侧的“下载升级”按钮,会出现一个新的页面,根据页面上的说明,下载并安装. net framework 3. 5 sp1。. net framework 是支持生成和运行下一代应用程序和 XML Web Services 的内部 Windows 组件,大学物理仿真实验程序需要在该组件支持下运行。

(3) 在“下载升级”页面,下载并安装“实验大厅”。

(4) 安装完成后,在 Windows 系统桌面上找到相应的快捷方式,运行《实验大厅》软件,并将“网络设置”—“服务器地址”修改为 172.19.65.14,端口 8210。

(5) 使用用户名“student”、密码“123”登录“实验大厅”。首先从左侧的实验项目列表中选择一个自己感兴趣的实验项目,双击下载安装该实验的内容,然后就可以在右侧查看所选实验项目的实验简介、实验原理、实验内容、实验仪器等相关信息。

(6) 再次双击该实验项目,进入实验界面。按该实验要求进行测量,并将所测到的数据列表记录到《选做实验报告册》内,进行数据的处理。

【成果导向教学设计】

通过本实验的学习,学生能了解以下知识,并培养以下能力。

知识:

(1) 基础知识:虚拟仿真技术;仿真实验软件的操作和使用。

(2) 新技术:了解仿真实验的工作原理。

能力:

(1) 测量仪器的使用:大学物理仿真实验 2010 版的使用。

(2) 实验总结:能建立数据与结果的关联;撰写完整的实验报告。

(3) 安全实验;公民素质(个人能力、团队协作能力)(潜移默化地培养)。

【实验报告】

(1) 实验报告需要在完成仿真实验后,以书面形式上交。在填写《选做实验报告册》时,注意应当在报告册的封面注明该实验项目类型为"仿真实验"。

(2) 写明本实验的目的和意义。

(3) 阐明实验的基本原理、设计思路。

(4) 记录实验的全过程,包括实验的步骤、实验图示、实验现象等。

(5) 对仿真实验软件的应用前景进行分析或谈谈自己的实验体会与收获。

【思考题】

(1) 与常规实验相比,仿真实验有何优点和缺点?

(2) 如果你学习的是计算机相关专业的话,那么通过本实验的学习,对你今后的专业学习有何启发?

【参考资料】

[1] 周雪松,丰美丽,马幼捷,等.虚拟实验技术的研究现状及发展趋势[J].自动化仪表,2008,29(4):11-14.

[2] 王明东,赵维明,苗琦,等.近代物理虚拟实验的研究与实践[J].实验室研究与探索,2009,28(12):32-34.

[3] 杨伟斌,张红.虚拟仪器在普通物理实验中的应用[J].物理与工程,2009,19(3):17-21.

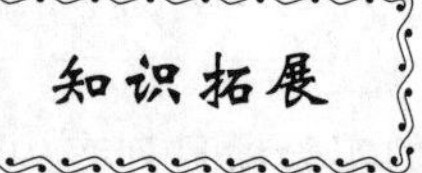

大学物理仿真实验系统介绍

广西科技大学现采用的仿真实验教学软件是由中国科技大学奥锐科技有限公司开发的"大学物理仿真实验 2010 版"系统。该系统通过计算机把实验设备、实验内容和实验操作有机地融合在一起。与传统仿真实验平台相比,该系统在仪器的仿真操作、图形化的人机界面等方面均取得了重大突破。

本仿真实验系统可以增进实验者对物理实验思想、方法的理解，对培养实验技能、深化物理理论知识有着很大帮助。它具有如下几个特点：

(1) 在实验环境模拟方面进行强化。实验者能通过仿真实验软件对实验的整体环境、仪器结构建立起直观认识。仿真界面中的仪器关键部位可以进行拆卸操作，从而让实验者了解仪器的内部构成，加强对实验方法的理解。

(2) 采用模块化仪器结构。模块化仪器可以让实验者对提供的仪器进行选择和组合，培养学生的设计思考能力和分析能力。

(3) 模拟了完整的实验过程。实验者必须在理解的基础上才能实现正确的操作，避免了实验中的盲目操作和"走过场"现象的发生。

(4) 实验中的帮助页面可以随时让学生对实验背景和应用等方面进行了解。

目前"大学物理仿真实验2010版"系统中包含了多个实验项目，具体如下：

(1) 大型仪器仿真实验类：PPMS物性测量实验、扫描电子显微镜(SEM)实验、透射电子显微镜(TEM)实验。

(2) 电磁学类：动态磁滞回线的测量、霍尔效应实验、测量锑化铟片的磁阻特性。

(3) 光学实验类：偏振光的观察与研究、迈克尔逊干涉仪、分光计实验、干涉法测微小量、光强调制法测光速、椭偏仪测折射率和薄膜厚度、法拉第效应、傅里叶光学、光纤传感器实验、光栅单色仪实验。

(4) 电学实验类：双臂电桥测低电阻实验、示波器实验、交流谐振电路及介电常数测量、检流计的特性研究、箱式直流电桥测电阻、交流电桥、太阳能电池的特性测量、设计万用表实验、整流滤波电路实验、PN结温度特性与伏安特性的研究、电阻应变传感器灵敏度特性研究。

(5) 近代物理实验类：密立根油滴实验、光电效应和普朗克常量的测定、拉曼光谱实验、塞曼效应实验。

(6) 热学实验类：不良导体热导率的测量、半导体温度计的设计、热敏电阻温度特性研究实验、AD590温度特性测试与研究、热电偶特性及其应用研究。

(7) 力学实验类：用单摆测量重力加速度、用凯特摆测重力加速度、声速的测量、拉伸法测金属丝的杨氏模量、三线摆法测刚体的转动惯量、落球法测定液体的粘度、液体表面张力系数的测定。

实验1-2 虚实结合综合光学实验

虚拟仪器是在近年计算机普及后才发展起来的一门技术，它可以利用高性能的模块化硬件对信号进行采集，之后再用计算机软件来完成各种测试、测量和自动化的应用。虚拟仪器具有高性能、高扩展性、低成本等优点，同时还可以利用计算机的运算、存储和显示功能，对数据直接进行处理，满足多种测量要求。虚拟仪器技术在现代各科学领域中使用越来越广泛。本实验中，光学基本实验与虚拟仪器技术得到了结合应用。

【实验目的】

(1) 了解虚拟仪器的概念和应用。

(2) 利用虚拟仪器观察单缝衍射图像，并分析单缝形成的衍射图样的光强分布规律。

(3) 利用虚拟仪器观察和分析双缝干涉图像。

【实验仪器】

(1) YH-II多功能物理实验系统;(2) 半导体激光光源;(3) 单缝衍射模板;(4) 双缝衍射模板;(5) 二维半自动扫描平台;(6) 计算机。

【实验原理】

1. 单缝衍射

光波遇到障碍物时,偏离直线传播而进入几何阴影区域,使光强重新分布的现象,称为衍射现象。光的衍射效应是否显著,取决于障碍物尺寸与光波波长的相对比值。只有当障碍物尺寸小于光波波长或两者相近时,才能产生较为明显的衍射效应;当障碍物尺寸远大于光波波长时,衍射范围弥漫整个视场,无法观察到明显的衍射现象。

假设图1-2-1中的入射光波长为λ,已知单缝宽度为a,缝与屏间距为D,那么在衍射角为θ的位置上,光程差为$\Delta = a\sin\theta$。根据菲涅耳半波带法可知,当Δ等于入射光半波长的偶数倍时,入射光分成偶数个半波带,抵消后在观察点出现暗纹;当Δ等于入射光半波长的奇数倍时,入射光分成奇数个半波带,抵消后则会使得在观察点位置出现明纹。也可用式(1-2-1)表示如下:

$$\Delta = a\sin\theta = \begin{cases} 0, & \text{中央明纹} \\ \pm(2k)\dfrac{\lambda}{2}, & k = 1,2,\cdots,\text{暗纹} \\ \pm(2k+1)\dfrac{\lambda}{2}, & k = 1,2,\cdots,\text{明纹} \end{cases} \tag{1-2-1}$$

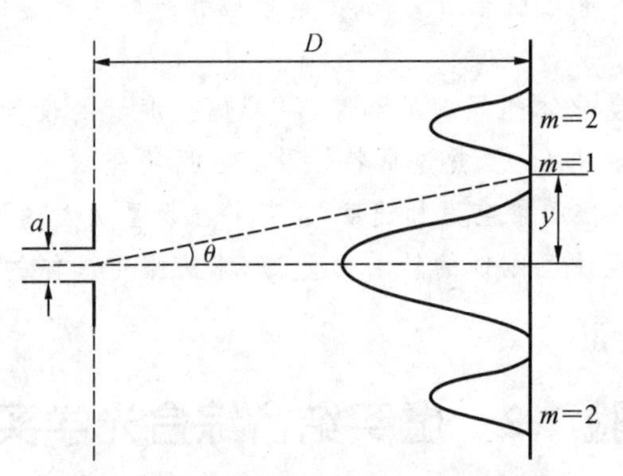

图1-2-1 单缝衍射图

在式(1-2-1)中,k称为衍射级次,正负号"±"表示明暗条纹对称分布在中央明纹的两侧。通常衍射角θ较小,当第m级暗纹与中央明纹距离为y时,得到关系式

$$\sin\theta \approx \theta \approx \tan\theta \tag{1-2-2}$$

根据图中几何关系,又得到

$$\tan\theta = \frac{y}{D} \tag{1-2-3}$$

将式(1-2-2)和式(1-2-3)联立可得

$$a = \frac{m\lambda D}{y}\ (m = 1,2,3,\cdots) \tag{1-2-4}$$

在已知入射光波长 λ、第 m 级暗纹与中央明纹距离 y 、单缝与屏距离 D 时，即可利用此表达式求出单缝的宽度 a 的数值。

2. 双缝干涉

1801 年，托马斯·杨（也简称杨氏）巧妙地设计了一种把单个波阵面分解为两个波阵面以锁定两个光源之间的相位差的方法来研究光的干涉现象。杨氏用叠加原理解释了干涉现象，在历史上第一次测定了光的波长，为光的波动学说的确立奠定了基础。

杨氏双缝干涉实验装置如图 1-2-2 所示。光源发出的光照射到单缝 S 上，在单缝 S 的前面放置两个等宽度的狭缝 S_1、S_2，S 到 S_1、S_2 的距离很小并且相等。按照惠更斯原理，S_1、S_2 是由同一光源 S 形成的，满足振动方向相同、频率相同、相位差恒定的相关条件，故 S_1、S_2 是相关光源。这样 S_1、S_2 发出的光在空间相遇，将会产生干涉现象。

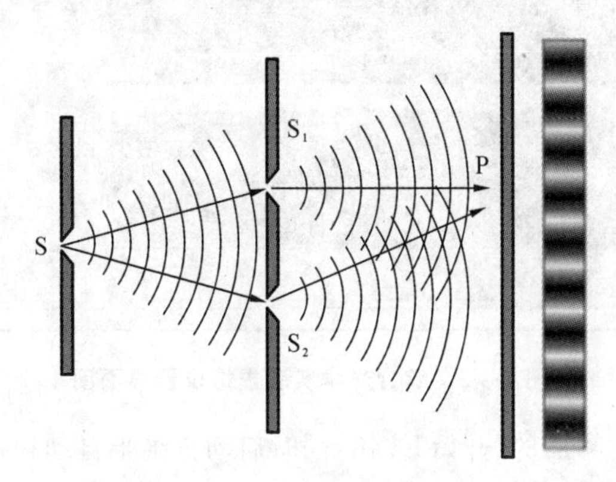

图 1-2-2　杨氏双缝实验装置图

在干涉条纹中，极大（亮条纹）对应的角度由下式给出

$$d\sin\theta = m\lambda \quad (m = 1,2,3,\cdots,) \tag{1-2-5}$$

其中 d 表示缝间距（$d=a+b$，a 是狭缝 S_1 或 S_2 的宽度，b 是 S_1 与 S_2 的间距），θ 表示从图样中心到第 m 级明纹间的夹角，λ 表示光的波长，m 表示级次（从中心向外计数，$m=0$ 对应中央极大，$m=1$ 对应第一级极大，$m=2$ 对应第二级极大，以此类推）。

通常 θ 较小，所以有

$$\sin\theta \approx \theta \approx \tan\theta \tag{1-2-6}$$

又根据图中的三角关系，得

$$\tan\theta = \frac{y}{D} \tag{1-2-7}$$

将式(1-2-6)和式(1-2-7)联立可得

$$d = \frac{m\lambda D}{y} \quad (m = 1,2,3,\cdots) \tag{1-2-8}$$

根据式(1-2-8)，在已知入射光波长 λ、第 m 级明纹与中央明纹距离 y 、双缝与屏距离 D 的情况下，即可求出双缝的缝间距 d。

【实验内容与步骤】

1. 单缝衍射的观察与测量

(1) 打开仪器电源，然后将白屏放在光电传感器前，改变激光光源、单缝模板的位置，直至能在白屏上看到清晰的单缝衍射图像。

(2) 在计算机上运行综合光学实验的专用软件,选择"单缝衍射"实验项目,并根据实际连接情况选择适当传感器通道号,如图 1-2-3 所示。

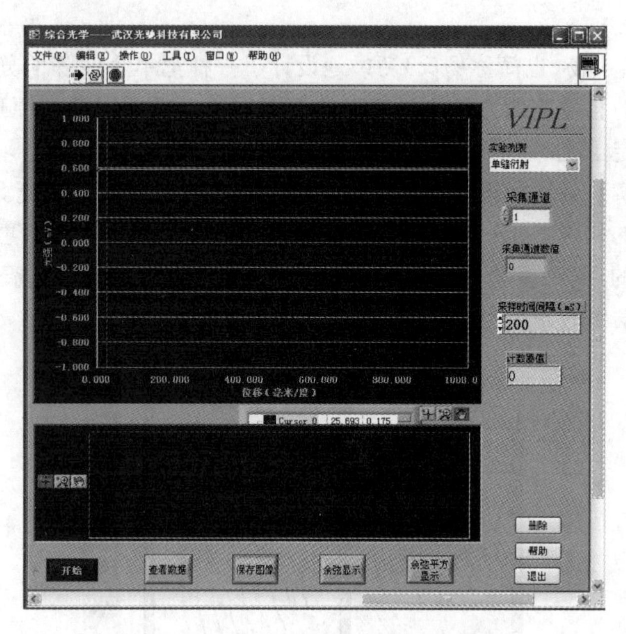

图 1-2-3　综合光学实验虚拟仪器界面图

(3) 点击虚拟仪器主界面的"开始"按钮,同时启动二维半自动扫描平台,用光学传感器对衍射条纹进行扫描。对所扫描到的图形结果,要求直接使用虚拟仪器对各级次暗纹位置进行测量并记录到表 1-2-1 中。

(4) 改变单缝宽度、单缝模板位置和光源位置,重复步骤(1)~(3)再次进行测量。

表 1-2-1　单缝衍射数据记录表

光源的位置/cm						
单缝模板的位置/cm						
狭缝的理论宽度/mm						
传感器或屏的位置/cm						
	第一级($m=1$)			第二级($m=2$)		
同级次条纹间距/cm						
暗条纹到中心的距离 y/cm						
计算实际单缝宽度/mm						

2. 双缝干涉的观察与测量

(1) 将仪器上的单缝模板更换为双缝模板,调节激光光源、双缝模板的位置,直至能在白屏上看到清晰的双缝干涉图像。

(2) 在计算机上运行综合光学实验的专用软件,选择"双缝干涉"实验项目,并根据实际连接情况选择适当传感器通道号。

(3) 点击虚拟仪器主界面的"开始"按钮,同时启动二维半自动扫描平台,用光学传感器对干涉条纹进行扫描。对所扫描到的图形结果,要求直接使用虚拟仪器对各级次明纹位置进行测量,并自拟表格进行记录。

(4) 改变双缝模板的缝间距、双缝模板位置和光源位置,重复步骤(1)～(3)再次进行测量,并记录数据。

【成果导向教学设计】

通过本实验的学习,学生能了解以下知识,并培养以下能力。

知识:

(1) 基础知识:光的衍射;光的干涉;虚拟仪器技术。

(2) 测量原理:利用虚拟仪器测量和记录真实仪器采集到的数据,对单缝和双缝的宽度进行测量。

(3) 新技术:了解虚实结合实验测量技术。

能力:

(1) 测量仪器的使用:虚实结合综合光学平台的使用。

(2) 实验总结:能建立数据与结果的关联;撰写完整的实验报告。

(3) 安全实验;公民素质(个人能力、团队协作能力)(潜移默化地培养)。

【实验报告】

(1) 写明本实验的目的和意义。

(2) 阐明实验的基本原理、设计思路。

(3) 记录实验的全过程包括实验的步骤、实验图示、实验现象等。

(4) 对所测量到的单缝衍射实验数据,用式(1-2-4)算出缝宽 a 的测量值(激光光源波长 $\lambda=670$ nm)填入表 1-2-1 中,再将测量值与单缝模板上的理论值进行比较,并分析结果的不确定度。

(5) 根据所测到的双缝干涉实验数据,用式(1-2-8)算出缝间距 d 的测量值(激光光源波长 $\lambda=670$ nm),再将测量值与双缝模板上的理论值进行比较,并分析结果的不确定度。

【思考题】

(1) 当其他条件不变,只有单缝宽度增大时,衍射条纹暗纹间的距离 y 是增加还是减小?

(2) 双缝干涉实验中观察到的干涉条纹会出现缺级现象,导致该现象产生的原因是什么?

【参考资料】

[1] 东南大学等七所工科院校. 物理学(下册)[M]. 马文蔚,解希顺,周雨青,改编. 5 版. 北京:高等教育出版社,2006.

[2] 杨伟斌,张红. 虚拟仪器在普通物理实验中的应用[J]. 物理与工程,2009,19(3).

[3] 张超伦. 虚拟仪器及传感器在物理实验中的应用[J]. 科技教育,2009,28:38-45.

[4] 广西科技大学大学物理实验教学网站.

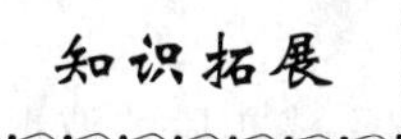

虚实结合实验介绍

通常所说的虚实结合实验指的是在传统硬件实验的基础上,引进计算机虚拟仪器实验平台,采用虚拟仪器和传统仪器结合进行测量的实验模式。

在各高校和企业的实验室中,为了满足测量实验的需要,通常需要使用大量的测量仪器来进行数据测试和分析。由于传统的电子测量分析仪器功能单一、价格较高,要完成一个实验测量项目,往往需要使用多种仪器设备才能完成测量目标。传统仪器还存在着成本高、使用不方便的缺点。

随着20世纪90年代后期计算机技术、软件技术、总线技术、网络技术、微电子技术的发展,及其在电子测量技术与仪器领域中的应用,使新测试理论、测试方法、测试技术不断出现,仪器与系统的结构不断推陈出新,电子测量仪器及自动测试系统的结构也发生了质的变化,功能与性能得到了不断的提高。在这样的背景下,美国国家仪器公司(NI,National Instrument)提出了虚拟仪器(Virtual Instrumentation)的概念。虚拟仪器通常指一些特殊的应用程序,它可以与功能化模块结合,并提供友好的图形界面,从而方便用户对仪器进行控制、采集分析实际信号数据,并显示相应的结果。灵活高效的软件能帮助虚拟仪器使用者创建自定义的用户界面,模块化的硬件则能方便地提供全方位的系统集成,标准的软硬件平台能满足对同步和定时应用的需求。虚拟仪器的出现,彻底改变了传统的仪器观,开辟了测量测试技术的新纪元。虚拟仪器至今在国内还是一个相当新的概念,但这些年来的应用增长非常迅速,已经开始应用于航空航天、智能交通、汽车、医疗、教育等领域。

虚实结合实验结合了虚拟仪器和传统实验的各种优点。它可以部分实现"软件即设备"的功能,克服了一些传统仪器易损坏、成本高的缺点,可以在配套适当的传统硬件仪器后轻松完成验证型、设计型和研究型等多种实验。和传统的仿真实验相比,这种实验模式不但可以提供丰富的虚拟设备类型给学生进行操作,同时也可以培养学生动手解决实际问题的能力,避免实验课成为"纸上谈兵"的尴尬局面。虚实结合实验在现代教育教学中将会得到越来越广泛的应用。

实验1-3 非线性混沌实验

在经典力学中,人们在研究实际问题时往往将问题"线性化",例如在小范围内以直线来代替局部的曲线、或是将曲面分割为若干近似平直的表面,从而方便对问题进行求解。但是,这种方法的作用是极其有限的。20世纪下半叶,通过大量的观察和分析,人们认识到在现实世界中线性关系其实并不多见,反而是非线性关系在生活中大量存在。为了把握真实的非线性世界的规律,世界各国兴起了一股研究非线性的热潮,非线性科学也成了最引人注目的新兴科学。

在非线性科学中人们对混沌学研究较多。混沌指的是一类具有不可预测行为的确定性运动。它主要反映非线性系统在时间方面的复杂性。

【实验目的】

(1) 学习测量非线性单元电路的伏安特性。

(2) 学习用示波器或实验软件观察观测 LC 振荡器产生的波形与经 RC 移相后的波形及相图。

(3) 通过观察 LC 振荡器产生的波形周期分岔及混沌现象,对非线性有一初步的认识。

【实验仪器】

(1) FD-NCE-II 非线性电路混沌实验仪；(2) FD-NCE 实验接口仪；(3) 计算机；(4) 混沌实验软件。

【实验原理】

1. 混沌的概念

混沌运动广泛存在于自然和社会的各个领域，它指一种特殊的运动形态。这种形态既不简单地等同于绝对无序与混乱的状态，又不同于复杂的有序状态，而是由有序状态发展而来的"表现"上的无规律、随机的但却有着深刻内在规律性的新的运动形态。事实上，许多看上去混乱的运动既可能是混沌，也可能是一种复杂的周期运动，或者仅仅是那些一时还不清楚其规律性的简单运动。混沌的基本特征如下：

(1) 不确定性(也称随机性)

在对某些完全确定的系统进行数学模拟时发现，它能自发地产生出随机性来。混沌会表现出随机性的原因是由于系统内具有非线性关系。混沌系统中这种内随机性的存在，使得人们无法从系统外部去完全控制和把握系统的运行，因而系统会表现出一定的不确定性。为了方便理解混沌具有不确定性的概念，我们来考察一个简单的迭代方程：

$$x_{n+1} = 4x_n(1 - x_n)$$

以此方程的迭代结果来模拟某个体系。分析计算结果可以发现，迭代所得结果与初值 x_0 的选择有关。在表 1-3-1 中列出了初值 x_0 为 0.1，0.10001，0.100001 时的迭代结果。

从表 1-3-1 的数据可以看出，初值的微小变化，对迭代结果会产生显著的影响。这反映了混沌运动的不确定性。混沌理论的早期研究者、著名气象学家洛伦兹(E. Lorenz)提出的蝴蝶效应就是不确定性的典型例子。蝴蝶翅膀的一次扇动，有可能会给地球另一面带来一场风暴，或是让气候变得无法预测，这就是蝴蝶效应。

表 1-3-1　迭代方程对初值的敏感性

n	x_0		
	$x_0=0.1$	$x_0=0.10001$	$x_0=0.100001$
1	0.360000	0.360032	0.360003
2	0.921600	0.921636	0.921604
3	0.289014	0.288893	0.289002
⋮	⋮	⋮	⋮
50	0.560037	0.972879	0.856141
51	0.985582	0.105541	0.492654
⋮	⋮	⋮	⋮

(2) 有序性

观察混沌运动的行为特征可以发现，混沌具有自相似结构。当系统的变化在相空间中可以用一条轨线来描述时，其相轨迹会具有无限嵌套的自相似几何结构。具体的在相图中，该自相似几何结构以奇异吸引子的形式出现。

奇异吸引子的概念是1971年由法国物理学家大卫·罗尔(David Ruelle)等人在研究耗散系统的过程中引入的。它最显著的特点在于对系统初始条件的敏感性,即在系统的相空间中整体稳定而局部不稳定。它有一个复杂但明确的边界,系统一旦进入该区域就不再脱离,除非系统相空间发生根本性的变化。当系统在吸引子上运动时,轨道会出现急剧的分离。例如,蝴蝶效应中的Lorenz吸引子就是由两个绕着不动点作周期运动的曲线所组成。在系统进入吸引子区域后,往往先在某一片上做周期运动,然后又跳到另一片,就这样往复变化,呈现出一种随机的运动情况。它在平面上的投影如图1-3-1所示。正是由于这种图像有些像蝴蝶翅膀,同时只需要像蝴蝶翅膀振动那么小的扰动就会产生系统状态从一片到另一片的变化,所以"蝴蝶效应"也因此而得名。

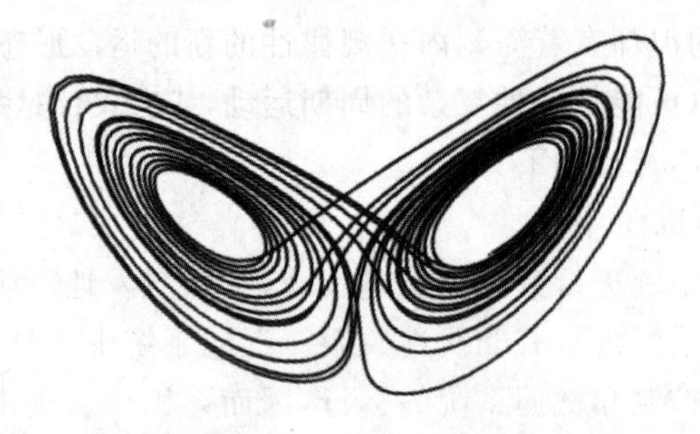

图 1-3-1　Lorenz 吸引子

要对混沌行为进行研究,可以通过一些人们熟悉的例子来进行。例如,许多文献中都提到过的虫口模型就是一个很好的实例。具体分析请同学自行查阅参考文献。

2. 非线性电路与非线性动力学方程

在本实验中,我们利用包含有源非线性负阻的电路来产生混沌现象,仪器原理如图1-3-2所示。图中的元件 R 是一个有源非线性负阻器件,理想情况下该元件的伏安特性曲线应为分段线性的形式,如图1-3-3所示。从其伏安特性曲线可以看出,加在此非线性元件上的电压与通过它的电流流向是相反的,并且随着加在元件上电压的增加,通过它的电流却没有发生线性减小,因此该元件被称为非线性负阻元件。

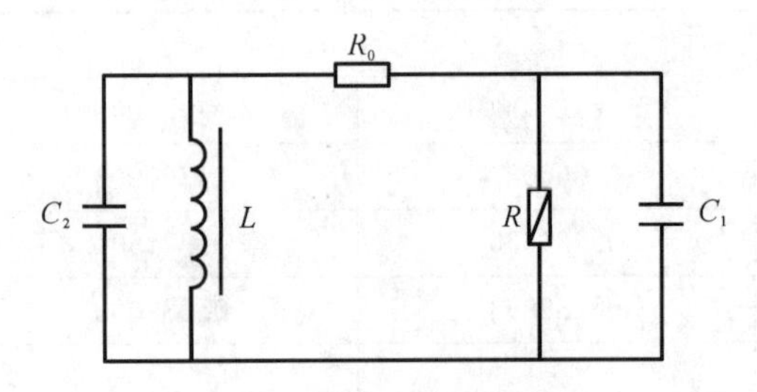

图 1-3-2　非线性电路原理图

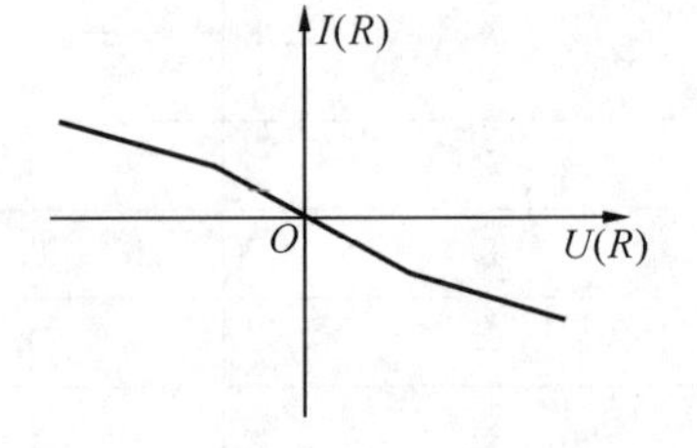

图 1-3-3　非线性元件的伏安特性

3. 有源非线性负阻元件的实现

对有源非线性负阻元件实现的方法有多种,这里使用的是一种较简单的电路:采用两个运算发达器(一个双运放TL082)和六个配置电阻来实现。由于本实验主要研究的是非线性电路中混沌现象的产生,所以在实验过程中同学们只需要知道它主要是一个非线性负阻元件,所起到的作用是输出电流维持LC2振荡器不断振荡,同时使振动周期产生分岔和混沌等现象。

在仪器原理图中加入有源非线性负阻元件后,所得到的实际非线性混沌实验电路如图1-3-4所示。

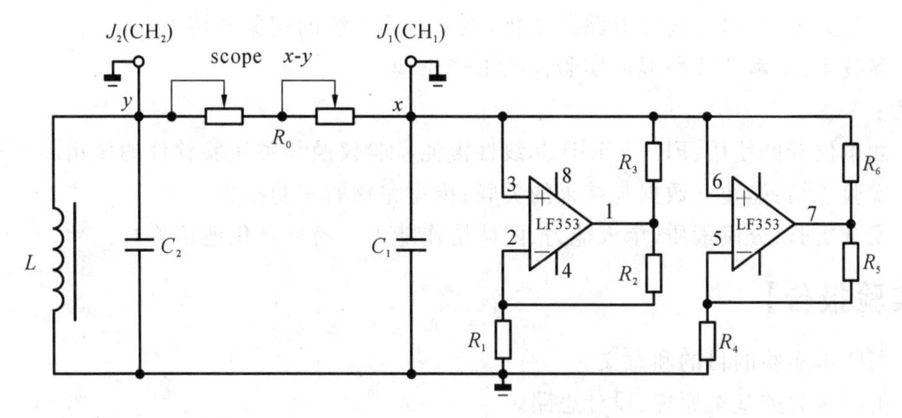

图 1-3-4　非线性电路混沌实验电路

【实验内容与步骤】

(1) 观察相图周期的变化，观察倍周期分岔、阵发混沌、三倍周期、吸引子(混沌)和双吸引子(混沌)现象。

打开仪器和计算机后，运行“混沌实验”软件，然后调节非线性电路混沌实验电路仪上的 R1 和 R2 旋钮，将 RV1＋RV2 电阻值略微减小，之后点击“非线性电路混沌实验仪”软件的“开始采集”按钮，并观察记录采集到的相图。将一个环形相图的周期定为 P，那么要求观测并记录 2P、4P、阵发混沌、3P、单吸引子(混沌)、双吸引子(混沌)共六个相图和相应的 CH1-地和 CH2-地两个输出波形。

(2) 测量非线性单元电路的伏安特性(选做内容)。

先把电路板右边的非线性电阻元件与 RC 移相器连线断开，然后在非线性电阻元件两端接上一个电阻箱 R。由于仪器中使用的非线性电阻是有源电阻，所以此时在电路中会存在电流。利用安培表可以测出流过非线性元件的电流，利用伏特表可以测出非线性元件两端具有的电压值。要求在电路连接完毕后，改变电阻箱 R 的阻值大小，测量非线性单元电路在电压 $U<0$ 时的伏安特性。

实验数据记录表格如表 1-3-2 所示。

表 1-3-2　I-U 数据记录表

序号	电压/V	电流/mA	序号	电压/V	电流/mA	序号	电压/V	电流/mA
1			6			11		
2			7			12		
3			8			13		
4			9			14		
5			10			15		

【成果导向教学设计】

通过本实验的学习，学生能了解以下知识，并培养以下能力。

知识：

(1) 基础知识：混沌现象；非线性动力学。

(2) 测量原理:通过非线性电路的变化,观察混沌系统的现象和特点。

(3) 新技术:了解非线性混沌实验仪的工作原理。

能力:

(1) 测量仪器的使用:FD-NCE-II 非线性混沌实验仪及相关实验软件的使用。

(2) 实验总结:能建立数据与结果的关联;撰写完整的实验报告。

(3) 安全实验;公民素质(个人能力、团队协作能力)(潜移默化地培养)。

【实验报告】

(1) 写明本实验的目的和意义。

(2) 阐明实验的基本原理、设计思路。

(3) 将观察到的相图贴到数据处理内容中,然后请自行查阅相关资料,并在实验报告中阐述倍周期分岔、混沌、吸引子等概念的物理含义。

(4) 根据表 1-3-2 中所记录的数据,作出 *I-U* 关系图。

【实验注意事项】

(1) 有源非线性负阻的双运算放大器的正负极不能接反,线路中的接地线必须接触良好。

(2) 关掉电源后,才能拆实验板上的接线。

(3) 仪器预热 10 min 以后才开始测数据。

【思考题】

(1) 非线性负阻电路在本次实验中的作用是什么?

(2) 混沌现象在我们日常生活的哪些方面有所体现?

【参考资料】

[1] 顾雁. 量子混沌[M]. 上海:上海科技教育出版社,1996.

[2] 陈忠,盛毅华. 现代系统科学学[M]. 上海:上海科学技术文献出版社,2005.

[3] 林鸿溢,李映雪. 分形论——奇异性探索[M]. 北京:北京理工大学出版社,1992.

[4] 史水娥,裴东. 非线性 RLC 串联电路中混沌现象的研究[J]. 国外电子元器件,2008,10(11):41-45.

[5] 广西科技大学大学物理实验教学网站.

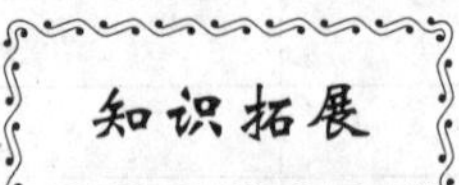

混沌实例:太阳系中的混沌

一直以来,太阳系的稳定性都是天文学的热门课题。20 世纪前的观测都表明,在可以预见的很长一段时间内太阳系内的行星不会发生相互碰撞或改变轨道,太阳系的运动是一种稳定的运动。但近期的研究发现,在太阳系中存在着轨道共振的现象。太阳系的共振往往又与混沌现象有着密切的联系。或许正是混沌现象的存在,才导致了太阳系行星和太阳系小行星带的科克伍德间隙(Kirkwood Gaps)的形成,甚至有可能在几十亿年后让行星轨道最终趋向混沌，不再有规律地绕着太阳运行。

天文学中已经发现在火星轨道和木星轨道之间存在着小行星带。太阳系中的小行星大部分位于这个带中。经过观测后，可以发现行星数目随轨道周期变化的分布图存在着四处明显的间隙。这些周期间隙与木星轨道周期11.9年之比为简单的分数1/3，2/5，3/7，1/2。这些间隙最早是被科克伍德(Daniel Kirkwood)在1857年发现的，所以称为科克伍德间隙。周期比为分数表明存在着一种共振现象。根据共振重叠判据可以说明共振区内存在着混沌行为。在观察到科克伍德间隙后很长一段时间内，科学家都没能发现它的产生原因。直至20世纪70年代末，魏斯登(Jack Wisdom)运用数值模型解释了科克伍德间隙的大部分成因：在行星的共振区域内，小行星可以数十万年内保持着正常的轨道，偏心率在10%内振动。然后在某个很短的时间内，其轨道可以发生大幅偏离，变成非常椭圆，偏心率突然变化到35%。这足以使小行星脱离小行星带。这就是科克伍德间隙的形成原因。

混沌也可能是太阳系行星形成的关键因素。太阳系的前身是一团巨大的星云。星云在40多亿年前在自身的万有引力作用下开始向内收缩，变为圆盘形状。在圆盘状星云内的物质慢慢进行集合累加，最终演化成为现在的木星、火星、地球等天体。相关的数值模拟显示在太阳系行星的形成初期，混沌改变了部分微小物质的轨道，增加了演化成为行星的概率。

天文学中还有一个比较受公众关心的问题就是关于太阳系各行星的运行轨道是否会发生改变。法国的研究人员使用计算机数字模拟技术，对未来50亿年太阳系星球轨道的不稳定性进行了模拟实验。对实验结果分析发现，在数亿年内，地球都会保持现有的近正圆形、低倾斜度的轨道，但进入更长时间段后，轨道有可能会出现重大变化并致使地球与金星、火星等相撞，从而引发太阳系混乱。不过，这种混乱出现的概率极低，且在35亿年内不会发生。

拓展阅读1

虚拟技术简介

随着CAD技术、计算机软硬件技术的不断发展以及科学研究和教育对仿真精度和仿真手段要求的不断提高,虚拟技术随之得到了迅速发展。自20世纪90年代以来,虚拟技术的应用越来越广泛,已深入到军事、航空航天、汽车、医疗康复、教育等各个领域,将虚拟技术用于人员培训中,现已成为教育的一种趋势,它涉及虚拟现实技术、虚拟样机技术、虚拟维修技术等。

虚拟实验技术结合了虚拟现实技术(VR)、虚拟仪器技术、计算机辅助教学(CAI)和多媒体计算技术(MPC)等多项新兴技术。虚拟实验技术以模拟方式为使用者创造一个实时反映实体对象变化与相互作用的三维图像世界,在视觉、听觉、触觉等感知行为的体验中,让参与者可以直接参与和探索虚拟对象在所处环境中的作用和变化。该技术表现的是一种可交互的环境,人们可以利用计算机与该环境中的对象进行互动。

1. 虚拟现实技术

虚拟现实技术是一门新兴的综合性信息技术,它融合了数字图像处理、计算机图形学、多媒体技术、传感器技术等多个信息技术分支,模拟人的视觉、听觉、触觉等感觉器官功能,使人能够沉浸在计算机生成的虚拟环境中。在虚拟环境中,使用者利用键盘、鼠标或是专用头盔等输入设备,便可以进入虚拟空间,进行实时交互、感知和操作虚拟世界中的各种对象,获得身临其境的感受和体会。虚拟现实技术的应用前景十分广阔。它的出现起源于军事和航空航天领域的需求,但近年来,虚拟现实技术的应用已大步走进工业、建筑设计、教育培训、文化娱乐等方面。

虚拟现实技术的核心在于计算机。计算机的主要功能在于生成虚拟图形界面,然后在图像显示设备中产生视觉效果。利用虚拟现实技术,可以实现脱离传统教学硬件,不再使用具体仪器设备,而是直接在计算机构造的虚拟环境中模拟实验操作。实验过程中不仅和传统仪器具有一样的效果,如观察信号波形、电平等,甚至在设备支持下能让使用者感受到声音、温度、压力等多方面的体验。随着虚拟现实技术的不断发展,硬件和软件的产品会越来越多,效果也会越来越完善。

2. 虚拟仪器技术

虚拟仪器技术就是利用高性能的模块化硬件,结合高效灵活的软件来完成各种测试、测量和自动化的应用。虚拟仪器(Virtual Instrument,简称VI)是计算机技术与仪器技术深层次结合产生的全新概念的仪器,是对传统仪器概念的重大突破,是仪器领域内的一次革命。用户可以利用灵活高效的软件创建完全自定义的用户界面,模块化的硬件能方便地提供全方位的系统集成,标准的软硬件平台能满足对同步和定时应用的需求。在过去的三十年中,虚拟仪器技术已经为测试、测量和自动化领域带来了一场革新。虚拟仪器技术把现有技术与创新的软硬件平台相集成,从而为嵌入式设计、工业控制以及测试和测量提供了一种独特的解决方案。

使用虚拟仪器技术,结合专用的数据采集卡,可以方便高效地创建测量解决方案,满足实际实验中灵活多变的需求变化。这一点是只有固定功能的传统仪器所不能实现的。只要拥有适当的数据采集设备,虚拟仪器技术可以提供的灵活性、测量精度以及数据吞吐量和同步性都可以大大地超越传统系统。

3. 计算机辅助教学

计算机辅助教学(Computer Assisted Instruction,简称 CAI)是把计算机作为一种新型教学媒体,将计算机技术运用于课堂教学、实验课教学、学生个别化教学(人-机对话式)及教学管理等各教学环节,以提高教学质量和教学效率的教学模式。它是集图、文、声、像为一体,通过直观生动的现象来刺激学生的多种感官参与认识的活动,能调动参与者的学习积极性,从而提高学习效率的一种教学手段。与以往任何一种先进媒体的应用相比,多媒体技术的引入,使传统的教育方式发生了更深刻的改革,教学质量和教学效率也有了显著的提高,其中最关键的因素是多媒体信息对教育有着巨大的促进作用。传统知识的传授,基本上都是利用教师的语言描述,虽然也可以重现客观世界,但过于抽象,需要学生主动领会和配合,才能取得较好的效果。然而,在多媒体技术的帮助下,可直接把现实世界以图形的形式表示出来。例如,宏观的宇宙世界、微观的物质结构,如用语言描述,得到正确的概念对教学而言是非常困难的,但现在利用多媒体技术,可以使内容、结构变得非常直观和容易了解。

现在计算机辅助教学作为现代教育技术之一,已经开始进入大规模的应用阶段。尤其是从20世纪90年代以来,随着多媒体技术、网络应用技术、HTML技术的迅速发展,计算机辅助教学的研究和应用得到了高速发展。

第2章　定性与半定量实验

在物理实验教学中适当加入定性与半定量实验，有利于培养学生分析问题和解决问题的能力，增强科学洞察力和判断力，激发他们的求知欲和创新精神，提高其科学素质。

2.1　在物理实验课程中引入定性与半定量实验教学的必要性与可行性

1. 在物理实验课程中引入定性与半定量实验教学的必要性

物理学是一门高度量化的学科，许多物理实验都离不开测量，有些还需要十分精确的测量。物理实验中已能达到的定量测量的精度极高，如里德伯常量 R_{∞} 的测量结果已达到 13 位有效数字(相对不确定度达 8×10^{-12})。但是，并不是所有物理实验都必须达到很高的精度。不同的实验目的要求不同的精度，不应盲目追求高精度。实际上，不少物理实验是定性的或半定量的，即只要求看到明确的物理现象，或只要求很少的有效数字(例如 1 位或 2 位有效数字)就够了。这种实验虽然看似简单，意义却十分深刻。历史上许多关键性的实验恰恰正是这种定性或半定量的实验。例如，伽利略为推翻亚里士多德关于“物体下落速度与其重量成正比”的学说而进行的比萨斜塔实验，堪称定性实验的典范。这个实验不必精确测量 2 个质量不同的球的下落速度，只要看到两球几乎同时落地就可以了。为了证明“光是一种波动”的学说，阿喇果设计了观察圆盘阴影中心有亮点(称为“泊松亮点”)的著名实验，有力地支持了菲涅耳的“波动说”。当然，这也是一个典型的定性实验，不必精确测量阴影中的光强分布，只要看到阴影中心确有亮点就足以令菲涅耳的波动说最终战胜牛顿的微粒说。法拉第开始研究的电磁感应实验也是定性的实验，他将一个铜盘的轴和铜盘的边缘分别连在电流计的两端，摇动手柄使铜盘在马蹄形磁铁的磁极间转动，电流计的指针随之摆动，这就是最早的发电机。这虽然只是个定性实验，实验提示出的电磁感应现象却是电磁学中最重大的发现之一，它显示了电、磁现象之间的相互联系和转化，对其本质的深入研究所揭示的电、磁场之间的联系，对麦克斯韦电磁场理论的建立具有重大意义，也为人类社会进入电气时代奠定了基础。著名的迈克尔逊-莫雷实验则是一个半定量实验，其测量精度并不高，结果却因否定了“以太”的存在而成了相对论的重要实验基础。

定性或半定量实验是极其重要的，是具有战略性意义的，它能以较小的代价获取重要的结果。物理学家在进行探索性的实验研究中，往往都是先从定性或半定量实验入手的，如果在一个简单的定性实验中已看到肯定的定性结果，就有成功的希望，则可以着手进行更深入、更精确的实验；如果在定性实验中已得到否定的结果，则更精确、复杂的定量实验就往往只是浪费时间、金钱与精力。在某种意义上说，定性或半定量实验相当于粗调，定量实验相当于微调，而实验总是应该先粗调后微调的。因此，学习设计和进行定性或半定量实验，是实验教学中不可缺少的环节，是思维能力的训练，是素质教育的重要内容。

但是在以往的物理实验教学中，很少有这种类型的实验让学生做，以致有些学生误认为物理实验就是大量的测量和严格的数据处理。他们往往只记录数据，不记录现象，注重误差分析而忽略了对物理现象的分析。这是不利于学生科学素质的全面提高的。为了训练学生观察自然现象的科学方法，培养学生发现问题、分析问题和解决问题的能力，增强学生的科学洞察力和判断力，激发学生的求知欲望和创新精神，在基础物理实验中适当加入定性与半定量实验，是完全必要的。

2. 在物理实验课程中引入定性与半定量实验教学的可行性

在基础物理实验教学中，加入一些定性与半定量的实验是可行的。定性与半定量实验可从以下几方面来获得。

(1) 移植演示实验

目前各高校都有相当数量的演示实验，一般都有较深刻的物理内涵，其中一部分经过移植，就可以变成让学生做的定性与半定量实验。例如，辉光球实验就是一个简单的定性实验，可通过该实验观察低压气体在高频强电场中产生辉光的放电现象，探究辉光放电原理和气体分子激发、碰撞、复合的物理过程。又如，激光在钢尺上反射得到许多衍射光的演示实验，十分清晰地表明反射定律是有条件的，当反射面上有规则的刻痕时，就可能出现反射角不等于入射角的情况，并可演示若干级次的衍射条纹。这个实验作为物理理论课的演示实验时，可以用功率较大的氦氖激光在大教室里做；而作为物理实验中的定性、半定量实验时，我们可以把它改为用小功率的半导体激光器在实验桌上做。让学生观察激光以各种入射角在钢尺各部分反射的情况，看到当入射角足够大而刻线足够密时，反射光斑会分裂为许多独立的光点，使学生对衍射现象及其产生的条件有很直观的了解，通过测量这些光点间的距离等，就可以算出激光的波长。虽然这并不是一个测量光波长的好方法，测量精度也不高，但其方法与工具都非常简单，物理概念又相当清晰，测量结果也很可靠。这对于训练学生观察与分析物理现象的能力，加深对物理光学的理解，都十分有利。这一类实验很多，如磁悬浮实验、陀螺仪实验、受迫振动与共振实验、浮水硬币实验、进动实验、尖端放电实验、动量守恒定律验证实验、驻波实验、激光监听实验、电磁感应实验、电磁驱动实验、旋转磁场实验等。

(2) 改造原有实验

一些以测量为主的实验，只要在实验要求上作适当改造，就可以成为有丰富定性与半定量内容的新实验。例如，用迈克尔逊干涉仪测波长是一个典型的以测量为主的实验，通过测量移动 350 个条纹时反射镜的移动距离，来计算出激光的波长，测量精度较高，结果可达 4 位有效数字，但内容相当枯燥，学生常读得头昏眼花，而实验的收获却并不大。我们可以改造一下，把实验要求改变为只测移动 50 个条纹时反射镜的移动，有效数字少了 1 位，但测量方法仍然学会了，省下的时间可增加定性实验内容，如要求学生比较激光条纹与汞灯条纹的异同、圆条纹与直条纹的异同、从圆条纹的涌出与缩进判断两反射镜的相对位置，甚至要求学生取下近视眼镜(或戴上远视眼镜)去观察汞灯圆条纹，以判断条纹的定域等，使实验的物理内涵丰富了，把学生的注意力从单纯追求测准波长转移到对迈克尔逊干涉仪设计原理的了解和对各种干涉的本质与特点等方面的认识，充实了这个传统基础实验的定性与半定量的内容。再如，把用分光计测三棱镜折射率实验的汞灯光源改为白光光源，观察白光的折射光谱等。类似的内容有：电子荷质比 e/m 的测量实验、光通信及互感实验、单丝单缝衍射实验、用频闪法测转速实验等。

(3) 引进国外设备

国外仪器设备中注意定性与半定量的内容较多，有些是值得引进的。例如，德国莱宝公司的夫兰克-赫兹实验仪与国产同类仪器的主要差别就在于它们的管子比较大,并且是充氖的(而不是充氩或汞的)。当电压加大时,随着电子能量的增加,氖在阳极附近被激发而发出美丽的红光,这种红光由于电压的进一步升高而向阴极移动,阳极又呈暗态;电压再加大时,在阳极附近再次发光并可在管中看到2片红光,电压又加大时,又看到3片红光……学生不仅在测量电流时可测出一个接一个的峰值,而且可同时观察到一片又一片的红光。此时可增加定性的实验内容:让学生讨论红光与激发态的关系、红光的宽度和亮度与电压的关系等。这就使原来十分典型的定量实验丰富了定性的实验内容,学生的兴趣也大大提高了。

(4) 研制新型仪器

除了以上这些方法外,我们还设计研制了一些新仪器,用于定性与半定量实验。教师可根据自己的教学实践总结经验,设计研制一些简单而富含物理思想的设备,进行定性实验,验证一些重要的物理定律等。

3. 定性与半定量物理实验教学的教学效果

通过定性与半定量实验的教学,可获得以下的实验效果:

(1) 培养学生学习物理学的兴趣

与测量性实验相比,学生更感兴趣的实验是定性与半定量实验,因为这类实验能消除学生在学习物理学中因抽象、枯燥而产生的畏难、厌烦的心理,激发学生学习物理学的兴趣。

(2) 提高学生实验学习的积极性

因为定性与半定量实验有利于训练学生在实践中发现问题、分析问题和解决问题的能力,增强科学洞察力和判断力,培养创新意识和创造能力,养成追根溯源、一丝不苟和实事求是的基本科学素质,这对于学生现在乃至将来的学习和工作无疑会有莫大的帮助。有趣、好奇、实用,能有效地提高学生实验学习的积极性。

(3) 能开发学生的创造力

定性与半定量实验教学中,学生处于一种探索、发现的学习过程。好奇、兴奋能激发学生的思维,可充分培养学生的创新意识,开发学生的创造力。

实践表明,在普通物理实验教学中,适当加入定性与半定量实验的内容很有必要,也是完全可行的,它应该成为物理实验教学内容改革的一个重要方面。

4. 定性与半定量实验教学的基本要求

培养学生的学习兴趣,训练学生观察自然现象的科学方法,培养学生发现问题、分析问题和解决问题的能力,增强学生的科学洞察力和判断力,激发学生的求知欲望和创新精神。

2.2　定性与半定量实验的教学项目

下面是一些定性与半定量的物理实验项目,更多及新增的项目会及时在物理实验课程网站上更新。

实验 2-1　受迫振动与共振实验

共振是指一个物理系统在其自然的振动频率(所谓的共振频率)下趋于从周围环境吸收更多能量的趋势。自然界存在着许多共振的现象。人类也常常在其技术中利用或者试图避免共振现象。一些共振的例子有:乐器的音响共振、太阳系中一些类木行星的卫星之间的轨道共振、动物耳中基底膜的共振、电路的共振等。

【实验目的】

观察弹性金属片在周期性外力作用下所做的受迫振动;了解产生共振的条件。

【实验仪器】

实验装置如图 2-1-1 所示,几个长度不等的弹性金属片固定在一根金属支架上,支架的一端固定一偏心电动机(或称马达),电动机的转速可以通过调节电源的输出电压来控制。偏心电动机转动时,可带动金属支架和固定在支架上的弹性金属片振动。

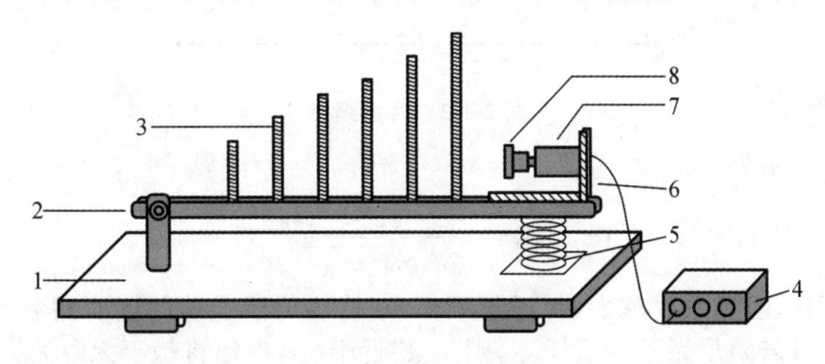

图 2-1-1　仪器示意图

1—底座;2—支架;3—金属片;4—电源;5—弹簧;6—电动机支架;7—电动机;8—偏心轮

【实验原理】

在实际的振动系统中,阻尼总是客观存在的。要使振动持续不断地进行,须对系统施加周期性外力。系统在周期性外力作用下所进行的振动,称为受迫振动。设驱动力角频率为 ω,受迫振动系统的固有角频率为 ω_0,阻尼系数为 δ,求解受迫振动方程可得系统受迫振动的振幅为

$$A=\frac{A_0}{\sqrt{(\omega_0^2-\omega^2)^2+(2\delta\omega)^2}} \tag{2-1-1}$$

式中,A_0 与驱动力的振幅成正比。

从能量的角度看,当受迫振动达到稳定后,周期性外力在一个周期内对振动系统做功而提供能量,恰好用来补偿系统在一个周期内克服阻力做功所消耗的能量,因而使受迫振动的振幅保持稳定不变。

从式(2-1-1)可以看出,稳定状态下受迫振动的一个重要特点是:振幅 A 的大小与驱动力的角频率 ω 有很大的关系。图 2-1-2 是对应于不同 δ 值的 A-ω 曲线,即在不同阻尼时,振幅 A 随外力的角频率 ω 变化而变化的关系曲线,图中 ω_0 是振动系统的固有角频率。当驱动力的角频率 ω 与固有角频率 ω_0 相差较大时,受迫振动的振幅 A 比较小;而当 ω 接近 ω_0 时,振幅 A 将随之增大;在 ω 为某一定值时,振幅 A 达到最大值。当驱动力的角频率为某一定值时,受迫振动的振幅达到极大的现象称为共振。共振时的角频率称为共振角频率,以 ω_r 表示。

令 $\frac{d}{d\omega}[(\omega_0^2-\omega^2)^2+(2\delta\omega)^2]=0$,可求得共振发生的条件为

$$\omega_r=\sqrt{\omega_0^2-2\delta^2} \tag{2-1-2}$$

因此,系统的共振频率是由固有频率 ω_0 和阻尼系数 δ 决定的,将式(2-1-2)代入式(2-1-1),

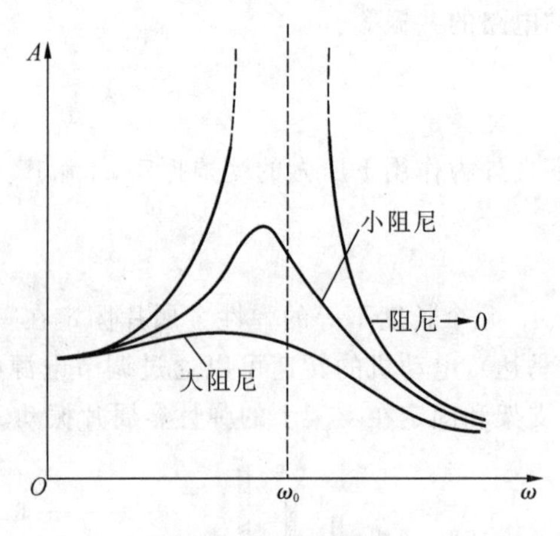

图 2-1-2　共振频率

可得共振时的振幅为

$$A_r = \frac{A_0}{2\delta\sqrt{\omega_0^2 - \delta^2}} \tag{2-1-3}$$

由上两式可知,阻尼系数越小,共振角频率 ω_r 越接近于系统的固有角频率 ω_0,同时共振的振幅 A_r 也越大,若阻尼系数趋近于零,则 ω_r 趋近于 ω_0,振幅将趋于无限大。

不同长度的金属片,其固有振动角频率也不同。本实验中,调节偏心电动机的转速,就可改变驱动力的频率,从而使不同长度的弹性金属片先后产生共振。

【实验内容与步骤】

(1) 接通电源,调节输出电压,使偏心电动机的转速由小到大缓慢变化,由此引起金属支架产生受迫振动。

(2) 当强迫力的频率由低变高时,可观察到随着电动机转速的增加,弹性金属片逐个出现振幅最大的共振现象。

【实验注意事项】

电源输出电压要从小到大逐渐调节,切勿调得过大,以免电动机转速过快而引起强烈的受迫振动和共振,造成实验装置的断裂和损坏。

【成果导向教学设计】

知识:

(1) 基础知识:大学物理课程“振动与波”的知识。

(2) 新技术:了解共振的工作原理及应用。

能力:

(1) 现象分析:综合运用学过的“振动与波”的知识分析实验中观察到的现象。

(2) 实验总结:能建立数据与结果的关联;撰写完整的实验报告。

(3) 安全实验;公民素质(个人能力、团队协作能力)(潜移默化地培养)。

【实验报告】

(1) 写明本实验的目的和意义。

(2) 阐明实验的基本原理、设计思路。

(3) 记录实验的全过程,包括实验的步骤、实验图示、实验现象、实验数据等。

(4) 分析实验现象、数据处理,讨论实验中出现的各种问题。

(5) 说明共振有哪些应用。

【拓展研究】

(1) 弹性金属片的长度与其共振频率的大小有什么关系？本实验中,当由低到高调节电动机转速时,你将最先看到哪根金属片发生共振？

(2) 任何事物都是一分为二的,共振可以为人类所利用,但有时也会带来不小的危害。共振的危害有哪些？如何避免共振？

【参考资料】

[1] 东南大学等七所工科院校. 物理学(下册)[M]. 马文蔚,解希顺,周雨青,改编. 5 版. 北京:高等教育出版社,2006.

[2] 广西科技大学大学物理实验教学网站.

实验 2-2　光通信及互感现象

光调制通信(光纤通信)、互感现象广泛地应用于无线电技术、通信、电力工程等领域。本仪器可做有关光、电磁学等几个实验,在物理教学中能获得感性知识,从而加深对物理学上的一些重要概念的理解。两个靠近的线圈,当其中一个线圈的电流发生变化时,会引起另一个线圈的电流变化,这种现象即为互感现象。

【实验目的】

(1) 了解光通信的基本原理及应用。

(2) 了解互感原理及应用。

【实验仪器】

放大器、发光二极管、互感线圈、铁芯、收音机(信号源)、螺旋玻璃棒(模拟光纤)、光电探测器、扬声器。

【实验原理】

1. 光通信

要实现光通信首先要对光进行调制。凡是使光波的振幅、频率、相位三个参量中任何一个参量随外加信号变化而变化的均称为光调制。使光的振幅变化称为调幅或调强。对于本仪器,我们主要介绍其光波的振幅(光强)随外加信号的变化而变化来控制发光强度,使发光强度按声音的电信号发生变化的功能,这种光调制叫做直接光调制。随着激光技术和光纤技术的迅速发展,用光调制原理进行通信已成为现代通信的一门新技术。本仪器为了阐明光通信原理,采用了常见的发光二极管代替激光,采用廉价的有机玻璃棒代替昂贵的光纤同样可以进行光通信,由于其通信原理相似,所以同样达到演示光通信和光纤通信的目的。

用光强度调制进行光通信的实验，其实验原理如图 2-2-1 所示。用一只光电探测器去接收已被调制的光信号，则能将已调制的光信号还原成声音的电信号，这又叫做解调。如果将这种声音的电信号通过音频功率放大器放大，最后在音频放大器的输出端接上扬声器，我们就能听到调制光传播的声音，从而达到光通信的目的。本实验主要是介绍强度调制通信的实验装置和方法。

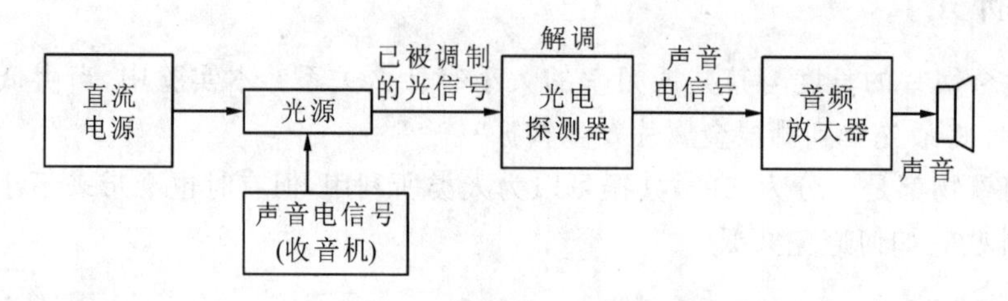

图 2-2-1 光通信实验原理示意图

2. 互感现象

(1) 互感现象的产生

如图 2-2-2 所示，A、B 是两个靠近的线圈，当其中的一个线圈的电流发生变化时，在另一个线圈中就会产生电动势，这种现象就是互感现象，产生的电动势为互感电动势，这样的回路称为互感耦合回路。两线圈之间的耦合程度用互感量 M 描述，Φ 表示磁通量，i 表示线圈中的电流，$\mathscr{E}$ 表示电动势，则

$$\Phi_{AB} = Mi_B$$

或

$$\Phi_{BA} = Mi_A$$

$$\mathscr{E}_{AB} = -M\frac{\mathrm{d}i_B}{\mathrm{d}t}$$

或

$$\mathscr{E}_{BA} = -M\frac{\mathrm{d}i_A}{\mathrm{d}t}$$

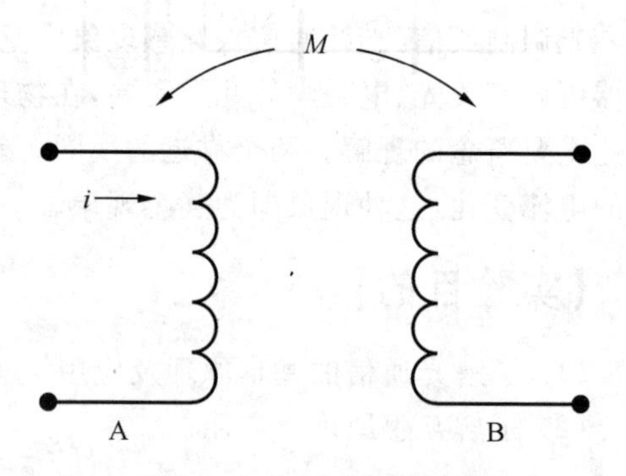

图 2-2-2 互感线圈示意图

M 只与两个线圈的形状、大小、匝数、相对位置及周围磁介质的磁导率有关。当一个线圈中的电流随时间的变化率一定时，互感量 M 越大，在另一个线圈中产生的互感电动势也越大；反之，电动势就越小。利用互感现象，不需要用导线连接，可以通过电—磁—电的形式将交变的电信号由一个电路传输到另一个电路。互感现象在电工、电子、无线电技术中得到广泛应用。在实际应用中，有些电路要避免互感现象的发生，对这类互感引起的干扰，采用磁屏蔽的方法来避免有害干扰。

互感现象是磁感应中的一个重要现象，互感器在无线技术、电力工程中有着极其广泛的应用。在实际应用中的各种规格的变压器，就是一种互感器件。通过互感线圈可以将一个电信号从初级线圈传递到次级线圈。本仪器可以将一个电信号(例如音频信号)，从互感线圈的初级线圈发送出去，相距初级线圈较远的互感线圈的次级线圈可以接收到该信号，通过放大器和扬声器可以将此音频信号再转换成音乐的乐曲，即通过互感现象进行无线通信。

(2) 互感通信

互感线圈可以传递信息(互感无线通信)，在图 2-2-5 中，将 L1 和收音机耳机插口相连接，L2 和功放相连接。将 L1 和 L2 并排放置数十厘米，接通音频功率放大器的电源，适当增大音量输出，从扬声器 Y 中听不到任何音乐的声音。接通音乐信号发生器电源，尽管 L1 和 L2 相距数十厘米，并且彼此并不直接用引线相连接，此时扬声器 Y 却发出悦耳的音乐乐曲，只要关闭音乐信号发生器 A 的电源，则 Y 立即不发音。由此可见，Y 发出的声音，是通过互感线圈 L1、L2 和音频功率放大器，将音乐电信号传递到 Y 的。这样，在两个线圈间，电信号从一个线圈传递到另一个线圈的互感现象，即可直观、形象地演示出来。这也是简单的无线通信的演示实验。

【实验内容与步骤】

1. 光通信的演示

(1) 用光强度调制进行光通信的实验

①按图 2-2-3 所示连接放大器、发光二极管 D、光电探测器 PD、扬声器 Y 并打开电源。调整发光二极管 D 和光电探测器 PD 的距离约为 20 cm，并使发光二极管 D 正对光电探测器 PD。

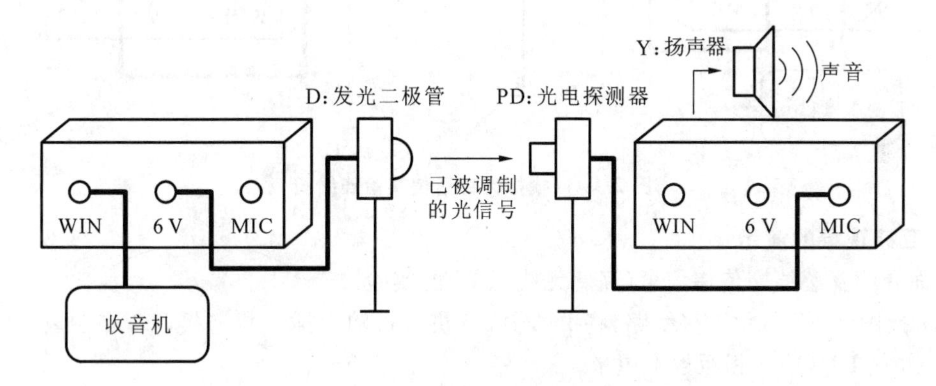

图 2-2-3　光通信实验连线图

②先打开收音机电源，搜索一个信号较好、声音清晰悦耳的电台，然后将收音机的输出用信号线连接到调制放大器的输入端。

③调节收音机、放大器的音量电位器，使放大器的输出扬声器 Y 发出清晰的声音。

④在发光二极管 D、光电探测器 PD 之间用障碍物挡住，观察扬声器 Y 的声音变化情况。

⑤改变发光二极管 D 与光电探测器 PD 间的距离，调节收音机的音量，观察扬声器 Y 的音量变化情况。

⑥保持收音机、放大器的音量不变，并在发光二极管 D 始终正对光电探测器 PD 的前提下，逐渐增大发光二极管 D 与光电探测器 PD 间的距离，直至从扬声器 Y 几乎听不到声音，此时，在发光二极管 D 与光电探测器 PD 之间放置凸透镜，调节凸透镜的位置，观察扬声器 Y 的音量变化情况。

由上可见，音频信号经过一系列转换，对光信号进行调制，通过被调制的光信号的传递，最后经过解调电路，扬声器 Y 还原音频信号。

(2) 光纤通信模拟实验

在上述实验中，光是直接照射到光电探测器来传递信号的，如果光不是直接照射，而是通过光纤传送，利用光在光纤中的全反射原理，同样可以传递信号。由于光纤传输有很多优点，光纤已经普遍应用到现代生活中，如在电话、电视、网络信号的传输、汽车照明等方面，均有广泛应用。

①按图 2-2-4 所示连接放大器、发光二极管 D、光电探测器 PD、扬声器 Y，并打开仪器电源。

②在发光二极管 D、光电探测器 PD 间串入由有机玻璃棒制成的模拟光纤 DF，仔细调节发光二极管 D、模拟光纤 DF、光电探测器 PD 的位置，使发光二极管 D 紧挨着模拟光纤 DF 的一光滑端面上，光电探测器 PD 的受光面也紧挨着模拟光纤 DF 的另一光滑端面。

③适当增大收音机、放大器的音量，观察扬声器 Y 的音量变化情况。

由于从发光二极管 D 发出的是已被调制的光，经模拟光纤 DF 传播到光电探测器 PD 的受光面上，经过解调后，最后从扬声器 Y 中还原出音频信号。这就是光纤通信的模拟实验。

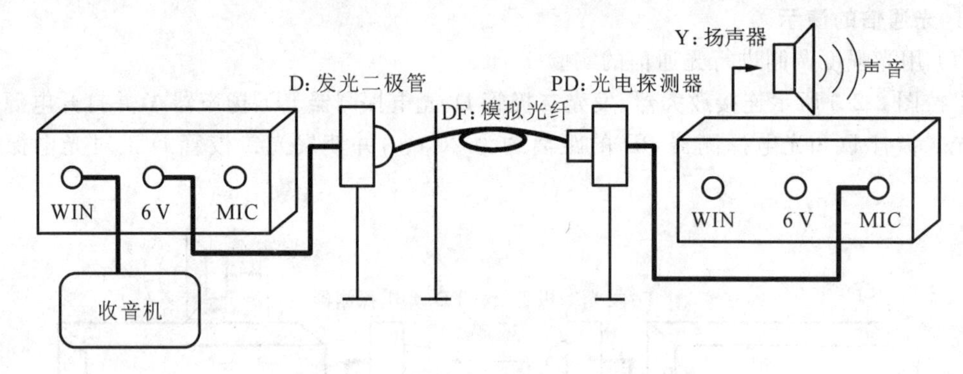

图 2-2-4　模拟光纤通信实验连线图

2. 互感现象的演示

下面介绍互感线圈传递信息(互感无线通信)的实验。

(1) 按图 2-2-5 所示连接线路，将 L1 与收音机耳机输出插口相连接，L2 和功放的输入端相连接，并使 L1 和 L2 相距数十厘米。

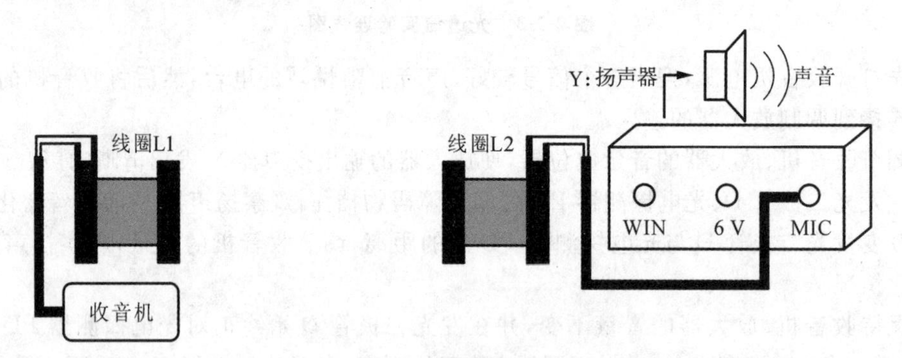

图 2-2-5　互感现象实验连线图

(2) 关闭收音机，只接通音频功率放大器的电源，适当调节放大器的输出音量，观察扬声器 Y 的发声情况。

(3) 打开收音机电源，搜索一个信号较好、声音清晰悦耳的电台，观察扬声器 Y 的声音变化情况。

(4) 保持收音机、放大器的音量不变，逐步增大 L1、L2 间的距离，直至从扬声器 Y 中几乎听不到声音，此时按图 2-2-6 所示，在 L1 或 L2 中插入铁芯，观察扬声器 Y 中的音量变化情况。

尽管 L1 和 L2 相距数十厘米，并且彼此并不直接用导线相连接，扬声器 Y 发出的声音，是通过线圈 L1、L2 的互感耦合，并由音频功率放大器将信号放大后，把音频信号传递到扬声器

Y 的。将电信号从一个线圈传递到另一个线圈的互感现象，在线圈插入铁芯后，改变了线圈周围磁介质的磁导率，即改变了互感系数，从而改变了两线圈之间的耦合程度的现象等，通过本次实验，都能直观、形象地演示出来。

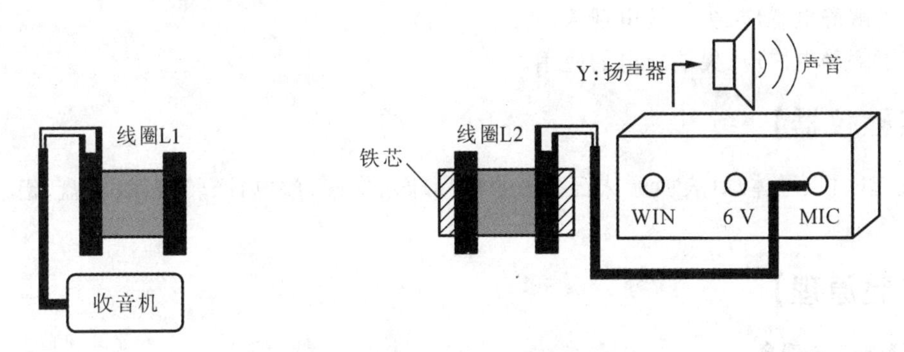

图 2-2-6　线圈中加入铁芯增大互感系数

分别记录上述实验的实验过程、实验现象。

【实验报告】

(1) 说明实验的原理。

(2) 举出本实验的其他应用实例。

【成果导向教学设计】

知识：

(1) 基础知识：光的调制；光的全反射；电磁感应现象。

(2) 测量原理：光强度调制进行光通信原理；影响互感量的因素。

(3) 新技术：光纤通信技术。

能力：

(1) 测量仪器的使用：光通信及互感现象演示仪的使用。

(2) 实验总结：能建立数据与结果的关联；撰写完整的实验报告。

(3) 安全实验；公民素质(个人能力、团队协作能力)(潜移默化地培养)。

【参考资料】

[1] 广西科技大学大学物理实验教学网站.

实验 2-3　尖端放电与静电电动机、静电除尘

处于静止的电荷称之为静电荷，简称静电，在生产生活中，静电无处不在。实验室通常由摩擦、感应起电机等获得静电；工业应用中，以市电为工作电源，由高压静电发生器而获得所需的静电。一般来说，产生的静电对外都表现出较高的电压。实验室由感应起电机产生的静电，输出电压 4 万～6 万伏。虽然电压较高，但莱顿瓶储存的电荷很少，所以对人体不会产生致命的危险。当导体靠近(未接触)带电体时，导体两端出现等量异种电荷，这种现象即为静电感应现象。静电积累时，电荷主要分布在曲率半径较小的导体表面，也即是较尖端部分。因此，高

压放电时，就从尖端部分出现放电火花，这就是尖端放电现象。

【实验目的】

(1) 了解静电感应、尖端放电现象。

(2) 了解静电感应、尖端放电的应用。

【实验仪器】

感应起电机、导体球(表面涂抹石墨粉的乒乓球)、支架、放电针、转筒、蚊香盘、铝板、导线等。

【实验原理】

1. 静电感应现象

导体置于由带电体形成的电场中，导体中的电荷在电场作用下重新分布，即发生静电感应现象。靠近带电体一端(近端)，感应出与带电体异种的电荷；远离带电体一端(远端)，感应出与带电体同种的电荷，如图 2-3-1(a)所示。需要注意的是，静电感应只是导体中的电荷重新分布，而导体中的电荷总量是不变的。如果让导体与带电体先接触，然后使导体与带电体分开，则导体带上与带电体同种的电荷，如图 2-3-1(b)所示。

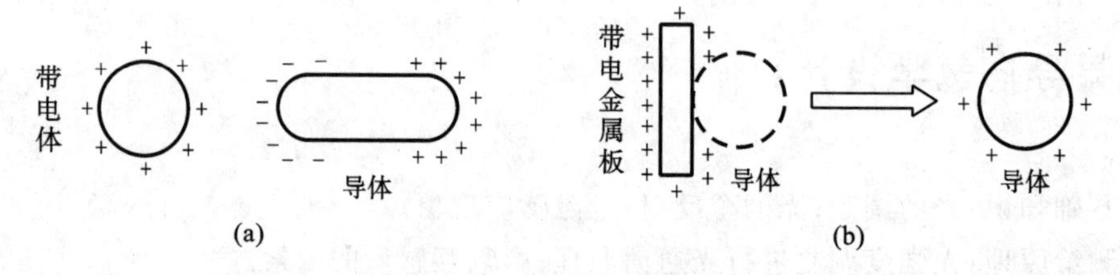

图 2-3-1　静电感应现象

由于自然中静电感应的作用，人体同样可以感应出电荷，当人体靠近某些仪器设备时，可能对仪器设备造成干扰而不能正常工作，甚至损坏。根据静电感应的特点，可以用导体(金属)罩对仪器设备进行屏蔽，从而消除干扰。

2. 尖端放电现象

由于导体尖端部分的电荷面密度非常大，因而导体尖端附近的电场很强，致使空气中的电子在尖端附近的强电场中被加速而获得相当大的动能，它们和中性分子碰撞时，中性分子被电离成电子和正离子。结果，尖端附近的空气中产生许多可以自由运动的电荷，本来不导电的空气成了导体，那些与尖端上的电荷异号的电荷被吸引到尖端，并与尖端上的电荷中和，这种现象称为尖端放电。高压线表面如果不光滑(有毛刺)，就会放电，产生电晕现象。电晕引起电能的损耗，并干扰通信和广播，但利用尖端放电现象可以为人类服务，例如避雷针就是根据尖端放电的原理发明的。

3. 静电摆球

在乒乓球表面涂上导电物质(通常涂抹石墨粉)后，石墨乒乓球即成了一个导体球，当将该导体球置于两金属极板形成的电场中时，由于静电感应的作用，导体球表面感应出电荷，而由于电场力的作用，导体球将在两极板间摆动即成“静电摆球”。实验装置如图 2-3-2 所示。

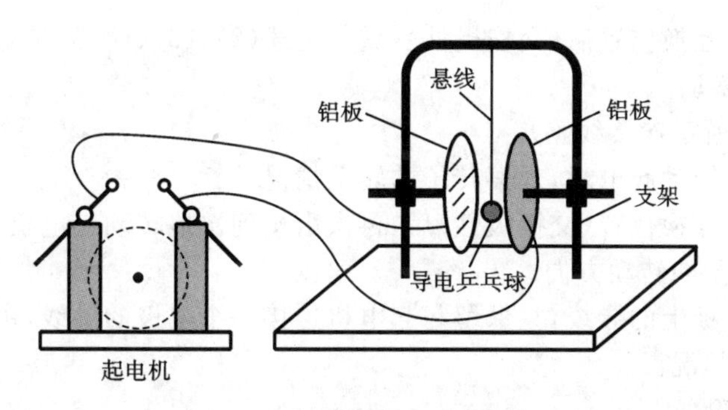

图 2-3-2　静电乒乓球实验

4. 静电电动机

静电电动机转动的原理就是尖端放电。一般的电动机是由定子和转子组成的，通电后，由交流电或直流电产生旋转磁场，促使转子按一定的转速不停地旋转。而本实验用的静电电动机，既不用交流电，也不用直流电，而是用静电，不产生旋转磁场，而是通过尖端放电，形成“电风”，促使转子转动。

静电电动机的结构如图 2-3-3 所示。B1、B2 是由 C1、C2 端绝缘的金属管组成，其上各有一排平行的金属针。A 是一个用针尖顶着的塑料杯，作为转子。在实验中，用感应起电机产生静电，它可为研究静电学的实验提供高压静电源，并可同时获得正、负电荷。感应起电机主要由两对起电盘和电刷组成。当内外两个起电盘快速旋转时，它们分别与对应的电刷摩擦而产生正、负电荷，转速越快，电压越高，转速达 120 r/min 左右时，其正负极在大气中可形成放电火花。

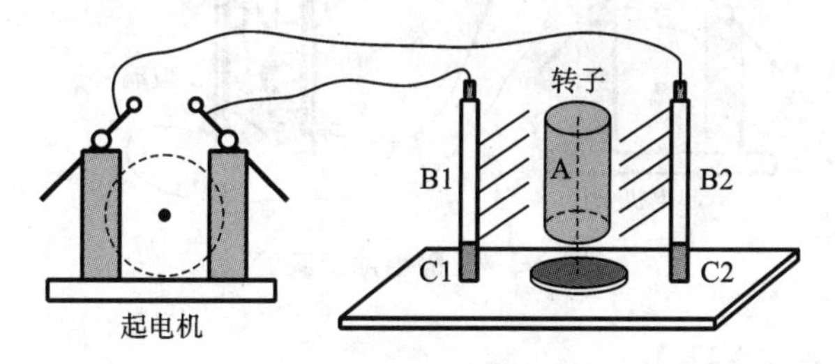

图 2-3-3　静电电动机实验

5. 静电除尘

随着人们生活水平的提高和社会的文明进步，环境保护越来越被人们所重视。工业的发展使我们生存的环境日益恶化。由于工业用煤、生产工艺等原因，有害烟尘污染也比较严重，治理污染已到了刻不容缓的地步。环境污染中大气污染的影响最为严重，而静电除尘是解决大气污染的一种重要手段。静电除尘实验装置如图 2-3-4 所示。静电除尘的原理是首先让尘埃带电，然后让带电尘埃在电场力的作用下集结到电极上，给以清除。在本实验中，当静电感应起电机起电后，与其连接的针尖带上大量电荷，产生尖端放电，导致空气分子电离成大量正、负电荷，从而使烟雾中的尘埃带上电荷，被与它带异种电荷的物体吸收，达到空气除尘的目的。

【实验内容与步骤】

1. 静电摆球实验

(1) 按图 2-3-2 连接线路。

(2) 调节摆球的悬线长度约 30 cm，调整摆球与两金属板的距离分别约 1 cm。

(3) 转动起电机，观察摆球的运动情况。

(4) 改变摆球与两金属板的距离，转动起电机，观察摆球的运动情况。

(5) 将输出导线互换位置后(交换极性),重复上述(2)、(3)、(4)的步骤。

2. 静电电动机实验

(1) 按图 2-3-3 所示连接线路。

(2) 由慢到快地转动起电机,观察转子的转动情况。

(3) 将输出导线互换位置(交换极性)后,再次由慢到快地转动起电机,观察转子的转动情况,特别注意观察转子的转动方向。

(4) 取下一个电极上的导线,只保留与起电机连接一个电极的导线,由慢到快地转动起电机,观察转子的转动情况。

3. 静电除尘实验

(1) 按图 2-3-4 连接线路。

(2) 将点燃的蚊香用小木夹固定并伸到玻璃筒内,使蚊香处于放电针排与极板之间,此时玻璃筒口附近有较浓烟雾飘出。转动感应起电机,观察起电机转动前后玻璃筒口烟雾浓度的变化情况。

(3) 将输出导线互换位置(交换极性),再次观察起电机转动前、后烟雾浓度的变化情况。

分别记录上述实验的实验过程、实验现象。

注意:在使用感应起电机时,必须顺时针摇转,逆时针摇转无静电输出。

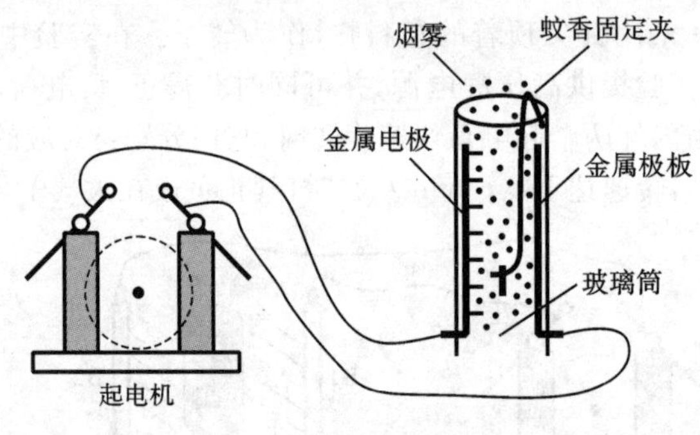

图 2-3-4　静电除尘实验

【成果导向教学设计】

知识:

(1) 基础知识:静电感应、尖端放电的成因。

(2) 测量原理:静电荷在电场中受到静电力作用的原理。

能力:

(1) 测量仪器的使用:静电系列实验演示仪的使用。

(2) 实验总结:能建立数据与结果的关联;撰写完整的实验报告。

(3) 安全实验;公民素质(个人能力、团队协作能力)(潜移默化地培养)。

【实验报告】

(1) 记录实验的过程,写出观察到的实验现象,解释产生此现象的原因。

(2) 阐述本实验特别是静电除尘在环境保护上的意义。

(3) 说明尖端放电现象的实际应用。

【参考资料】

[1] 广西科技大学大学物理实验教学网站.

知识拓展

静电及尖端放电现象的应用

1. 静电

(1) 静电的危害

静电的危害很多。飞机机体与空气、水汽、灰尘等微粒摩擦时会使飞机带电，严重干扰飞机上的设备的正常工作，可能因静电火花点燃某些易燃易爆物质而发生爆炸。静电对电子设备产生影响，甚至会由于火花放电击穿某些电子器件。油罐车在行驶过程中因为燃油与油罐摩擦而产生静电，大量静电积累至一定程度，就会产生火花放电而引发爆炸；在加油站不要直接向塑料桶加油，以免因静电放电产生火花而发生危险。

(2) 静电的预防

用导线把设备接地，将电荷引入大地，避免静电积累。飞机着陆时，起落架上使用特制的接地轮胎或接地线，以释放掉飞机在空中所产生的静电荷；油罐车的尾部拖一条铁链或导电橡胶，这就是油罐车的接地线；在加油站不要直接向塑料桶加油，而应用金属容器盛油；在物体表面喷涂抗静电涂料，消除电荷的积累；使工作环境的湿度增加，让电荷随时释放，可以有效地预防或消除静电。潮湿的天气里，用感应起电机不容易获得静电，其原因就是电荷容易通过空气中的水汽而释放掉。

(3) 静电的应用

①静电除尘。以煤为燃料的工厂、电厂，排出的烟气带出大量燃烧后的粉尘，环境受到严重污染，利用静电除尘可以消除烟气中的粉尘，如图 2-3-5 所示。除尘器由金属管 A 和悬在管中的金属丝 B 组成，A 接到高压电源的正极，B 接到高压电源的负极。B 附近的空气分子被强电场电离，成为电子和正离子，正离子被吸附到 B 上；电子在向着正极 A 运动的过程中，遇到烟气中的粉尘，使粉尘带负电，吸附到正极 A 上，最后在重力作用下落入下方的漏斗中。

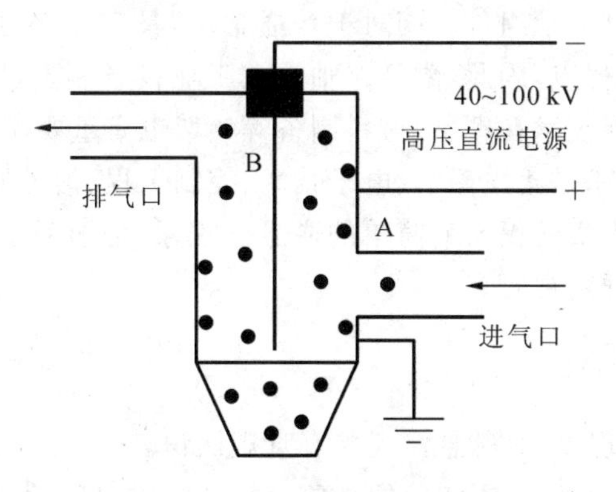

图 2-3-5　工业静电除尘示意图

②静电喷涂。使油漆微粒带负电，工件带正电。油漆微粒在电场力的作用下，向着作为电极的工件运动，并沉积在工件的表面，完成喷漆工作。机械化静电喷漆，喷涂质量高，油漆附着力强，表面均匀光洁，并能大幅度提高效率，节约油漆用料。

③静电植绒。在流水线生产上，静电植绒的主要设备就是静电植绒机。使绒毛带负电荷，

把需要植绒的织物接在零电位或接地条件下，绒毛在电场力作用下，垂直加速飞向需要植绒的织物面上，由于被植绒织物涂有胶粘剂，绒毛就被垂直粘在被植绒织物上。

④静电复印。复印是记录资料常用方法。静电复印机的中心部件是硒鼓，由一个可以旋转的接地的铝质圆柱体，表面镀一层半导体硒组成。半导体硒有特殊的光电性质：没有光照时是绝缘体，能保持电荷；受到光照立即变成导体，将释放所带的电荷。复印每一页材料在经过充电、曝光、显影、转印等几个步骤后，再经过墨粉的吸附、定影等，最后就能将材料复印下来。

2. 尖端放电

在带电导体表面附近，曲率半径较大处，电荷密度和电场强度的值较小；曲率半径较小处，电荷密度和电场强度的值较大。带电导体尖端附近的电场强度特别大，可使尖端附近的空气发生电离成为导体而发生放电，电场足够强时，会出现强烈的火花放电，这种放电现象就是尖端放电现象。避雷针就是最常见也是很重要的尖端放电现象的一个应用实例。避雷针通常是由一根镀锌圆钢导体构成，一端安装于高出建筑物的顶端上，另一端良好接地，接地电阻要求在0.5～10 Ω间。当云层上电荷较多时，避雷针与云层之间的空气被击穿，带电云层与避雷针形成通路，把云层上的电荷导入大地，消除雷电对建筑物构成的危险，保证了建筑物的安全。

实验 2-4　磁悬浮实验

磁悬浮是利用电磁力将物体无机械接触地悬浮起来。磁悬浮不存在机械接触，具有无机械磨损、无机械摩擦、功耗小、噪声低、效率高等诸多优点。

磁悬浮列车是磁悬浮技术主要应用领域之一，它的原理是依靠电磁引力或电磁斥力将列车悬浮于空中并进行导向，实现列车与地面轨道间的无机械接触，再利用直线电机驱动列车运行。由于没有接触和摩擦，所以列车能够以非常高的速度运行。早期比较成熟的磁悬浮列车技术是以德国为代表的常导磁悬浮和以日本为代表的超导磁悬浮，近年来中国在磁悬浮列车技术方面的进展也非常迅速。

磁悬浮轴承是磁悬浮技术应用的另一个重要领域，磁悬浮轴承是通过磁场力将转子和轴承分开，实现无接触的新型支承组件。相对于普通轴承，具有无接触、无摩擦、使用寿命长、不用润滑以及高精度等特殊优点，因此，磁悬浮轴承在工业设备制造、电力工程等方面有着广阔的应用前景。此外，磁悬浮技术在军事、材料制备等领域也有重要应用。

实际应用的磁悬浮技术是集电磁学、电子技术、控制工程、信号处理、机械动力学等多种技术为一体的复杂新技术，本实验仅研究简单的磁悬浮现象，通过对实验现象的分析，增进同学们对电磁学知识的理解，开阔视野。

【实验目的】

(1) 观察磁悬浮实验现象，对磁悬浮现象有直观认识。

(2) 了解磁悬浮原理，通过对本实验的现象分析加深对电磁学知识的理解。

【实验仪器】

MSU-1 型磁悬浮实验仪实验装置图如图 2-4-1 和图 2-4-2 所示，仪器由控制主机部分和线圈部分组成。控制主机部分通过三位半数字电压表/电流表来显示输入线圈的交流电压和通过线圈的交流电流，由换挡开关调节输入线圈的电压大小，电压变化范围为 10～24 V，线圈中心是一根圆柱形的铁棒。实验中提供直尺、电子天平等测量工具，另外配有闭合铝环(2个)、闭合紫铜环、闭合黄铜环、闭合铁环、闭合塑料环、不闭合铝环、带柄大铝环、灯圈等配件，也可以自制其他材质的配件自主进行探索性研究。

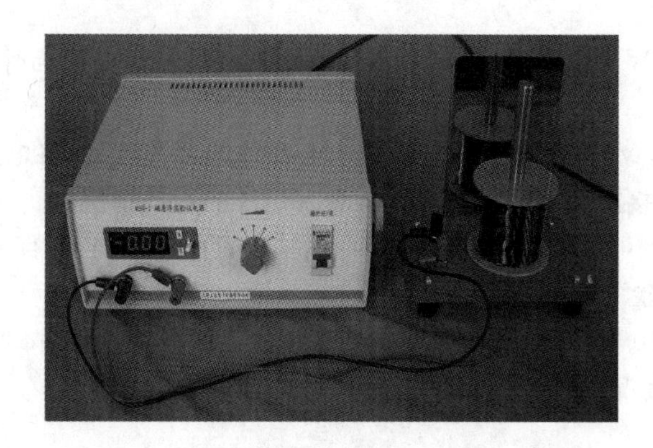

图 2-4-1　MSU-1 型磁悬浮实验仪装置实物图

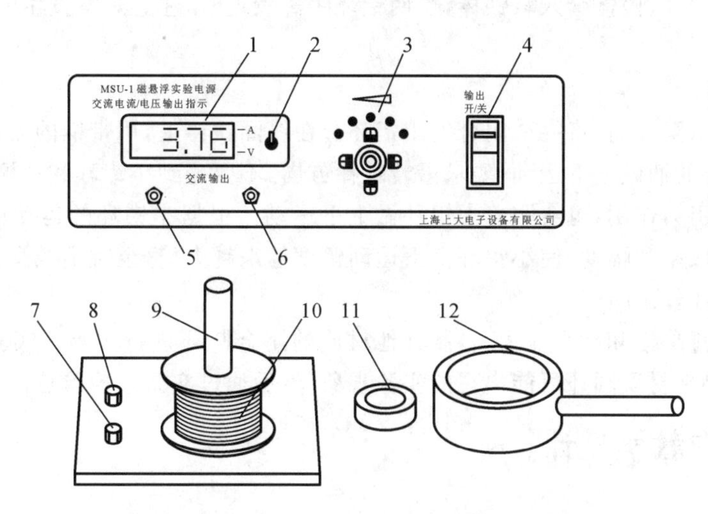

图 2-4-2　MSU-1 型磁悬浮实验仪装置结构图

1—交流电流/电压指示窗；2—电流/电压指示换挡开关；3—输出电压调节换挡开关；4—输出开关(短路保护)；5,6—输出接线柱；7,8—线圈输入接线柱；9—线圈铁芯棒；10—线圈；11—磁悬浮圆环(多种材质)；12—共振用大铝环

【实验原理】

请回顾大学物理教材中的电磁学知识。

【实验内容与步骤】

确认控制主机电压输出端与线圈输入端接线正确，打开控制主机后面的电源开关，将控制主机面板上的输出开关扳至上方，然后将电流/电压指示换挡开关调至电压输出，依次完成以下实验，记录观察到的实验现象。

1. 浮环实验

(1) 输出电压调节至 24 V，将不闭合铝环从线圈中心铁棒的顶端放入，观察其是否可以悬浮,然后分别换闭合铝环、紫铜环、黄铜环、铁环、塑料环等进行实验,观察各种环是否能够悬浮,对于能够悬浮的环,用直尺测量其悬浮高度并用电子天平测量其质量。

(2) 将闭合铝环从线圈中心铁棒的顶端放入,改变输出电压,记录不同电压下闭合铝环的悬浮高度。

思考:为什么有的环可以悬浮,有的环不能悬浮?环的悬浮高度与什么因素有关?

2. 跳环实验

输出电压调节至0 V,将闭合铝环从线圈中心铁棒的顶端放入,将电压换挡开关从0 V(水平方向位置)逆时针直接旋至最高电压24 V,观察铝环的运动情况。

注意:实验者头部不要靠近实验装置,要与实验装置保持距离,确保安全。

3. 点亮发光管实验

输出电压调节至20 V,将灯圈从线圈中心铁棒的顶端放入,逐渐降低高度,观察不同高度时灯圈发光管的变化情况,记录实验现象。

4. 双铝环实验

将一个闭合铝环套在线圈铁棒上,逐渐增大电压,使铝环上升到离线圈5~7 cm时,用手拿住另一个闭合铝环,慢慢套入软铁棒,当两铝环距离较近时,注意观察发生的现象,然后松手继续观察。

5. 共振实验

输出电压调节至最高,将一个闭合的小铝环套在线圈铁棒上,用带柄的大铝环套在小铝环外,并拿着大铝环的柄做上下运动(要求沿着铁棒方向,不要碰到小铝环和铁棒)。此时小铝环受到大铝环的吸引力作用,也会跟着大铝环做上下运动。根据小铝环的运动情况逐渐改变大铝环上下运动的频率和幅度,使小铝环上下运动幅度越来越大,直至跳出线圈铁棒。

6. 自制材料(选做)

发挥自己的想象力和动手能力,自制其他材质的闭合圆环进行实验。实验前先分析前面的实验结果,推测新材质圆环可能出现的实验现象,然后通过实验来检验自己的推测。

【成果导向教学设计】

知识:

(1) 基础知识:大学物理课程电磁学知识。

(2) 新技术:认识磁悬浮现象。

能力:

(1) 现象分析:综合运用学过的电磁学知识分析实验中观察到的现象。

(2) 实验总结:能建立数据与结果的关联;撰写完整的实验报告。

(3) 安全实验;公民素质(个人能力、团队协作能力)(潜移默化地培养)。

【实验报告】

按照“实验内容与步骤”的要求完成实验,详细记录观察到的实验现象。在实验报告的“数据处理或现象分析”部分,结合大学物理课程中学习到的电磁学知识,逐项解释观察到的实验现象,并完成下面两者之一:

(1) 本实验只是一个非常简单的磁悬浮原理演示实验,实际应用中有多种原理和技术可以实现磁悬浮,有兴趣的同学可以通过查找资料进行全面了解,并写一篇介绍磁悬浮原理或应用的短文。

(2) 在本实验中,细心的同学会注意到,实验时金属环的温度会很快升高至烫手的程度。有兴趣的同学可以自己查找资料,了解出现这种情况的原因和解决办法。

【思考题】

(1) 在实验过程中,会明显感觉到闭合金属环温度上升,为什么?

(2) 实验中,若线圈输入直流电压,有没有磁悬浮现象?

【参考资料】

[1] 张士勇. 磁悬浮技术的应用现状与展望[J]. 工业仪表与自动化装置,2003(3):63-65.

[2] 戴政. 磁悬浮技术综述[J]. 中小型电机,2000,27(2):24-26.

[3] 毛保华,黄荣,贾顺平. 磁悬浮技术在中国的应用前景分析[J]. 交通运输系统工程与信息,2008,8(1):29-39.

实验 2-5　水波实验

波是物理学中的一个重要内容。不管是水波、声波、光波或者其他类型的波,其原理或传播的性质基本上都一样,所以水波的研究可起到触类旁通的作用。

【实验目的】

观察波的形成、传播、反射、衍射和干涉等现象。

【实验仪器】

FD-WPB 水波实验仪如图 2-5-1 所示。

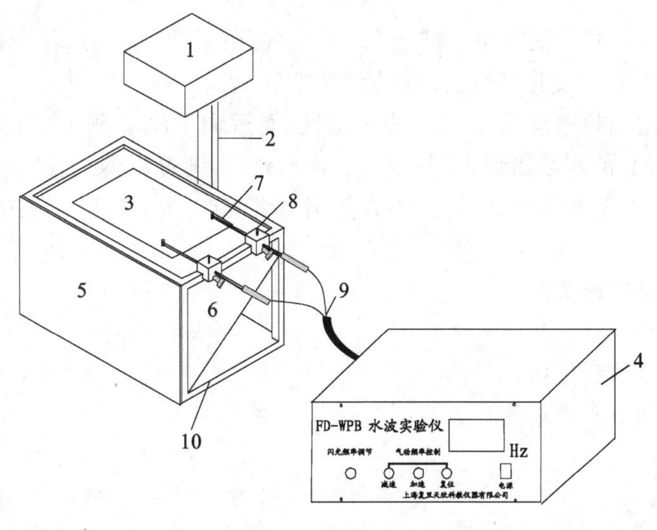

图 2-5-1　FD-WPB 水波实验仪

1—灯箱;2—灯架;3—水盘;4—控制箱;5—磨砂玻璃;6—镜面;7—喷嘴;8—喷嘴固定架;9—三通;10—机架

【实验原理】

日常生活中,我们生活在波的环境中,电磁波随时都围绕在我们身边,我们也随处可以见到水波,一阵风就可以在平静的湖面上荡漾起水波,在盛有水的盆里稍微动一下就可以看到水波,可以说水波无处不在。

波分为行波和驻波。行波:能量向前传播而物质本身不发生传播,所以水波是行波。水波跟声波、光波或者其他类型的波一样都可以产生衍射、干涉。

如实验证明:

(1) 波在遇到障碍时会沿障碍物的边沿前进,此种现象称为衍射。

(2) 孔径越小,波长越长。

(3) 同一介质中几个振源所产生的波可以互不干涉地相互贯穿,然后继续按各自原来方式传播。

【面板操作说明】

控制面板除电源开关外,还安装有 1 个多圈旋钮和 3 个功能键,如图 2-5-2 所示。

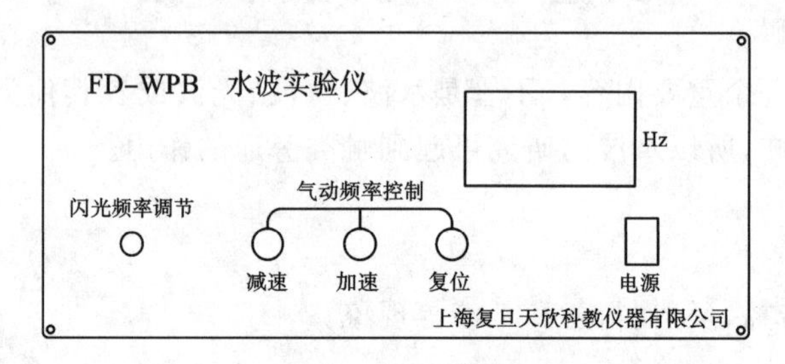

图 2-5-2　FD-WPB 水波实验仪控制面板

(1)“闪光频率调节”旋钮:该键用于调节带动光源挡板的电机的转速,从而改变闪光频率。

(2)“气动频率控制”功能键组:“减速”、“加速”键用于调节气动频率的高低,气动频率显示于面板右方的频率计,“复位”键能使气动频率置零。

(3) 一般可将闪光频率旋钮调节至某一位置,而后调节气动频率,当其与闪光频率一致时,可观察到近乎静止的水波图形,而频率有少许偏差时,则可观察到波的漩涡现象。

通过面板操作,控制光源挡板转速(闪光频率)、水波产生的频率,配上相关附件,可观察到如下现象:

(1) 波的传播速度调节;

(2) 波的反射;

(3) 两束波的迭加和传播;

(4) 波的衍射和障碍物小孔的关系;

(5) 波的折射;

(6) 波的旋涡;

(7) 波的扩散;

(8) 多普勒效应。

【实验内容与步骤】

(1) 清洁处理:玻璃、镜面等请按常规洗净,不宜用硬性或油污不净的棉布、纸张擦拭。

(2) 检查出水处是否将橡皮管弯曲后用夹子固定。

(3) 将透明饮用水倒入水盘中,水的深度控制在 3～5 mm 内。如水盘不在水平面上,可调节水平螺栓。

(4) 根据实验内容选择 1 根或 2 根气管,气管的固定有一大二小三个螺栓:大螺栓调节气管与水面的相对位置,一般以喷嘴接近但不接触底面为准;小螺栓:确定喷嘴的方向和水波前后左右的位置。

(5) 如做单束水波实验时,另一根不用的气管应弯曲后用夹子夹住(不让其出气),这样可加强工作气管的气量。

(6) 验证惠更斯原理时,可选用有不同小孔的挡板,以观察不同的波长。

(7) 根据实验内容配备不同的挡板,可以观察波的各种不同现象。如用户自制挡板,则务必清洗后放置。

(8) 做波的折射时,将三角样品放入盘中低于水面约 1 mm 处,将平行波喷嘴连接到气源端,然后加速振荡,一般将频率控制在 20 Hz 以下,不用频闪将光源调整至最亮处即可;在水盘中滴入几滴洗涤液以减少反射的干扰。

(9) 在闪光频率与气动频率同步的情况下,波的频率与数字显示值一致,用户可根据显示值和波的距离测出其波速。

【成果导向教学设计】

知识:

(1) 基础知识:大学物理课程"振动与波"知识。

(2) 新技术:了解水波仪的工作原理及应用。

能力:

(1) 现象分析:综合运用学过的"振动与波"的知识分析实验中观察到的现象。

(2) 实验总结:能建立数据与结果的关联;撰写完整的实验报告。

(3) 安全实验;公民素质(个人能力、团队协作能力)(潜移默化地培养)。

【实验报告】

(1) 写明本实验的目的和意义。

(2) 记录所选用的实验器材。

(3) 阐明实验的基本原理、设计思路(包括测量公式的推导)。

(4) 记录实验的全过程,包括实验的步骤、实验图示、实验现象和实验数据等。

(5) 通过数据处理,建立实验数据与实验结果的关联,给出测量结果。

(6) 分析实验结果,讨论实验中出现的各种问题,分析误差原因,提出改进意见。

(7) 列出实际为你提供帮助的参考资料。

【拓展研究】

你能设计出其他发波装置吗?能尝试探索水波的其他特性吗?

【参考资料】

[1] 东南大学等七所工科院校. 物理学(下册)[M]. 马文蔚,解希顺,周雨青,改编. 5 版. 北京:高等教育出版社,2006.

[2] 广西科技大学大学物理实验教学网站.

拓展阅读 2

真空与真空镀膜技术简介

1. 真空的概念

(1) 真空的概念

给定的空间内低于一个大气压的气体状态，称为真空。

真空分为自然真空和人为真空。自然真空指气压随海拔高度增加而减小，存在于宇宙空间。人为真空指通过人为的方式（如用真空泵抽掉容器中的气体）获得低于一个大气压的气体状态。

(2) 真空量度单位

1 标准大气压＝760 mmHg＝760 Torr；1 标准大气压＝1.013×10^5 Pa；1 Torr＝133.3 Pa。

(3) 真空区域的划分

目前对真空尚无统一规定，常见的划分有粗真空，$10^3\sim10^5$ Pa（10～760 Torr）；低真空，$10^{-1}\sim10^3$ Pa（$10^{-3}\sim10$ Torr）；高真空，$10^{-6}\sim10^{-1}$ Pa（$10^{-8}\sim10^{-3}$ Torr）；超高真空，$10^{-10}\sim10^{-6}$ Pa（$10^{-12}\sim10^{-8}$ Torr）；极高真空，$<10^{-10}$ Pa（$<10^{-12}$ Torr）

2. 真空的获得

1643 年，意大利物理学家托里拆利(E. Torricelli)首创著名的大气压实验，获得真空。

人们通常把能够从密闭容器中排出气体或使容器中的气体分子数目不断减少的设备称为真空获得设备或真空泵。在真空技术中，通过各种真空设备，采用各种不同的方法，已经能够获得和测量大气压力范围为 $10^{-13}\sim10^5$ Pa、宽达 18 个数量级的真空。

显然，只用一种真空泵，获得这样宽的低压空间的气体状态，是十分困难的。随着真空应用技术在生产和科学研究领域中对其应用压强范围的要求越来越宽，大多需要由几种真空泵组成真空抽气系统共同抽气后才能满足生产和科学研究过程的要求。

(1) 真空泵的分类

按真空泵的工作原理，真空泵基本上可以分为两种类型，即气体传输泵和气体捕集泵。

气体传输泵是一种能将气体不断地吸入并排出泵外以达到抽气目的的真空泵，例如旋片机械泵、油扩散泵、涡轮分子泵。

气体捕集泵是一种使气体分子短期或永久吸附、凝结在泵内表面的真空泵。例如，分子筛吸附泵、钛升华泵、溅射离子泵、低温泵和吸气剂泵。

(2) 真空泵的主要参数

①抽气速率：定义为在泵的进气口任意给定压强下，单位时间内流入泵内的气体体积。

②极限压强：p_n（极限真空）。

③最高工作压强：p_m。

④工作压强范围（$p_n\sim p_m$）：泵能正常工作的压强范围。

3. 真空镀膜

真空技术在电子技术、航空航天技术、加速器、表面物理、微电子、材料科学、医学、化工、工农业生产、日常生活等各个领域有广泛的应用。真空镀膜是真空技术的重要应用。

薄膜就是在基体材料表面所制备的一层或几层很薄的材料，其厚度可以从几个纳米到几十微米，因此薄膜在厚度方向的尺度和水平方向的尺度相比非常小，尤其是纳米级厚度的薄膜，因此可以认为它是二维材料。与三维块体材料相比，薄膜材料有着特殊的性能，尤其是具有特殊的光、电、磁等效应；又由于大部分材料在应用中发挥作用的大多是其表面附近的部分，或其表面起着特殊的作用，所以在块体材料表面制备满足要求的薄膜，对材料表面进行加工处理，可以赋予材料表面特殊的性能或对材料表面加以防护，从而大大提高材料的性能。同时，用薄膜材料替代块体材料可以节能，并且能避免块体材料制备技术上的困难，因此薄膜技术在新材料研究领域得到了广泛的重视。

第3章 综合性实验

综合性实验是指在同一个实验中涉及力学、热学、电磁学、光学、近代物理等多个知识领域，综合应用多种方法和技术的实验。这类实验通过实验内容、方法、手段的综合，掌握综合的知识，培养综合考虑问题的思维方式，培养学生运用综合的方法、手段分析问题、解决问题的能力，培养学生数据处理以及查阅中外文资料的能力，达到能力和素质的综合培养与提高。

此类实验的目的是巩固学生在基础性实验阶段的学习成果，开阔学生的眼界和思路，提高学生对实验方法和实验技术的综合运用能力。根据教育部高等学校物理学与天文学教学指导委员会物理基础课程教学指导分委员会制定的《理工科类大学物理实验课程教学基本要求》，各校应根据本校的实际情况设置该部分实验内容（综合的程度、综合的范围、实验仪器、教学要求）。

实验3-1 液晶电光效应实验

液晶在物理、化学、电子、生命科学等诸多领域有着广泛的应用，在日常生产和生活中占据着越来越重要的地位。液晶主要应用于光导液晶光阀、光调制器、液晶显示器件、各种传感器、微量毒气检测、夜视仿真等领域，在电子表、手机、电脑显示器等产品上广泛应用的液晶显示器件是人们最为熟悉的。液晶在不同领域的应用都是利用它的一些独特性质，其中双色液晶显示器件、光导液晶光阀、光调制器光路转换开关等应用都是基于液晶电光效应原理。

【实验目的】

（1）了解液晶电光效应原理。

（2）测定液晶样品的电光曲线，能够根据电光曲线定性地阐明液晶双色显示原理。

【实验仪器】

如图3-1-1和图3-1-2所示，液晶电光效应实验仪主要由控制主机部分和导轨部分组成。

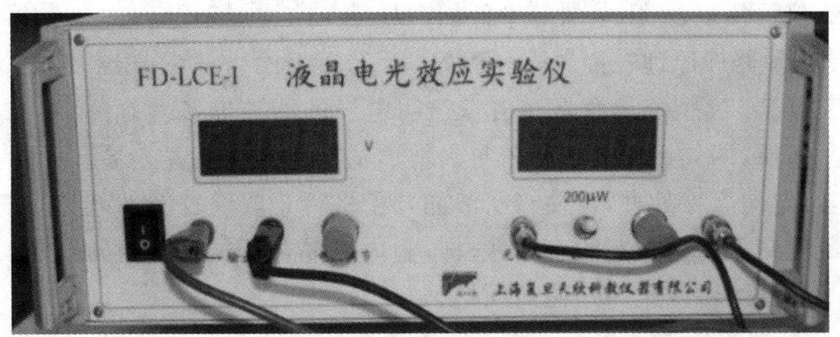

图3-1-1 FD-LCE-1 液晶电光效应实验仪控制主机面板

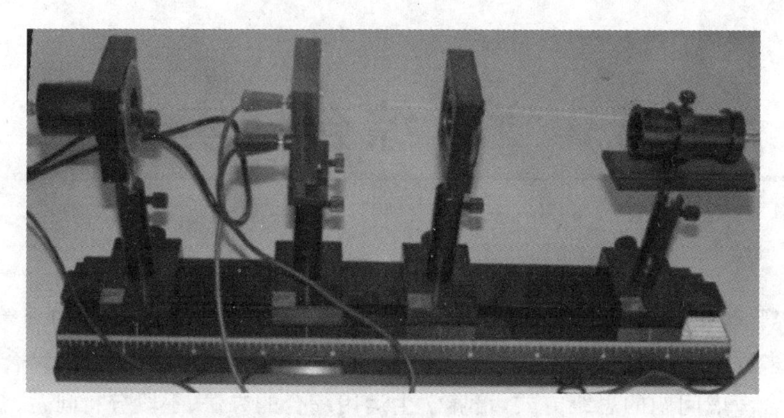

图 3-1-2　FD-LCE-1 液晶电光效应实验仪导轨部分

主机部分包括方波发生器、方波有效值电压表、光功率计。主机控制面板左下为电源开关,左边部分为电压表,用于控制液晶盒的外加电压,电压大小由电压调节旋钮控制,实验中一般不要超过 12 V。面板右边部分为光功率计,用于检测通过检偏器的光强,有 200 μW 和 2 mW 两挡,右下角的灰色旋钮用于光功率计调零。

导轨部分从右到左依次为半导体激光器、起偏器、液晶盒、检偏器及光电探测器(连接在一起)。各器件连接在滑块上,可在导轨上移动,各器件的高度和相互之间的距离都可以调节。

【实验原理】

1. 液晶简介

液晶态是一种介于液体和晶体之间的中间态,既有液体的流动性、粘度等性质,又有晶体的热、光、电、磁等物理性质。液晶与液体、晶体之间的区别是:液体是各向同性的,分子取向无序;液晶分子取向有序,但位置无序,而晶体二者均有序。

就形成液晶的方式而言,液晶可分为热致液晶和溶致液晶。热致液晶又可分为近晶相、向列相和胆甾相,其中向列相液晶是液晶显示器件的主要材料。

液晶分子是在形状、介电常数、折射率及电导率上具有各向异性特性的物质,如果对这样的物质施加电场,液晶分子取向结构将发生变化,它的光学特性也随之变化,这就是通常说的液晶的电光效应。

液晶种类繁多,主要有动态散射型(DS)、扭曲向列相型(TN)、超扭曲向列相型(STN)、有源矩阵液晶显示(TFT)电控双折射(EBC)等。其中,应用较广的如 TFT 型主要用于液晶电视、笔记本电脑等高档电子产品;STN 型主要用于手机屏幕等中档电子产品;TN 型主要用于电子表、计算器、仪器仪表、家用电器等中低档产品。

TN 型液晶显示器件原理较简单,是 STN、TFT 等显示方式的基础。本实验所使用的液晶样品即为 TN 型。TN 型液晶盒是在覆盖透明电极的两玻璃基片之间,夹有正介电各向异性的向列相液晶薄层,四周用环氧树脂密封。玻璃基片内侧覆盖着一层定向层,通常是一薄层高分子有机物,经定向摩擦处理,可使棒状液晶分子平行于玻璃表面,沿定向处理的方向排列。上下玻璃表面的定向方向是相互垂直的,这样,盒内液晶分子的取向逐渐扭曲,从上玻璃片到下玻璃片扭曲了 90 度,所以称为扭曲向列型。

2. 扭曲向列型电光效应

对 TN 型液晶盒,在无外电场作用的情况下,当线偏振光垂直液晶表面入射时,若偏振方向与液晶盒上表面分子取向相同,则线偏振光将随液晶分子轴方向逐渐旋转 90 度,平行于液晶盒下表面分子轴方向射出,我们称这种现象为 90 度旋光性。

当对液晶盒施加一定的电压时,液晶分子长轴开始沿电场方向倾斜,电压继续增加到一定数值时,除附着在液晶盒上下表面的液晶分子外,所有液晶分子长轴都按电场方向进行重新排列,TN 型液晶盒在无外电场作用时的 90 度旋光性随之消失。

将液晶盒放在两片平行偏振片之间,偏振片的偏振方向与上表面液晶分子取向相同。不加电压时,半导体激光器发出的激光通过起偏器形成的线偏振光,经过液晶盒后偏振方向随液晶分子轴旋转 90 度,不能通过检偏器。对于整套装置来说,半导体激光器发出的激光不能通过这套装置,相当于液晶显示器件的“黑态”。当在液晶盒上施加足够大的电压后,液晶 90 度旋光性消失,激光能够通过这套装置,相当于液晶显示器件的“白态”,这就是所谓的黑底白字的常黑型显示。如果需要在常黑态液晶显示器件上显示出各种数字、字符、图案,只要有选择地在需要显示的部位施加电压即可。若检偏器的偏振方向与下表面液晶分子取向相同,则液晶显示器件对应的是白底黑字的常白型,同学们可以自己分析。

本实验通过测量液晶盒上的外加电压与光电探测器探测到的光强之间的数值关系,定量地研究液晶电光效应。

【实验内容与步骤】

(1) 打开半导体激光器,调节各元件高度和方向,使各光学器件等高同轴。调节半导体激光器的方向和高度,使激光依次穿过起偏器、液晶盒、检偏器,射入光电探测器的通光孔内。注意不要直视激光,以免眼睛受到永久性伤害。

(2) 确认主机与液晶盒及主机与光功率计的导线连接正确,接通主机电源,将电压输出调至 0 V。用不透明物体遮挡住电光探测器的探测孔,然后调节主机面板右下角的调零旋钮将光功率计调零。选用 2 mW 挡,移开遮光物体,此时光功率计显示的数值为透过检偏器的光强大小。旋转检偏器,观察光功率计数值变化,若最大值小于 200 μW,可旋转半导体激光器,使最大透射光强大于 200 μW。最后旋转检偏器至透射光强值最小。

(3) 从 0 V 开始逐渐增大输出电压,观察光功率计读数变化趋势,定性观察是否有电光效应出现。电压调至 10 V 后归零,若未观察到电光效应,请检查各器件的位置及连接导线。

(4) 从零开始逐渐增大电压至 4 V,记录外加电压与光功率计显示的光强值。0～1.5 V 每隔 0.3 V 记录一次电压及透射光强值,1.5～4.5 V 每隔 0.1 V 记录一次数据。(注意:调节电压后,应等待一段时间,待光功率计读数基本稳定后再记录数据)

(5) 演示黑底白字的常黑型 TN-LCD:电压调至 0 V,光功率计显示为最小,即黑态;将电压调至 6～7 V,光功率计显示最大数值,即白态。

(6) 自配数字或字符型液晶片演示:有选择地在各段电极上施加电压,显示出自己设计的数字或图案。(选做)

(7) 查找资料,自接数字存储示波器,测试液晶样品的电光响应曲线,求出样品的响应时间。(选做)

【注意事项】

(1) 不要挤压液晶盒中部,保持液晶盒表面清洁,不能有划痕,防止受阳光直射。

(2) 不要直视激光。

【数据记录与数据处理】

(1) 在坐标纸上根据测量数据作出电光曲线图,纵坐标为透射光强值,横坐标为外加电压值,或使用计算机绘图软件作图并打印。

(2) 根据作好的电光曲线图,求出样品的以下四个参数值:阀值电压 U_{th}(最大透光强度的10%所对应的外加电压值)、饱和电压值 U_r(最大透光强度的90%所对应的外加电压值)、对比度 D_r($D_r = I_{max}/I_{min}$)及陡度 β($\beta = U_r/U_{th}$)。

【成果导向教学设计】

知识:

(1) 基础知识:光的偏振现象,偏振光的分类。

(2) 新技术:液晶在实际生活中的应用。

能力:

(1) 测量仪器的使用:FD-LCE-1 液晶电光效应实验仪。

(2) 实验总结:能建立数据与结果的关联;撰写完整的实验报告。

(3) 安全实验:公民素质(个人能力、团队协作能力)(潜移默化地培养)。

【实验报告】

按照上述数据处理的要求进行数据处理,并自己查找资料,写一篇介绍液晶应用情况的短文。

【参考资料】

[1] 谢毓章. 液晶物理学[M]. 北京:科学出版社,1988.

[2] 赵永潜,张亚萍,许广建,等. 扭曲向列相液晶电光效应的微观机理研究[J]. 大学物理实验,2016. 12,29(2):1-5.

实验 3-2 全息照相实验

全息照相的基本思想是伽柏(D. Gabor)在 1948 年提出的,经利思(E. N. Leith)和乌帕特尼克斯(J. Upatnieks)的改进,于 1963 年获得了世界上第一张全息照片。现在全息技术在光学信息处理和储存、精密干涉计量、商品的装潢和防伪、工艺品的制造等方面得到了广泛的应用。伽柏因此获得了 1971 年的诺贝尔物理学奖。物光波和参考光波从记录介质的同一侧入射,这样获得的全息照片称为透射式全息照片。当物光波和参考光波从两侧分别入射到记录介质上时,这样获得的全息照片称为反射式全息照片。反射全息照片需要用较厚的记录介质才能记录下多层条纹面。本实验是透射式全息照相。

【实验目的】

(1) 掌握全息照相的基本原理。

(2) 掌握全息照相的实验技术,拍摄合格的全息照片。

(3) 了解全息照相的各种应用。

【实验仪器】

(1) 全息照相实验台一套；(2) 光学平台，含扩束透镜、反射镜、分束镜和全息底片（干板）；(3) 650 nm 半导体激光器及电源；(4) 快门及曝光定时器。全息照相实验平台如图 3-2-1 所示。

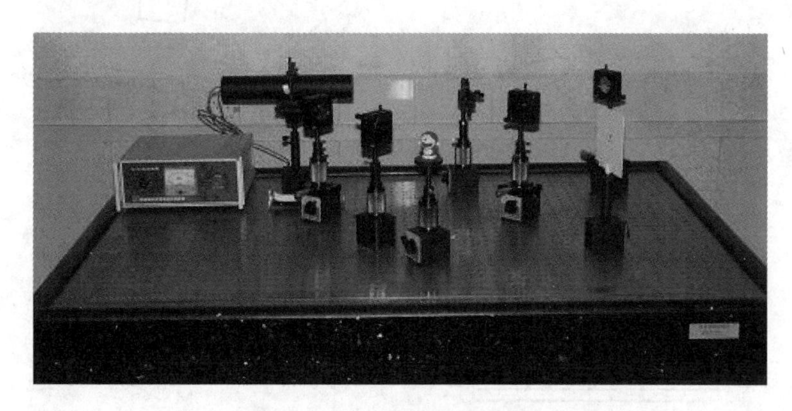

图 3-2-1　全息照相实验平台

【实验原理】

普通照相在底片上记录的只是被拍摄物体表面各点发出光波的振幅信息，并不能记录光波的相位信息，所得到的相片上的像没有视差和立体感，是平面像。为了得到立体像，就必须同时记录光波的振幅和相位，因此必须借助于一束相干参考光，通过拍摄物光和参考光的干涉条纹，间接记录下物光的振幅和相位，这种照相称为全息照相。直接观察制作好的全息相片，看不到像，只有参考光按一定的方向照射在全息相片上，通过全息相片的衍射，才能重现物光波前，使我们看到被摄物的立体像。所以，全息照相包括波前记录和波前重现两个过程。

1. 全息照相的波前记录

图 3-2-2 中的 Q 为半导体激光器，发出的激光经过光开关 J，由分束镜 S 分为两束，由 S 反射的一束经过反射镜 M_2 反射，再通过扩束镜 L_2 使激光束发散，最后照射到感光板 H 上，这束光称为参考光；另一束激光透射过 S，由反射镜 M_1 反射，通过扩束镜 L_1 后激光束发散，照射到被摄物体 W 后反射到感光板 H 上，这束光称为物光。

物光波在全息干板（xy 平面）上的光场分布可以用式(3-2-1)表示：

$$O(x,y) = A_O(x,y)\mathrm{e}^{-\mathrm{i}\varphi_O(x,y)} \tag{3-2-1}$$

参考光波在此平面上的光场分布用式(3-2-2)表示：

$$R(x,y) = A_R(x,y)\mathrm{e}^{-\mathrm{i}\varphi_R(x,y)} \tag{3-2-2}$$

在干板上物光波与参考光波叠加产生干涉条纹，它们的和的光场分布为

$$U(x,y) = O(x,y) + R(x,y) \tag{3-2-3}$$

由于干板只能记录光的强度信息，而干板上的光强分布为

$$\begin{aligned} I(x,y) &= |U(x,y)|^2 \\ &= |O(x,y)|^2 + |R(x,y)|^2 + O(x,y)R^*(x,y) + O^*(x,y)R(x,y) \\ &= A_O^2 + A_R^2 + A_OA_R\mathrm{e}^{-\mathrm{i}(\varphi_O-\varphi_R)} + A_RA_O\mathrm{e}^{-\mathrm{i}(\varphi_R-\varphi_O)} \end{aligned} \tag{3-2-4}$$

式(3-2-4)中前两项分别为物光和参考光单独作用在干板上光的强度；后两项为物光和参考光

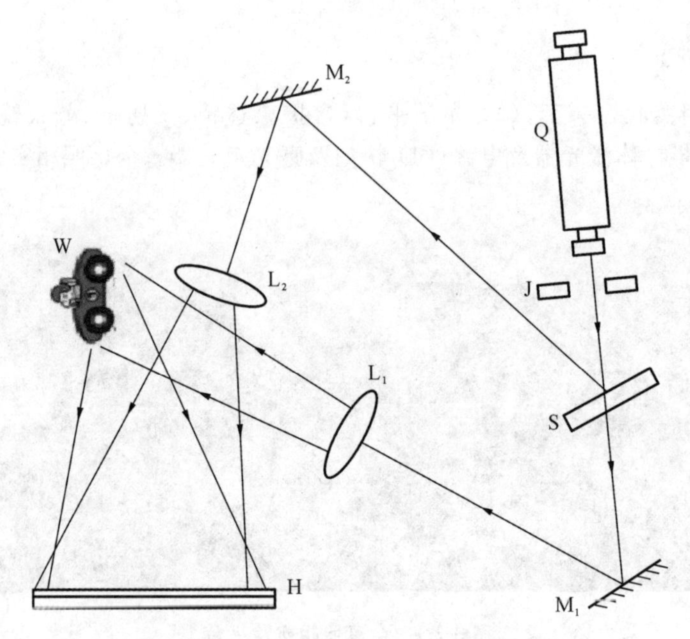

图 3-2-2　全息照相实验光路图

的干涉项,它取决于物光与参考光的实振幅和相位差。干板上虽然记录的还是光振动振幅的平方 U^2 ,但是 U^2 中已经包含了物光的振幅 A_O 和相位 φ_O 两方面的信息,所以物光和参考光的干涉实现了把物光波前的相位信息向振幅信息的转换。

2. 全息照相的波前重现

若全息图的振幅透过率为 $\tau(x,y)$,则透过全息图的衍射光波为

$$\varphi(x,y) = \tau(x,y)R(x,y) \tag{3-2-5}$$

一般在处理全息底片时,采用 T-E 曲线的线性区,则振幅透过率与曝光强度 $I(x,y)$ 成正比,即

$$\tau = KI(x,y) \tag{3-2-6}$$

于是

$$\begin{aligned}\varphi(x,y) &= KI(x,y)R(x,y) \\ &= K(A_R^2+A_O^2)A_R\mathrm{e}^{-\mathrm{i}\varphi_R}+KA_R^2A_O\mathrm{e}^{-\mathrm{i}\varphi_O}+KA_R^2A_O\mathrm{e}^{-\mathrm{i}(2\varphi_R-\varphi_O)}\end{aligned} \tag{3-2-7}$$

等式(3-2-7)右边第一项是一个被衰减了的再现光束,它基本上不改变原来的传播方向,为零级光波;第二项为一级衍射光波,与原来物光波相比,只有振幅差异,它是原物光波的波前再现,是发散的波振面,在原物处形成一个虚像;第三项为负一级衍射光,在虚像的对称位置上形成一个共轭实像。

【实验内容与步骤】

按图 3-2-2 所示在全息台上摆好光路,其中 S 用透光率 70%的分束镜,使物光和参考光的干涉条纹反差大些、干涉现象明显。

1. 调整光路

(1) 等高调节各光学元件,使物光与参考光基本等高。可在载物台上放置一平面反射镜,将反射的物光光斑投射到白屏上,并与投射到白屏上的参考光光斑进行高低比较,从而完成等高调节。

(2) 调节反射镜 M_2 的位置，使不经扩束的参考光与从物体中心反射的物光之间的夹角保持在 $10°$～$30°$之间，调节从分束镜开始参考光与物光到白屏的光程差处于相干长度以内。

(3) 前后移动扩束镜 L_1 使物体 W 处在扩束后的物光光束以内，调节干板架的位置，使其漫反射到白屏上的物光最强。最后放置扩束镜 L_2，使参考光均匀地、最强地照亮白屏。

2. 曝光

根据实验室的要求，在曝光定时器上设置好曝光时间为 9～15 s。先使光开关遮光，熟悉暗室环境，取下干板架上的白屏，在全黑环境下装上事先准备好的全息干板。将涂有感光乳剂的一面(有粗糙感)对着被照物体，安装在干板架上并将干板架夹紧，待稳定 2～3 min 后，按动曝光定时器的“启动”钮，光开关打开，进行曝光。曝光时切勿走动或高声讲话，待光开关自动关闭后，取下干板进行冲洗。

3. 冲洗干板

在清洁的条件下对感光后的干板进行显影、定影。不能用手指和竹夹接触干板的中间位置。对于本实验室采用的是天津远大 GS-I 型干板。

(1) 显影：使用 D-76 显影粉配制的显影夜，显影液温度为 18 ℃左右时，显影时间为 4～12 min。显影过程中应不断地晃动显影液。

(2) 漂洗：显影后的干板用蒸馏水漂洗 3～5 min。然后立即放入定影液。

(3) 定影：定影液的温度为 18 ℃左右，定影时间为 6～18 min，定影时要不断晃动定影液。定影后的干板在清水中洗 10～20 min，然后晾干。

4. 全息照相的再现和观察

用参考光照射处理好的全息图，在原物处会形成一个原始虚像，此为＋1 级衍射光，与原来物光波相比，只有振幅差异，它是原物光波的波前再现，是发散的波振面；在虚像的对称位置上形成一个共轭实像，此为－1 级衍射光，与物光的共轭光波成比例，它是会聚的波振面。

(1) 虚像的观察

把拍摄好的全息图放回原来拍摄时的位置，将物体 W 取走，让拍照时的参考光照明全息图，如图 3-2-3 所示，这时透过全息照片的玻璃面向原来被拍摄物体的方向看去，就会在原来位置上看到一个与原物完全相同的三维像，此为公式(3-2-7)中的第二项，为一级衍射光所成的虚像。

改变眼睛的位置，可以看到明显的立体特性。将开有不同形状大小孔洞或线条的厚纸片贴近全息图，可以透过不同的孔洞或线条仍然能够看到原物的三维像。改变参考光的强度可以看到明暗不同的像。把全息图倒置、旋转，观察和分析各再现像的变化情况及不同的效果。

(2) 实像的观察

如果再现光是原来参考光的逆向光束，如图 3-2-4 所示。衍射的结果会在原物的位置上生成一个无畸变的实像，把白屏(或毛玻璃片)放在成像位置上，就会观察到三维的实像。这时的成像光束相当于光栅的－1 级衍射光。如果再现光与逆向的参考光不同，产生的实像也会有畸变，此为公式(3-2-7)中的第三项，为－1 级衍射光。

也可以将全息图 H 翻转 $180°$，在底片位置不变的情况下使乳胶面朝向观察者。移去扩束镜，用未扩束的激光束直接照射全息图，在如图 3-2-3 所示的原物位置上放一块白屏(或毛玻璃片)，在屏上就可以看到被拍摄物体的实像。屏与全息图的距离、方位不同，所得实像的大小、形状和清晰程度也不同。

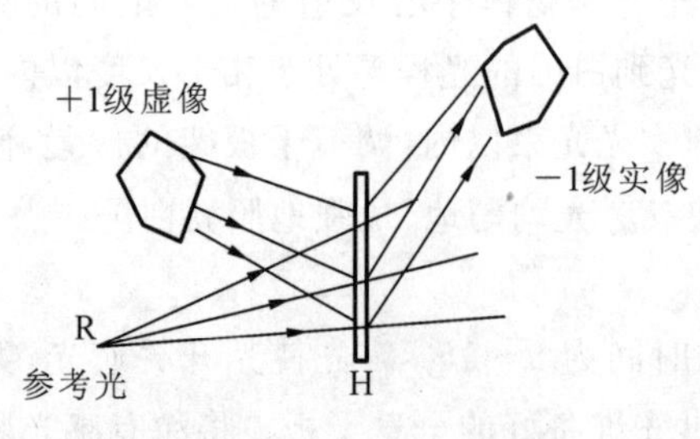

图 3-2-3 全息图的再现

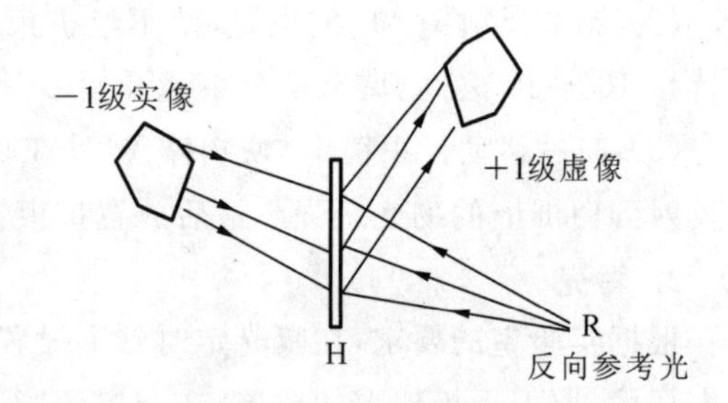

图 3-2-4 全息图的再现

【注意事项】

(1) 不要直视激光光束,以免灼伤眼睛。
(2) 曝光过程中严禁走动喧哗。
(3) 防止杂光的干扰。

【思考题】

(1) 何为相干长度?为何物光光程和参考光光程要尽量相等?
(2) 为何用厚纸片遮住全息照片透过缝隙仍能看见所成虚像?能看见所成实像吗?
(3) 全息照相与普通照相有哪些不同?有哪些应用?

【成果导向教学设计】

知识:
(1) 基础知识:光路和光程差;光的干涉和衍射。
(2) 实验原理:拍摄合格的全息相片的原理。
(3) 新技术:了解波前记录和波前重现的原理。
能力:
(1) 实验仪器的使用:全息照相实验平台的使用。
(2) 实验总结:能建立数据与结果的关联;撰写完整的实验报告。
(3) 安全实验;公民素质(个人能力、团队协作能力)(潜移默化地培养)。

【实验报告】

(1) 阐明本实验的基本原理及所用仪器装置。
(2) 记录实验的全过程,包括实验步骤、各种实验现象等。
(3) 对实验结果进行分析、研究和讨论。

【参考资料】

[1] 苏显渝,李继陶.信息光学[M].北京:科学出版社,1999.
[2] 陈国杰,谢嘉宁.物理实验教程[M].武汉:湖北科学技术出版社,2004.
[3] 李学金.大学物理实验教程[M].长沙:湖南大学出版社,2001.
[4] 秦颖,李琦.全息照相实验的技巧[J].大学物理实验,2004.3,17(1):40-41.
注:请登录广西科技大学大学物理实验课程网站,查询全息照相相关资料。

知识拓展

全息照相无损检验

全息照相无损检验就是对被测物体变形前后的两种状态下的波前进行比较。第一次曝光是对被测物体在常态下(静止时)曝一次光,即物体在常态下的光波被干版记录下来。然后给物体变形(加热、加压或激振等方法),即物体受到外部或内部的压力,产生变形,这种变形通过物体内部,当物体有缺陷的时候,有缺陷部分压力与无缺陷的地方压力不一样,这样传到物体表面的压力也不同,压力不同,物体表面变形就不同。当把变了形的物体表面第二次曝光,即干版上第一次记录常态时的光波和第二次由于压力产生变形的光波曝光,经过冲洗后,再现时这两列光波产生干涉。若物体无缺陷,这两列波的干涉条纹是均匀的,如平行线(或同心圆),如图 3-2-5(a)或(b)所示。如果这个物体有缺陷,再现的光波条纹在有缺陷的位置发生异常,根据缺陷的大小,条纹也随之发生变化,如图 3-2-5(c)或(d)所示。由条纹的变化情况就可以进行无损检验。

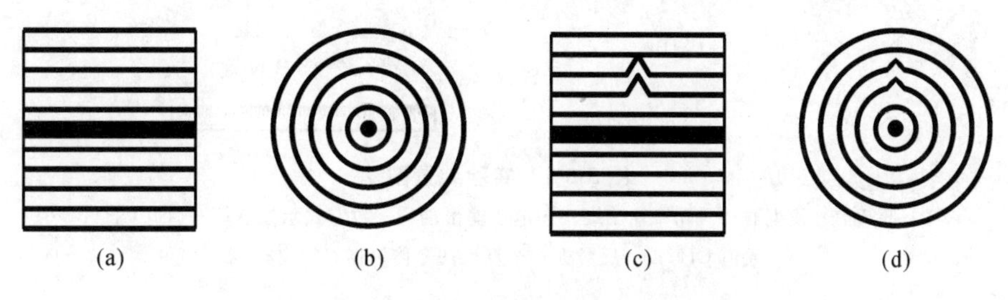

图 3-2-5 二次曝光物体无缺陷再现全息图

实验 3-3 声波测距实验

测量距离的最直接方法当然是用测量长度的量具(例如米尺)来量度,但是对于很远的距离或移动的目标(例如天上的飞机),这种方法显然是不现实的。要解决这个问题的方法之一就是利用在观察者与目标物之间传播的波。若已知波的传播速度 v,并测出从观察者处发出而经目标物反射回观察者的时间 t,则可计算出从观察者到目标物的距离 s。

【实验目的】

利用人耳听得出的声波进行测距。

【实验仪器】

示波器、传声器(话筒)、扬声器(喇叭)、信号发生器、面积为 20 cm×30 cm 左右的金属板、米尺。

【实验原理】

利用电磁波进行测量的仪器即为雷达,利用声波进行测量即为本实验要进行的声波测距。

由于电磁波的速度极快(等于光速),因而它适宜于测量很远的距离和快速移动的目标物;声波测距的优点则是设备简单、方法易行,适宜于测量较近的移动较慢的目标物。实际上,有经验的登山运动员常用高声喊叫而分辨隔多少时间听到回声的简易方法,相当准确地估算出他与远处山峰间的距离。在自然界中,蝙蝠可借助于它发出的超声波来捕捉昆虫和躲避障碍物等。航船则可利用超声波探测海底何处有暗礁等。

本实验利用人耳听得出的声波进行测距,装置如图 3-3-1 所示。要利用声波来测定距离,就要从观察者处设法发出一个短暂的声音,让它传播到目标物并反射回来,测出往返时间 t,即可计算出距离 s。

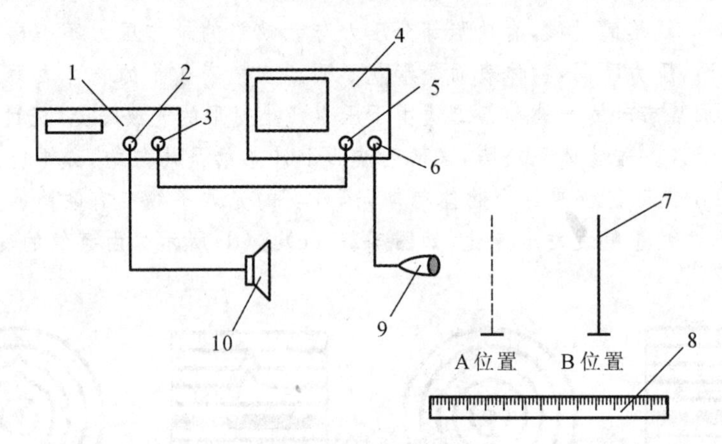

图 3-3-1 实验装置图

1—低频信号发生器;2—功率输出端;3—电压输出端;4—数字式示波器;5—通道 CH1;6—通道 CH2;7—反射板;8—直尺;9—传声器;10—扬声器

在一般的扬声器(喇叭)中突然加一个电压,就可让它发出一个极短暂的声音。我们用信号发生器中的方波上升沿来产生此突发电压,如图 3-3-2(a)所示。对应于此上升沿,扬声器会发出一个极短的声信号,如图 3-3-2(b)所示。这个声信号经过 t_0 时间后到达传声器(话筒),则传声器就接收到这个信号,如图 3-3-2(c)所示,并发出一个电信号,如图 3-3-2(d)所示。在传声器前 A 处放一块金属板 K,使声信号返回,则传声器就会又发出一个电信号,如图 3-3-2(e)所示,此两信号的间隔 t_A 是声波从传声器到 A 处往返一次的时间。把金属板 K 移到较远的 B 处,则传声器发出的电信号如图 3-3-2(f)所示,此时两信号的间隔 t_B 是声波从传声器到 B 处往返一次的时间。由此可知,

$$s=\frac{v(t_B-t_A)}{2} \tag{3-3-1}$$

式中,v 是声波在空气中的传播速度,一般可取 340 m/s,从示波器上读出 t_B 与 t_A,就可从式(3-3-1)算出 A 与 B 的距离 s。

显然,信号发生器发出的方波下沿也会产生类似的效果。为了不使它影响上述测量,只需让信号发生器输出的周期 T 远大于 t_0+t_B 即可。

【实验内容与步骤】

(1) 按图 3-3-1 所示接线,传声器与扬声器相距约 50 cm,令信号发生器输出 2～10 Hz 的电压信号,从示波器上观察传声器接收到声波波形(不放金属板 K),可见到波形如图 3-3-3 所示,其中上方的波形(1→)是 CH1 的信号,即信号发生器输出的电压,相当于图 3-3-2(a);下方

的波形(2→)是 CH2 的信号，即传声器发出的电信号，相当于图 3-3-2(d)。为了使示波器上的波形稳定，需要调节示波器上“Level”键。示波器上各挡值可参考图 3-3-3 下方的数值。

(2) 在传声器前约 20 cm 处放上金属板 K，观察传声器发出的电信号波形的改变，将示波器上时间“光标 1”定在反射波形的波峰上，如图 3-3-3 所示(可按“Cursor”键)。

(3) 移动金属板 K，观察传声器发出的电信号波形的改变，将示波器时间“光标 2”定在反射波形的波峰上，如图 3-3-4 所示(注意：由于声音的传播距离较远，故反射波较小)。测出传声器接收到金属板 K 在 A 点与 B 点经反射后的两个声波之间时间差 $\Delta t=t_B-t_A$(即示波器上通过光标 1、2 显示的时间差)。在测量过程中，人尽量远离传声器，以防人对声波的反射。

(4) 由式(3-3-1)算出 A 点与 B 点之间的距离 s，其中声速 v 应根据室温、湿度等查表精确而得。

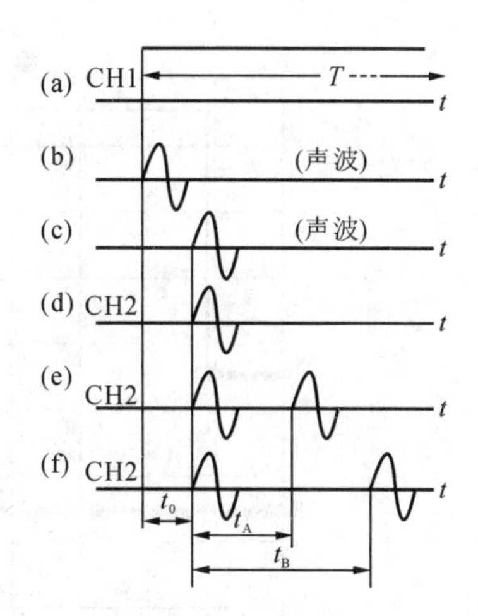

图 3-3-2　信号图

(a) 信号发生器发出的电信号(方波)；
(b) 扬声器发出的声信号；
(c) 传声器收到的声信号(无反射板)；
(d) 传声器发出的电信号(无反射板)；
(e) 传声器发出的电信号(反射板 K 在 A 处)；
(f) 传声器发出的电信号(反射板 B 处)

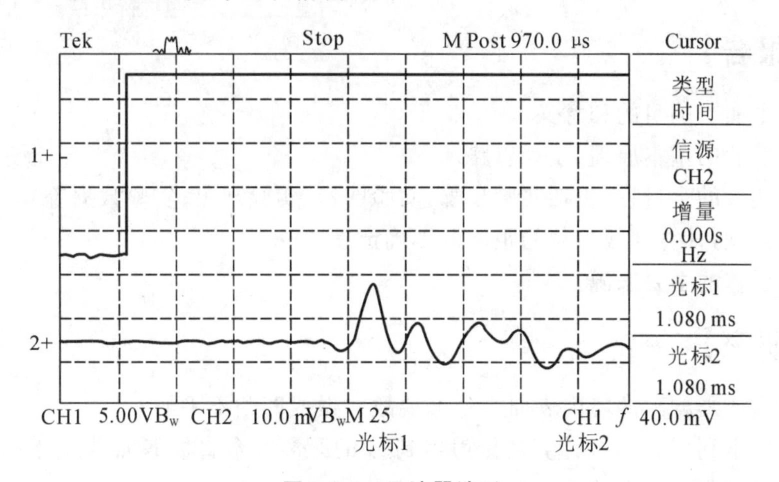

图 3-3-3　示波器波形

(5) 用米尺直接量出 A 点与 B 点之间的距离，并与以上测得的结果进行比较。

(6) 把金属板 K 拿走，换成其他不同材料的物体，例如泡沫塑料、布等，比较接收到反射波信号的大小。

(7) 把扬声器对准远处墙面，如果房间大的话，应能听到扬声器发出“搭、搭”的回声。

【成果导向教学设计】

知识：

(1) 基础知识：大学物理课程中声波的知识，示波器的使用。

(2) 新技术：掌握利用声波测量距离的工作原理及应用。

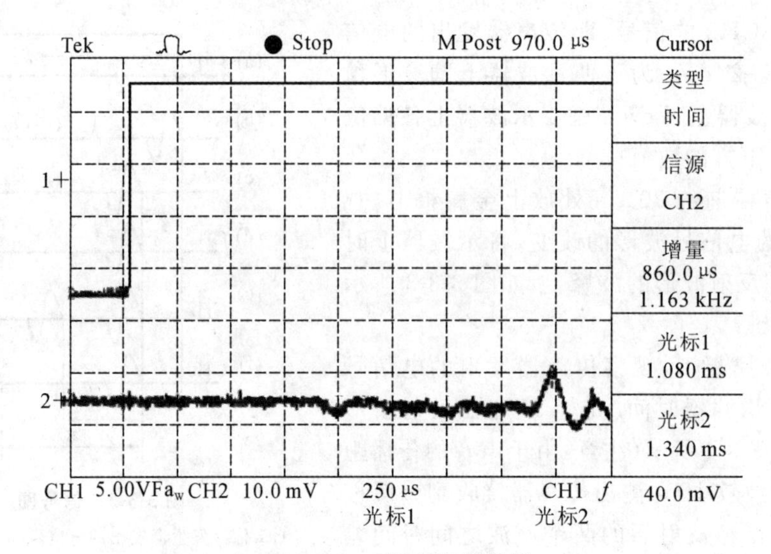

图 3-3-4　示波器反射波形

能力:

(1) 现象分析:综合运用学过的声波知识分析实验中观察到的现象。

(2) 实验总结:能建立数据与结果的关联;撰写完整的实验报告。

(3) 安全实验;公民素质(个人能力、团队协作能力)(潜移默化地培养)。

【实验报告】

(1) 写明本实验的目的和意义。

(2) 阐明实验的基本原理、设计思路。

(3) 记录实验的全过程,包括实验步骤、实验图示、实验现象、实验数据等。

(4) 数据处理,计算挡板移动的距离及不确定度。

(5) 分析误差的主要来源。

【拓展研究】

(1) 大教室或影剧院的墙内表面为什么要故意做成凹凸不平的?

(2) 为什么不利用 t_A 直接计算从传声器到 A 的距离? 金属板 K 如果是不同材料,接收到反射波情况有何不同? 为什么?

(3) 为什么在一般测距过程中使用超声波,而不用人耳听声音来测量? 它们之间有什么区别?

(4) 为什么示波器上的波形有时会出现杂波?

【参考资料】

[1] 东南大学等七所工科院校. 物理学(下册)[M]. 马文蔚,解希顺,周雨青,改编. 5 版. 北京:高等教育出版社,2006.

[2] 广西科技大学大学物理实验教学网站.

实验 3-4　材料热膨胀系数的测试

物体因温度改变而发生的膨胀现象叫“热膨胀”。通常是指外压强不变的情况下，大多数物质在温度升高时，其体积增大，温度降低时体积缩小。也有少数物质在一定的温度范围内，温度升高时，其体积反而减小。在相同条件下，固体的膨胀比气体和液体小得多，直接测定固体的体积膨胀比较困难。但根据固体在温度升高时形状不变可以推知，固体在各方向上膨胀规律相同。因此，可以用固体在一个方向上的线膨胀规律来表征它的体膨胀。

【实验目的】

观察了解 PCY 膨胀仪的基本结构和工作原理。

【实验仪器】

如图 3-4-1 所示，PCY 膨胀仪由位移测量装置、电炉、小车、基座、电器控制箱五部分组成，应客户要求，可配备相应的电脑和测控软件。电炉升温后炉膛内的试样发生膨胀，顶在试样端部的测试杆产生与之等量的膨胀量(如果不计系统的热变形量的话)，这一膨胀量由数字千分表精确测量出来。为了消除系统热变形量对测试结果的影响，在计算中需减去相应的系统补偿值才是试样的真实膨胀值，系统补偿值通过测试已知膨胀系数的标准样品而得。位移测量装置中的测试杆一端顶着试样，一端连着数字千分表。试样的另一端顶在固定的试样管前挡板上，因而试样在此端的自由度被限制了，所以试样的膨胀将引起数字千分表的变化。试样装在试样管中固定不动，进出炉膛靠移动炉膛来实现。这样避免了试样受到振动。根据试验温度不同，电炉加热元件分两种，分别为电阻丝和硅碳棒。

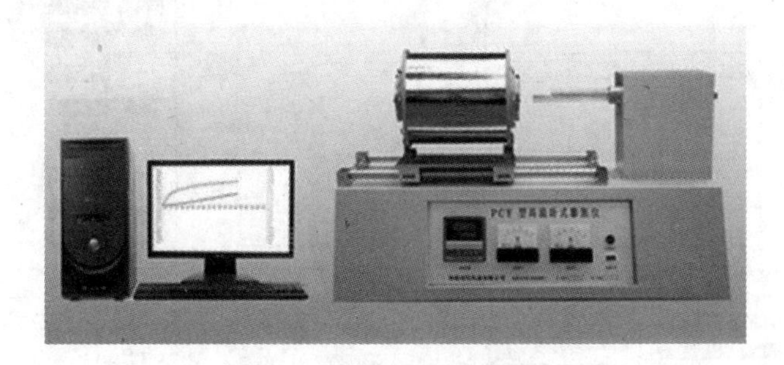

图 3-4-1　PCY 膨胀仪

【实验原理】

在一定温度范围内，原长为 l_0 的物体受热后伸长量 Δl 与其温度的增加量 Δt 近似成正比，与原长 l_0 也成正比。通常定义固体在温度每升高 1 ℃时，在某一方向上的长度增量 $\Delta l/\Delta t$ 与 0 ℃(由于温度变化不大时长度增量非常小，实验中取室温)时同方向上的长度 l_0 之比，叫做固体的线热膨胀系数 α，即 $\alpha=\dfrac{\Delta l}{l_0\cdot\Delta t}$。

膨胀系数计算方法，按下式计算出试样加热至 t ℃时的线膨胀百分率和平均线膨胀系数。

线膨胀百分率计算公式：

$$\delta = \frac{\Delta L_t - K_t}{L} \times 100\%$$

平均线膨胀系数计算公式：

$$\alpha = \frac{\Delta L_t - K_t}{L(t - t_0)}$$

以上两公式中：L 为试样室温时的长度(mm)；ΔL_t 为试样加热至 t ℃时测得的线变量值(mm)(仪表示值)，ΔL_t 数值的正负表示试样处于膨胀或收缩状态；K_t 为测试系统 t ℃时的补偿值(mm)；t 为试样加热后的温度(℃)；t_0 为试样加热前的室温(℃)。

仪器的补偿值 K_t 需要用户自己预先测定和计算。求补偿值 K_t 方法是：1000 ℃以下用石英标样，进行升温测试，仪表中数值包含了标样、试样管及测试杆的综合膨胀值。而补偿值 K_t，应只是试样管及测试杆在相应温度下的综合膨胀值，所以应将标样在相应温度下的膨胀值从膨胀量中扣除后，剩下的膨胀量即为仪器在相应温度下的补偿值 K_t，而标样的膨胀系数为已知的话，则 K_t 可用下列公式求出，即已知 $\alpha_{标}$、$\Delta L_{t标}$、$L_{标}$、t、t_0，则

$$K_t = \Delta L_{t标} - \alpha_{标} \times L_{标} \times (t - t_0)$$

石英标样的膨胀系数取样平均值 0.55×10^{-6}/K，刚玉标样的膨胀系数取样平均值 7.5×10^{-6}/K。

注意：自动升温可在到达设定最高温度时自动停止升温，手动不能。

【实验内容与步骤】

接通电加热器及电脑输入、输出接口，进入测试系统后操作如下：

(1) 点击主窗体中的“膨胀系数测试”按钮，进入膨胀系数测试界面，如图 3-4-2 所示。

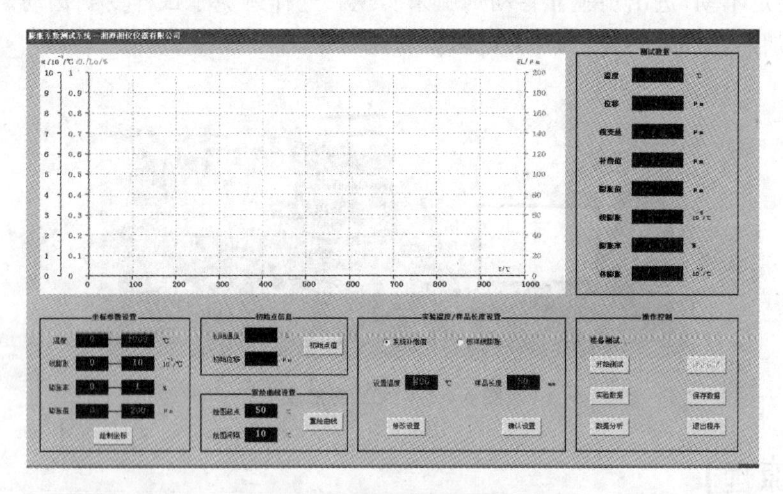

图 3-4-2　膨胀系数测试界面

(2) 图片框中紫色坐标为线膨胀系数；绿色坐标为膨胀百分率；橙色坐标为膨胀值；红色坐标为温度。坐标量程在界面左下角文本框中设置。可以设置负数。根据目标温度、估计线膨胀系数等参数，实验前请先设置好坐标参数，然后点击“绘制坐标”按钮，图片框将会显示新的坐标参数。如果不清楚测试样品的线膨胀、膨胀率、膨胀值参数，可以预先设置一个比较大的值，实验完成后，根据实际测量值，再重新设置坐标。

(3) 点击“初始点值”按钮，读取温度和位移的初始点数据。

(4) 在“绘图起点”和“绘图间隔”位置分别输入数据，例如 30、5 等整数。实验开始后，程

序将会根据设置的数据，从30°开始绘制曲线，每隔5 ℃绘制一次。

(5) 如果是PCY-D(低温膨胀仪)，请选择“标样线膨胀”，其他型号的膨胀仪请选择“系统补偿值”。石英标样−30～30 ℃的线膨胀系数为0.43×10^{-6}/K。

(6) 输入设置温度(即需要测试的目标温度)和样品长度(在常温下用游标卡尺检测样品长度，精确到0.1 mm)，点击“确认设置”按钮。如果需要修改设置温度和样品长度数据，请点击“修改设置”按钮。

(7) 点击“开始测试”按钮，程序开始自动运行，记录每个温度点的数据。右上角的方框中实时显示每一个温度点的数据，点击“实验数据”按钮，将会显示当前保存的所有温度点数据。网格中数据会自动刷新。图片框中将会有3根曲线，颜色分别和坐标颜色对应，分别是温度/线膨胀系数曲线、温度/膨胀百分率曲线、温度/膨胀值曲线。

(8) 测试过程中，界面中的所有按钮(除“停止测试”按钮外)和数据都不能修改。所以点击“开始测试”前，请确认所有的参数都已设置好。

(9) 测试过程中请不要进行其他操作，同时取消计算机屏保。以免误操作而导致程序意外停止运行。如果想终止测试，请点击“停止测试”按钮。

(10) 当电炉实际温度达到设置温度后，测试自动结束，电炉停止加热。先点击”重绘曲线”，再点击”数据分析”，进入下面第6项的数据分析界面，按第6项的说明操作即可。所有的测试记录都已保存在程序安装目录下的“NPZY. MDB”数据库中。请点击“保存数据”按钮，弹出保存对话框，选择相应的保存目录。输入保存名称，点击保存按钮。

【注意事项】

AL810(温控表)和AL808(位移表)中的参数出厂前都已设置好，请不要通过此程序或手动随意更改里面的参数值；除升温程序参数外，以免造成测量误差甚至仪器损坏。

【成果导向教学设计】

知识：

(1) 基础知识：热胀冷缩、膨胀系数的决定因素。

(2) 测量原理：热膨胀系数测定的原理。

(3) 新技术：了解PCY膨胀仪的工作原理。

能力：

(1) 测量仪器的使用：膨胀仪的使用。

(2) 实验总结：能建立数据与结果的关联；撰写完整的实验报告。

(3) 安全实验；公民素质(个人能力、团队协作能力)(潜移默化地培养)。

【实验报告】

(1) 写明本实验的目的和意义。

(2) 阐明实验的基本原理、设计思路。

(3) 记录实验的全过程包括实验步骤、实验图示、实验现象等。

(4) 分析实验现象，讨论实验中出现的各种问题。

(5) 说明热膨胀仪有哪些应用。

【拓展研究】

(1) 如何利用热膨胀仪测定受热膨胀方向不规则的材料?

(2) 如何确定热膨胀公式所适用的范围?

【参考资料】

[1] 东南大学等七所工科院校. 物理学(下册)[M]. 马文蔚,解希顺,周雨青,改编. 5 版. 北京:高等教育出版社,2006,26-28.

[2] 广西科技大学大学物理实验教学网站.

实验 3-5 光电通信传输特性测量

在当前的信息化时代,原有的电气通信系统的通信容量已经远远不能满足实际需要,取而代之的是光通信系统。光通信可分为大气通信和光纤通信。大气通信是光在大气中传播的通信方式,容易受到空气的吸收、散射、折射干扰而使光信号衰减,传播方向发生变化,大气通信可用于人造卫星或宇宙飞船之间的信息传输;光纤通信是利用激光在光导纤维中传播来传输的信息方式,它的特点是通信容量大,损耗小,保密性好。

【实验目的】

(1) 了解发光二极管、半导体激光器的特性。

(2) 加深了解光的全反射原理及应用。

(3) 掌握光通信的基本原理、概念及手段。

(4) 掌握光电传感器的原理和应用。

(5) 测量并掌握光电通信传输技术的特性。

【实验仪器】

光电通信实验平台装置主要由信号发生器、光源、光纤、光电转换器、测量显示单元组成。各组成部分之间的关系如图 3-5-1 所示。

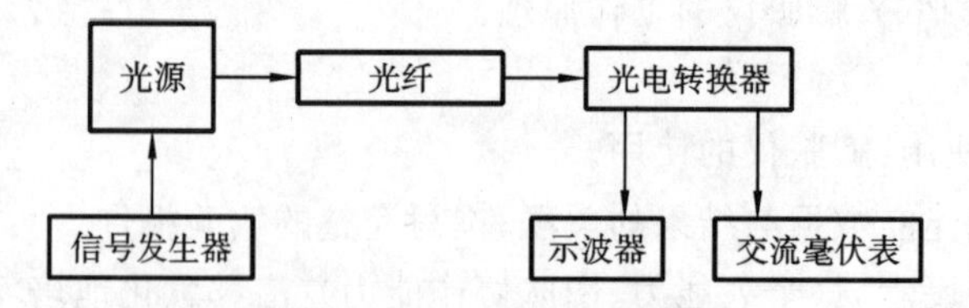

图 3-5-1 实验装置示意图

光电信号传输特性测量实验装置如图 3-5-2 所示。音频信号发生器为平台的信号源,产生模拟信号,供光通信系统传输。作为信号的载体,实验装置配备了多种光源可供实验者进行选择:三种波长(650 nm 红、532 nm 绿、405 nm 紫)的半导体激光器,对应连接面板上的 a、b、c 通道;六种波长的 LED 发光二极管,连接面板上 d、e、f、g、h、i 通道。它们都可连接光纤发送可见光。另外,面板上的 j 通道还配备了红外光源供实验者选择使用。

在光电转换器方面,可选择光敏电阻或光敏二极管和光电池作为光电转换传感器来接收光信号，再转换成与发射信号频率或大小有关的电信号。光电传感器输出的电信号，将被送入示波器和交流毫伏表，供实验者进行数据的记录和分析。

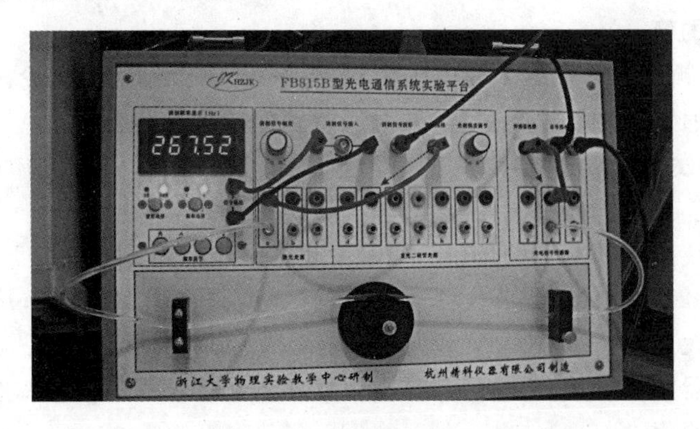

图 3-5-2 光电信号传输特性测量实验装置图

【实验原理】

1. 光纤的工作原理

光纤是一种利用光的全反射规律而使光线能沿着弯曲路线传播的光学元件。光纤是由直径约几微米的多根或单根玻璃（或塑料）纤维组成的。每根纤维分为内外两层，内层材料的折射率大，外层材料的折射率较小。当光在内层传播时，如果照射到了两层纤维的界面上，并且入射角大于临界角，那么此时满足全反射条件，内层的光线不会逸出纤维，继续在内层向前传播。如此经过多次全反射后，光线就可以沿弯曲的光纤内部到达另一端。

2. 光通信技术

光通信是指用光作为载波来传输信息的通信方式。光纤通信中的光波主要是激光，所以又叫做激光-光纤通信。光纤通信的原理就是：在发送端首先要把传送的信息（如语音）变成电信号，然后调制到激光器发出的激光束上，使光的强度随电信号的幅度（频率）变化而变化，并通过光纤经过光的全反射原理传送；在接收端，检测器收到光信号后把它变换成电信号，经解调后恢复原信息。

光纤通信正是利用了全反射原理，当光的入射角满足一定的条件时，光便能在光纤内形成全反射，从而达到长距离传输的目的。光纤的导光特性基于光射线在纤芯和包层界面上的全反射，使光线限制在纤芯中传输。

最基本的光纤通信系统由光发信机、光收信机、光纤线路、中继器以及无源器件组成。其中，光发信机负责将信号转变成适合于在光纤上传输的光信号，光纤线路负责传输信号，而光收信机负责接收光信号，并从中提取信息，然后转变成电信号，最后得到对应的话音、图像、数据等信息。

【实验内容与步骤】

(1) 选择半导体激光器（650 nm 红、532 nm 绿、405 nm 紫）作为光源，选择光敏电阻作为光电转换传感器。

将光源选择导线插入红激光通道孔，信号发生器输出频率调在 100 Hz，根据示波器显示将信号峰-峰值调在 2 V 左右。调节仪器面板上的“光源强度调节”旋钮，从示波器上观察，使信号接收的幅度最大。

改变信号发生器频率(传输的信号),分别观察和测量接收到的信号幅度大小,在交流毫伏表上读出接收信号的值。

作出信号幅度-频率的关系图。列表比较,分析原因,并总结实验结论。

改变激光光源通道。重复以上过程,并对所得到的数据进行分析。

(2) 选择 LED 发光二极管(红、绿、蓝、橙、黄、紫)作为光源,选择光敏电阻作为光电转换传感器。

将光源选择导线插入红 LED 通道孔,信号发生器输出频率调在 100 Hz,根据示波器显示将信号峰-峰值调在 2 V 左右。调节仪器面板上的“光源强度调节”旋钮,从示波器上观察,使信号接收的幅度最大。

改变信号发生器频率(传输的信号),分别观察和测量接收到的信号幅度大小,在交流毫伏表上读出接收信号的值。

作出信号幅度-频率的关系图。列表比较、分析原因,并总结实验结论。

改变 LED 光源通道。重复以上过程,并对所得到的数据进行分析。

(3) 选择光电二极管类型的光电转换传感器进行测量和比较,了解传感器的原理及应用。完成实验内容(1)和(2)。

(4) 选择红外光源(j 通道),选择光电二极管类型的光电转换传感器进行测量。

改变信号发生器频率(传输的信号),分别观察和测量接收到的信号幅度大小,在交流毫伏表上读出接收信号的值。

(5) 观察、测量导光光纤曲率变化与信号强度的关系。观察光纤传输信号损失,验证全反射的光学原理。

【成果导向教学设计】

知识:

(1) 基础知识:光的全反射原理;光通信技术;光电传感器原理。

(2) 测量原理:通过将接收到的信号与信号源进行比较,实现对光电通信特性的研究。

(3) 新技术:了解光电通信技术的工作原理。

能力:

(1) 测量仪器的使用:FB815B 光电通信实验平台装置的使用。

(2) 实验总结:能建立数据与结果的关联;撰写完整的实验报告。

(3) 安全实验;公民素质(个人能力、团队协作能力)(潜移默化地培养)。

【实验报告】

(1) 写明本实验的目的和意义。

(2) 阐明实验的基本原理、设计思路。

(3) 记录实验的全过程,包括实验步骤、实验图示、实验现象等。

(4) 分析实验现象,讨论实验中出现的各种问题。

(5) 说明光通信有哪些应用。

【拓展研究】

(1) 基于光纤的光电通信技术,除了应用到互联网信号传输方面之外,还在日常生活中的什么地方得到了应用？

（2）光电池、光敏二极管、光敏电阻三种光电转换传感器的工作原理有何不同？它们之间有何联系？

【参考资料】

[1] 东南大学等七所工科院校. 物理学(下册)[M]. 马文蔚，解希顺，周雨青，改编. 5 版. 北京：高等教育出版社，2006.

[2] 广西科技大学大学物理实验教学网站.

实验 3-6　光敏电阻基本特性的测量

【实验目的】

（1）了解光敏电阻的基本结构和基本特性。

（2）测量光敏电阻的伏安特性、光照特性。

（3）了解光敏电阻的应用。

【实验仪器】

FB715-Ⅲ型实验装置（套件）：带底座暗筒（内部安装有光敏电阻、照明灯珠、刻度杆等），限流电阻，数字电阻表，数字万用表，JK31-A 电源，9 孔实验板等。

【实验原理】

将光信号转换为电信号的传感器称为光敏传感器，也称光电传感器。光敏传感器的物理基础是光电效应，光电效应通常分为外光电效应和内光电效应两大类。在光辐射作用下，电子逸出材料的表面，产生光电子发射的称为外光电效应，光电管、光电倍增管等属于外光电效应的光电器件；电子不逸出材料表面的则为内光电效应，半导体光敏传感器属于内光电效应。

当光照射到光电半导体时，内部的电子吸收光子能量，电子从价带跃迁到导带，并在价带留下空穴，半导体内部形成电子-空穴对，被光激发的电子-空穴对在外电场的作用下同时参与导电。当光照强度增加时，电子-空穴对增多，光敏电阻的电导率增加，呈现出电阻值减小；反之，电阻值则增大。

光电传感器可用于检测直接由光照强度变化引起的非电量，如光强、光照度等，也可用来检测能转换成光量变化的其他非电量，如零件直径、表面粗糙度、位移、速度、加速度及物体形状、工作状态识别等。光敏传感器具有非接触、灵敏度高、响应快、体积小、重量轻、性能可靠等特点，因而在工业自动控制及智能机器人中得到广泛应用。常见的光敏传感器有光敏电阻、光敏二极管、光敏三极管、硅光电池等。本实验主要了解光敏电阻的基本特性及其应用。

1. 光敏电阻基本结构

在陶瓷基板上均匀地涂上一层半导体物质——光导层，半导体的两端装有金属电极，电极由导线引出，以方便连接到电路中，如图 3-6-1(a)所示。为了提高灵敏度，通常将光导体做成折线蛇形，电极做成梳状，如图 3-6-1(b)所示。电路符号如图 3-6-1(c)所示。在光敏电阻的受光面涂上使光敏层在最敏感的波长范围内透射率最高的保护漆膜，整体用环氧树脂或金属封装。光敏电阻所用的材料通常为金属硫化物,本实验用的光敏电阻材料是硫化镉(CdS)。

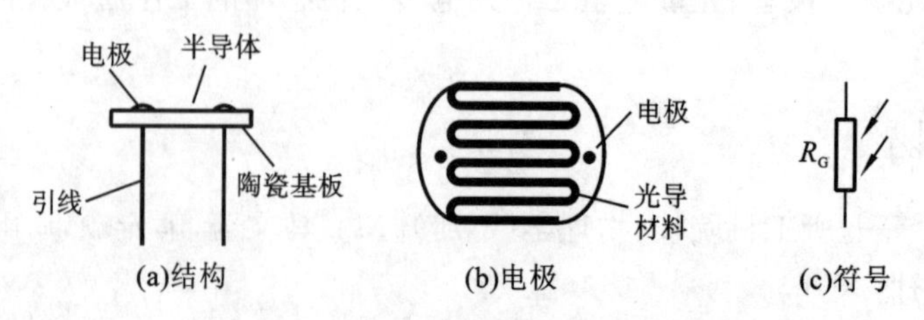

图 3-6-1 光敏电阻基本结构及符号

2. 光敏电阻基本参数

光敏电阻是一个无极性的纯粹的电阻元件,既可以在直流电路中使用,也可以在交流电路中使用,其主要参数包括暗电阻、亮电阻、额定功率等。光敏电阻的阻值由材料、结构、光照强度、温度、入射光的波长等因素决定。

(1) 暗电阻:光敏电阻在不受光照射时的阻值称为暗电阻,此时流过的电流称为暗电流。

(2) 亮电阻:光敏电阻在受光照射时的阻值称为亮电阻,此时流过的电流称为亮电流。

(3) 光电流:亮电流与暗电流之差称为光电流。

(4) 额定功率:在一定条件(如温度、气压等)下,长期连续工作所允许承受的最大功率。如果所加电功率超过额定值,元件可能因过热而被烧毁。

3. 光敏电阻基本特性

光敏电阻基本特性包括伏安特性、光照特性、光谱特性、频率特性、温度特性等。本次实验主要了解光敏电阻的伏安特性、光照特性。

(1) 伏安特性:在一定的光照下,流过光敏电阻的光电流与加在其上的电压之间的关系。光敏电阻纯粹就是一个电阻元件,因此其 U-I 曲线是直线。对于同一个光敏电阻,不同的光照度对应着不同的直线,如图 3-6-2 所示。

(2) 光照特性:在一定的电压下,流过光敏电阻的光电流与作用到光敏电阻的光照度之间的关系。由此关系作出的 E-I 曲线称为光照特性曲线,一般情况下 E-I 的关系是非线性的,如图 3-6-3 所示。从曲线可以看出,在其他条件不变的情况下,光电流随光照强度的增大而增大,也说明了光敏电阻的阻值随光照强度的增大而减小,常常将光敏电阻的这一特性应用到实际电路中。

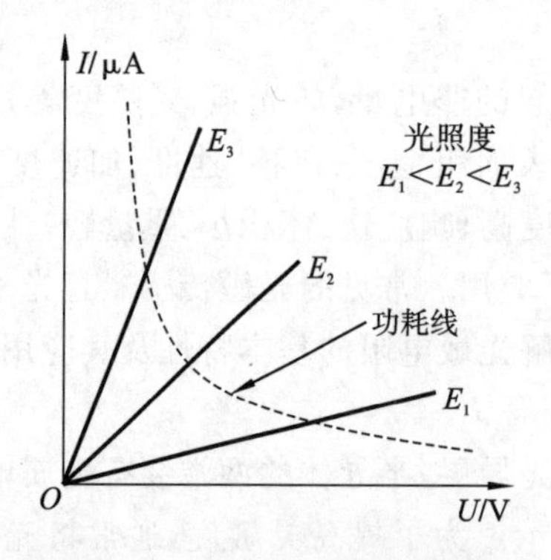

图 3-6-2 光敏电阻伏安特性曲线

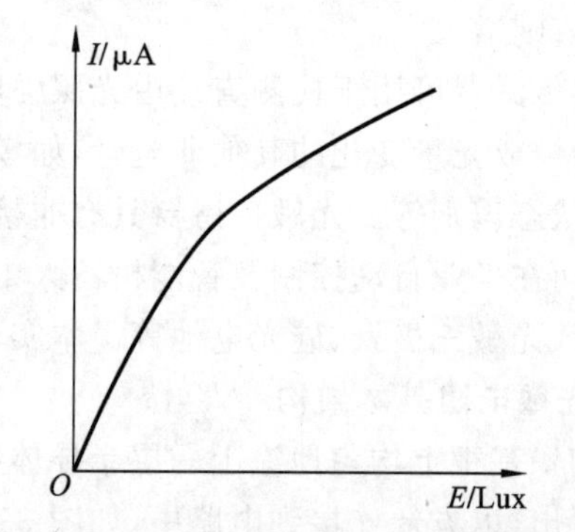

图 3-6-3 光敏电阻光照特性曲线

不同的光敏电阻的光照特性是不同的,一般情况下,光敏电阻的光照特性曲线与图 3-6-3

类似。由于光敏电阻的光照特性是非线性的，因此，在利用光敏电阻作为自动控制传感器元件时，常将光敏电阻作为开关量的光电传感器。

4. 光敏电阻的应用

光敏电阻的阻值随光照强度的变化而变化，而且其灵敏度高，反应速度越快，即使在较为恶劣的环境下，也能保持高度的稳定性和可靠性等诸多特性，因此被广泛应用于工业自动控制、光控开关、自动计数、照相机测光、电视机自动亮度调节、报警器等方面。

【实验内容与步骤】

1. 光敏电阻暗电阻、亮电阻的测量

(1) 暗电阻的测量

光敏电阻不受到光照时的电阻即为其暗电阻。

①选择数字电阻表“200 MΩ”挡位，打开仪表电源开关。

②将电阻表的表笔分别接到光敏电阻的两端，待显示值稳定后，电阻表所显示的读数即为暗电阻的阻值，记为 $R_{暗}$。如果仪表显示为“1”，表示实际阻值超出了仪表的量程范围，应拨至“2000 MΩ”挡位重新测量。

(2) 亮电阻的测量

光敏电阻受到光照时的电阻即为其亮电阻。

不同的光照强度下，亮电阻的阻值不同。实验中，调节光照电源的输出电压，使暗筒内照明灯珠的亮度发生变化，也就改变了光敏电阻受到的光照强度。光照强度越大，光敏电阻的阻值越小。用类似暗电阻的测量方法测量亮电阻。

①按图 3-6-4 所示连接线路，将刻度杆轻轻拉至 5 cm 处。

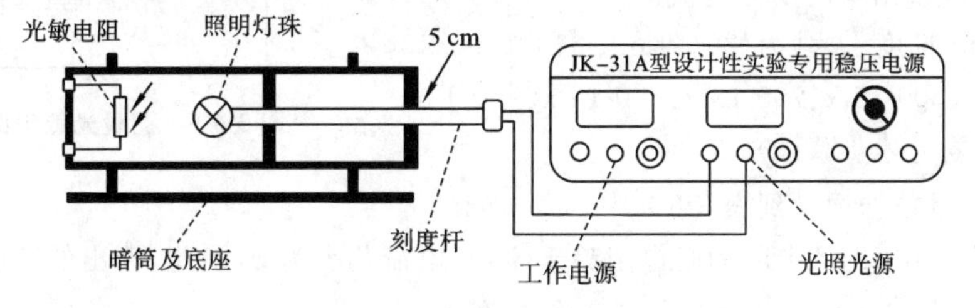

图 3-6-4　测量亮电阻连线图

②调节光照电源的输出电压在 2～10 V 之间变化，电压每增加 2 V，用数字电阻表测量对应的亮电阻。测量过程中，阻值的变化范围可能较大，应视具体情况选择仪表合适的量程进行测量。

将上述测量暗电阻、亮电阻的数据记录到表 3-6-1 中。

表 3-6-1　测量暗电阻、亮电阻数据记录表

暗电阻	$R_{暗}$/MΩ					
亮电阻	光照电源电压/V	2.00	4.00	6.00	8.00	10.00
	$R_{亮}$/kΩ					

2. 光敏电阻伏安特性的测量

在一定光照强度下，光敏电阻所加的电压与光电流之间的关系即为其伏安特性。

(1) 按图 3-6-4、图 3-6-5 所示连接电路，暗筒的刻度杆置于 5 cm 处。

(2) 调节光照度电源的输出电压,点亮照明灯珠,使光敏电阻受到的光照强度为 100 Lux。(本次实验,光照强度与光照电源电压、照明灯珠距离的关系见仪器上附表)。

(3) 调节工作电源的输出电压,使光敏电阻两端的电压分别为 0.00 V、0.50 V、1.00 V、1.50 V、2.00 V、2.50 V,记下对应的电流值。

(4) 使光敏电阻受到的光照强度分别为 200 Lux、400 Lux,重复上述步骤(3)。

将上述测量数据记录到表 3-6-2 中。

表 3-6-2　测量伏安特性数据记录参考表

光敏电阻电压/V	0.00	0.50	1.00	1.50	2.00	2.50
光电流 $I_{P1}/\mu A$(100 Lux)						
光电流 $I_{P2}/\mu A$(200 Lux)						
光电流 $I_{P3}/\mu A$(400 Lux)						

(注:光照强度与光照电源电压、照明灯珠距离的关系见仪器上附表)

3. 光敏电阻光照特性的测量

在光敏电阻两端加载一定的电压下,光电流与光照强度的关系即为其光照特性。

(1) 按图 3-6-4、图 3-6-5 所示连接电路,暗筒的刻度杆置于 5 cm 处。

(2) 调节光照电源的输出电压,使光照度为 100 Lux。

(3) 调节工作电源,使加载到光敏电阻两端的电压 U=1.00 V,读出此时的光电流值。

(4) 使光照度分别为 200 Lux、300 Lux、400 Lux、500 Lux、600 Lux、700 Lux、800 Lux、900 Lux、1000 Lux,重复上述步骤(3)。

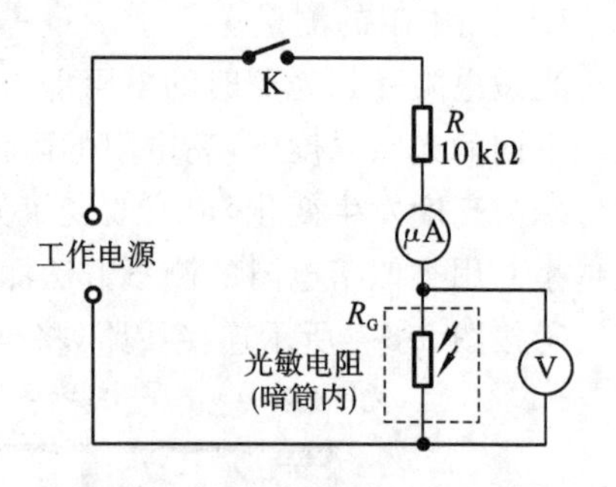

图 3-6-5　测量光敏电路连线图

将上述测量数据记录到表 3-6-3 中。

在本次实验中,光敏电阻的暗电阻趋于∞,暗电流几乎为 0,因此,读出的亮电流即视为光电流。

表 3 6-3　测量光照特性数据记录参考表

光敏电阻电压	U=1.00 V										
光照度/Lux	0	100	200	300	400	500	600	700	800	900	1000
光电流 $I_{P1}/\mu A$											
光电阻 $U/I_P/k\Omega$											

(注:光照强度与光照电源电压、照明灯珠距离的关系见仪器上附表)

4. 光敏电阻的应用实例

图 3-6-6 是一个用光敏电阻作为感应器,以 NE555 集成块为核心的模拟路灯自动控制实验电路。NE555 是一块模/数结合的集成电路,工作电压为 2~18 V,3 脚的最大输出电流为 200 mA,可直接驱动继电器,在控制电路中获广泛应用。R_G 与 R_W 组成一个简单的分压电路,R_W 为动作阈值调节电位器。

当 R_G 的阻值变大，致2脚电平 $\leqslant \frac{1}{3}V_{DD}$ 时，3脚输出高电平，LED发光；当 R_G 的阻值变小，致6脚电平 $\geqslant \frac{2}{3}V_{DD}$ 时，3脚输出低电平，LED熄灭。

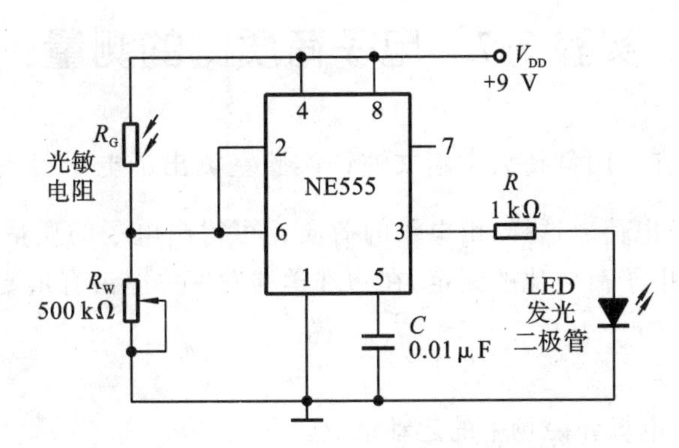

图 3-6-6　模拟路灯自动控制的实验电路

(1) 缓慢移动不透光物体遮挡光敏电阻，模拟夜幕降临的环境，观察LED的点亮情况。

(2) 缓慢移开遮挡在光敏电阻上的物体，模拟太阳升起的环境，观察LED的熄灭情况。

如果3脚的输出端连接的负载是"继电器-交流接触器或可控硅"的组合电路，则可以对大功率的路灯实施自动控制。根据NE555的特性，即使光敏电阻的阻值，在刚好使电路产生动作的临界值附近发生波动变化，也不会引起继电器振荡或路灯闪烁。

【成果导向教学设计】

知识：

(1) 基础知识：光敏传感器的物理基础——光电效应。

(2) 测量原理：伏安法测量光敏电阻特性曲线。

(3) 新技术：以光敏电阻为传感器的自动开关工作原理。

能力：

(1) 测量仪器的使用：FB715-Ⅲ型实验装置的使用。

(2) 实验总结：能建立数据与结果的关联；撰写完整的实验报告。

(3) 安全实验；公民素质(个人能力、团队协作能力)(潜移默化地培养)。

【实验报告】

(1) 根据表3-6-1的实验结果，定性说明光敏电阻的阻值随光照度的变化规律。

(2) 用表3-6-2的测量数据，在同一坐标上绘出在不同光照度下光敏电阻的伏安特性曲线(U-I 曲线)，并进行比较分析。

(3) 用表3-6-3的测量数据，绘出光敏电阻的光照特性曲线(E-I 曲线)，说明光电流(光电阻)随光照度的变化规律。

(4) 举出一些光敏电阻的其他应用实例。

【参考资料】

[1] 广西科技大学大学物理实验教学网站.

实验 3-7　电子荷质比的测量

汤姆逊于 1897 年在英国剑桥大学卡文迪许实验室测出了电子荷质比$\frac{e}{m}$,1911 年密立根用油滴法测出了电子的电荷。这样,由电子的荷质比可得出电子的质量。电子荷质比是物理学中一个重要物理量,电子荷质比的测定,在物理学的发展史上占有重要地位。

【实验目的】

(1) 观察电子束在电场和磁场中的运动情况。

(2) 测量电子的荷质比$\frac{e}{m}$。

【实验仪器】

FB710 型电子荷质比测定仪。

【实验原理】

电子荷质比测定仪由洛伦兹力管、励磁线圈、控制及电源组合、暗箱四部分组成。

洛伦兹力管是一个直径为 160 mm 的玻璃泡,抽真空后,充入混合惰性气体。内装一个特殊结构的电子枪,由热阴极、调制板、锥形加速极组成,垂直方向有一对偏转板。当电子枪各电极加上合适的电压后,便发射一束电子束,具有一定能量的电子与惰性气体分子碰撞,使惰性气体发光,就能在电子所经过的路径上看到光迹。励磁线圈是一对亥姆霍兹线圈,这是一对有效半径为 280 mm,每只为 132 匝的环形线圈,同轴平行放置,间距为 158 mm。两只线圈串联连接。当线圈通上电流后,在两只线圈间轴线中点附近可得到均匀磁场。洛伦兹力管就安装在此匀强磁场中。如果仅在洛伦兹力管各电极加上适当电压,便发出一束电子束,则可看到电子束运动的直线光迹。

若接通励磁线圈电源,电子束在磁场中受到洛伦兹力的作用,其矢量表达式为

$$\boldsymbol{F}=-e\,\boldsymbol{v}\times\boldsymbol{B} \tag{3-7-1}$$

式中,$\boldsymbol{F}$ 为电子受到的洛伦兹力,$\boldsymbol{v}$为电子束运动的速度,$\boldsymbol{B}$ 为磁感应强度,方向由上式确定,而其大小为

$$F=-evB\sin\alpha \tag{3-7-2}$$

e 为电子电量,α 为电子运动方向与磁感应强度方向之间的夹角。

(1) 当电子的运动方向与磁场方向一致(即 $\alpha=0°$或相反 $\alpha=180°$)时,电子不受洛伦兹力的作用,电子束的轨迹为直线。

(2) 当电子的运动方向与磁感应强度方向垂直时,这时电子受到一个始终垂直于运动方向的洛伦兹力的作用。由于电子运动速度$\boldsymbol{v}$的大小是恒定的,匀强磁场 $\boldsymbol{B}$ 的大小也是恒定的,于是力 $\boldsymbol{F}$ 的大小也是恒定的,这个恒定的力对于运动着的电子起向心力的作用,电子运动变

为匀速圆周运动，其轨迹为圆，如图3-7-1所示，并且励磁电流越大，磁感应强度越大，作用力越大，圆的直径越小。

(3) 当电子的运动方向与磁场方向成任意角度(垂直或平行除外)时，可将电子的运动速度分解为平行于磁场和垂直于磁场两个分量。平行于磁场分量不受力的作用，仍做直线运动，垂直于磁场分量受到洛伦兹力的作用，作圆周运动，因此电子运动的合成轨迹呈螺旋线。

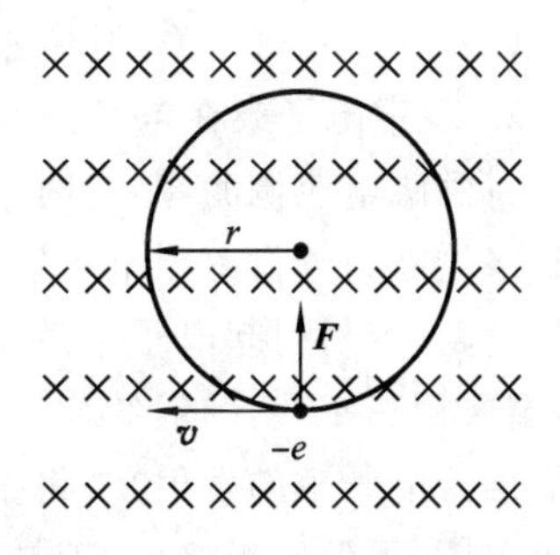

图 3-7-1　$\alpha=90°$时，电子在匀强磁场中的运动轨迹

电子做匀速圆周运动时，向心力 $F=\frac{mv^2}{r}$，该力就是电子在匀强磁场中所受到的洛伦兹力，于是

$$\frac{mv^2}{r}=evB \tag{3-7-3}$$

式中：r 为电子圆周运动的半径，m 为电子质量。由公式(3-7-3)可推导出电子的荷质比为

$$\frac{e}{m}=\frac{v}{rB} \tag{3-7-4}$$

电子在加速电场中得到的动能等于电场对它所做的功，即

$$\frac{1}{2}mv^2=eU_a \tag{3-7-5}$$

式中：U_a 为加速极电压。从上式可求得电子运动的速度为

$$V=\sqrt{\frac{2eU_a}{m}} \tag{3-7-6}$$

空气中磁导率与真空中磁导率几乎相等，即 $\mu_空\approx\mu_0=4\pi\times10^{-7}\ \mathrm{H/m}$，因此，亥姆霍兹线圈中点附近的磁感应强度为

$$B=8.99\times10^{-7}\ \frac{NI}{R}=7.51\times10^{-4}I(\mathrm{T}) \tag{3-7-7}$$

式中：N 表示线圈匝数，I 表示励磁电流，R 表示线圈半径。

将式(3-7-6)、式(3-7-7)代入式(3-7-4)，可得

$$\frac{e}{m}=3.55\times10^6\ \frac{U_a}{r^2I^2}=1.42\times10^7\ \frac{U_a}{D^2I^2} \tag{3-7-8}$$

于是可以根据加速电压 U_a，励磁电流 I 及电子轨迹圆直径 D 计算出电子的荷质比。

洛伦兹力管中还装有一对偏转板。断开励磁线圈电源，在偏转板上加电压，可以观察电子在电场作用下的偏转运动。当上偏板加正电压时，电子受电场作用力，电子束向上偏转，反之，则向下偏转。

【实验内容与步骤】

1. 准备工作

(1) 通电前，仪器控制旋钮，应按下述要求设置：

偏转板电压换向开关——断；

偏转板电压——逆时针旋到零；

加速极电压——逆时针旋到最低；

励磁电流——逆时针旋到最低。

(2) 打开电源开关,洛伦兹力管中灯丝发亮,预热 5 min,即可正常使用。

2. 观察电子束在电场作用下的偏转运动

将励磁电流调为零,这时励磁线圈不产生磁场。顺时针慢慢转动“加速极电压”旋钮,可以看到洛伦兹力管发射出电子射线形成的直线轨迹(注意:加速电压不要超过 130 V。加速电压调得过高,容易引起电子束散焦,并会影响洛伦兹力管的使用寿命。电子束刚激发时的加速电压,需要稍高一些,一般约为 130 V,一旦激发后,就可以适当降低加速电压,一般在 90~100 V 即能维持电子束的发射)。将偏转板电压换向开关扳至“正”位置,这时,洛伦兹力管上偏转板加正电压,下偏转板接地,于是看到电子束向上偏转。加大偏转板电压,电子束上偏角度增大;在偏转板电压不变的情况下,增大加速极电压,可看到电子束上偏角减小。如果将偏转板电压换向开关扳至“反”挡位,这时上偏转板接地,下偏转板加正电压,可看到电子束向下偏转。记录并解释观察到的现象。观察完毕,将加速极电压、偏转板电压均调到零,换向开关切换到“断”位置。

3. 观察电子束在匀强磁场中的运动径迹

(1) 观察电子束在磁场中的偏转。

先将偏转板电压换向开关扳至“断”挡位。转动加速极电压旋钮,使加速电压约为 100 V,此时可看到洛伦兹力管内电子射线形成的径迹。在亥姆霍兹线圈通上励磁电流,先加上较小的励磁电流(约 0.5 A),线圈外壳上的箭头方向即为电流方向,按右手定则可知,线圈产生的磁场平行于线圈的轴线,方向为离开观察者朝向里侧。根据左手定则,可确定电子束受到的洛伦兹力方向朝上,于是可看到电子束向上偏转。加大励磁电流(控制在约 1 A 内),可看到偏转角增大。

(2) 观察电子束在均匀磁场中做圆周运动。

在上述(1)的基础上,逐渐加大励磁电流,使电子束径迹形成一个圆,如图 3-7-2 所示,从式(3-7-3)可知圆的直径为

$$D = 2r = \frac{2mv}{eB} \tag{3-7-9}$$

电子束做圆周运动的直径正比于电子运动的速度,反比于磁感应强度。可以用实验验证。在加速电压不变,当加大励磁电流时,磁感应强度 B 增大,可看到电子束径迹圆直径减小;在励磁电流不变时,当加大加速极电压,电子运动的速度加大,可看到电子束径迹圆直径增大。

(3) 观察电子束在三维空间的运动径迹(选做)。

转动洛伦兹力管(特别注意:要握住管座轻轻转动洛伦兹力管,严禁直接用手握在玻璃部分转动。否则,极易导致玻璃外壳破裂)。当电子束方向与磁场方向为任意角度时,可看到电子束径迹呈螺旋线。这就验证了公式(3-7-1)。观察完毕,将加速极电压、励磁电流调至最小。记录并解释上述现象。

4. 电子荷质比$\frac{e}{m}$的测量

(1) 使偏转板电压换向开关处于“断”挡位。

(2) 调节加速电压,使洛伦兹力管发射电子束(注意:加速电压不要超过 130 V)。

(3) 调节 U_{a1} 为某定值,例如取 $U_{a1} \approx 100$ V。

(4) 调节励磁电流为 I_1(不要超过 2 A),转动洛伦兹力管,使电子束径迹成为一个圆。

(5) 先移动数显游标尺至电子圆的左端,仔细调整标尺,使“标尺-电子圆-反射镜的像”成

"三点一线",按下游标上的 ZERO 置 0;然后再采用同样的方法,将游标移动到电子圆的右端,此时游标上显示的值即为电子圆直径 D_1,如图 3-7-2 所示。

(6) 保持加速电压 U_{a1} 不变,分别改变电流为 I_2、I_3、I_4、I_5,测出对应的电子圆直径 D_2、D_3、D_4、D_5。

(7) 将加速电压调节为另一定值 U_{a2},仿上述步骤(4)、(5)、(6)的方法,再进行测量。

(8) 实验完毕,将加速极电压、励磁电流调至最小,然后关断电源。

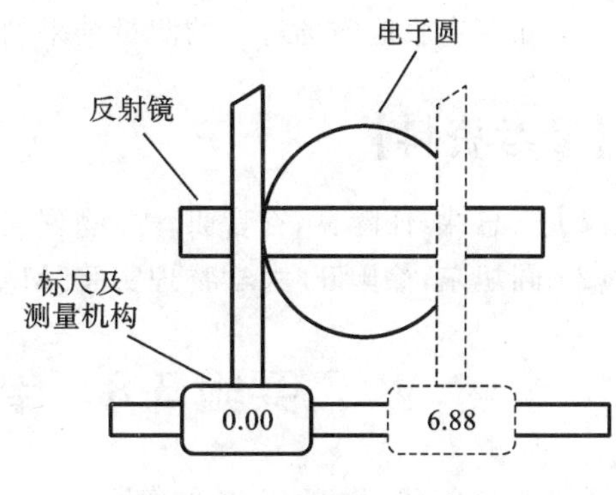

图 3-7-2 测量电子圆直径

【注意事项】

(1) 接通电源前,加速极电压、励磁电流调节旋钮应逆时针旋至最小。

(2) 预热 5 min 后,方可加上加速极电压,并且电压不要超过 130 V。

(3) 暂时不观察时,应将加速极电压调至零。

(4) 必须先将励磁电流调至最小,才能进行励磁电流方向的转换,实验过程中严禁电流超过 2 A。

(5) 电子束径迹圆的直径一般调至 4～9 cm 较为合适。

(6) 实验完毕,先把电压、电流调至最小,然后将仪器的各调节旋钮、开关恢复到实验前的状态。

【成果导向教学设计】

知识:

(1) 基础知识:电子束在电场、磁场中的偏转。

(2) 测量原理:运动电荷在匀强磁场中做圆周运动。

能力:

(1) 测量仪器的使用:洛伦兹力演示仪的使用。

(2) 实验总结:能建立数据与结果的关联;撰写完整的实验报告。

(3) 安全实验;公民素质(个人能力、团队协作能力)(潜移默化地培养)。

【实验报告】

(1) 自拟表格记录实验数据。

(2) 求出电子的荷质比的平均值$\overline{\left(\frac{e}{m}\right)}$,并与公认值$\frac{e}{m}=1.76\times10^{11}$ C/kg 比较,求出相对不确定度。

【学习观察】

(1) 为什么电子束方向与磁场方向为任意角度时,电子束径迹呈螺旋线?

(2) 如何克服地磁场对$\frac{e}{m}$的测量结果的影响?

【参考资料】

[1] 王惠棣,任隆良,谷晋骐,等. 物理实验[M]. 修订版. 天津:天津大学出版社,1997.
[2] 阎旭东,徐国旺. 大学物理实验[M]. 北京:科学出版社,2003.

实验 3-8　单结晶体管振荡器

单结晶体管(简称 UJT、单结管)是一种半导体器件,用其构成的振荡器,电路结构简单,频率调节方便,驱动负载能力强,因此,在各种开关电路中,特别是在可控硅整流、逆变、调光、调速等电路中,用单结晶体管振荡器的输出脉冲作为可控硅的触发信号,可获得广泛应用。

【实验目的】

(1) 了解单结晶体管的基本结构和基本特性。
(2) 测量单结晶体管分压比 η。
(3) 测量单结晶体管的伏安特性曲线。
(4) 了解影响单结晶体管振荡器振荡频率的因素。
(5) 了解单结晶体管的应用实例。

【实验仪器】

FB715-Ⅲ型实验装置:变压器、整流二极管、电容器、稳压二极管、固定电阻、电位器、单结晶体管、万用表、示波器、实验板等。

【实验原理】

1. 单结晶体管的基本结构及基本特性

(1) 基本结构

单结晶体管(简称 UJT,单结管),又称双基极二极管。在一片 N 型硅片一侧的两端各引出一个电极,分别称为第一基极 B_1 和第二基极 B_2,而在硅片的另一侧较靠近 B_2 处制作一个 PN 结,在 P 型硅上引出一个电极,称为发射极 E。图 3-8-1(a)、(b)、(c)分别是其结构、等效电路、电路符号示意图。用 R_{B_1} 表示 PN 结至第一基极 B_1 的电阻,用 R_{B_2} 表示 PN 结至第二基极 B_2 的电阻,用 R_{BB}表示第一、二基极间的电阻,由图 3-8-1(b)得

$$R_{BB}=R_{B_1}+R_{B_2}$$

一般情况下,R_{BB}的值为 2~15 kΩ。

(2) 基本特性

如果在 B_1、B_2 之间加上电压 U_{BB},如图 3-8-2 所示,A 点电压:

$$U_A=\frac{R_{B_1}}{R_{B_1}+R_{B_2}}U_{BB}=\eta U_{BB}$$

η 称为分压比,是单结管重要参数之一,其值一般在 0.3~0.9 之间。R_{B_1}、R_{B_2} 在单结晶体管的内部,无法直接测量。若二极管的等效直流电阻为 R_D,E 与 B_1 之间的电阻为 R_{EB_1}、E 与 B_2 之

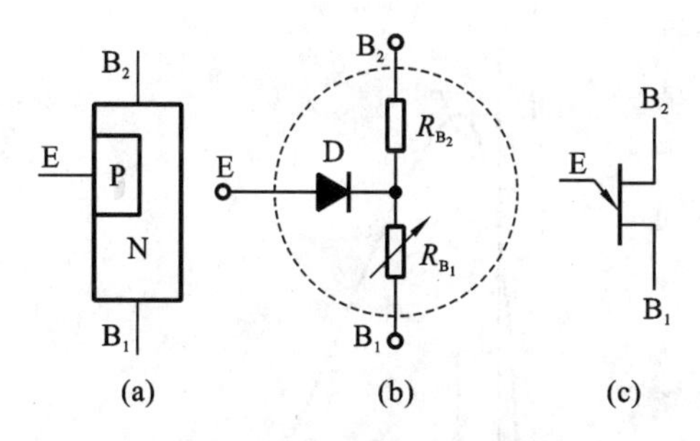

图 3-8-1 单结晶体管的结构、等效电路、电路符号

(a) 结构；(b) 等效电路；(c) 电路符号

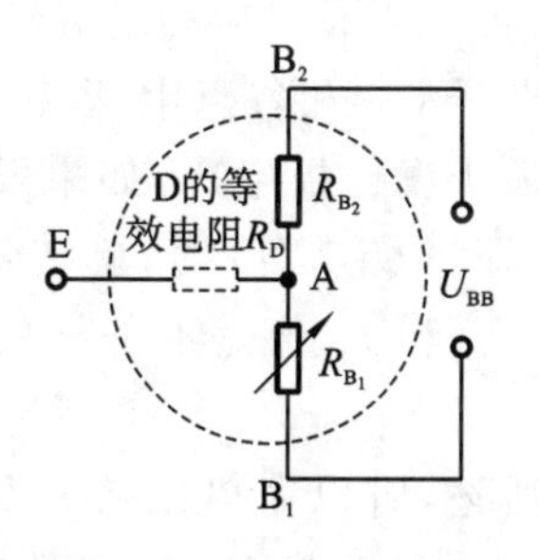

图 3-8-2 单结晶体管分压比

间的电阻为 R_{EB_2}、B_1 与 B_2 之间的电阻为 R_{BB}，则有

$$R_D + R_{B_1} = R_{EB_1} \tag{3-8-1}$$

$$R_D + R_{B_2} = R_{EB_2} \tag{3-8-2}$$

$$R_{B_1} + R_{B_2} = R_{BB} \tag{3-8-3}$$

由式(3-8-1)、式(3-8-2)、式(3-8-3)，得

$$\eta = \frac{R_{B_1}}{R_{B_1} + R_{B_2}} = \frac{R_{EB_1} - R_{EB_2} + R_{BB}}{2R_{BB}} = \frac{1}{2}\left(1 + \frac{R_{EB_1} - R_{EB_2}}{R_{BB}}\right) \tag{3-8-4}$$

分别测出 R_{EB_1}、R_{EB_2}、R_{BB}，代入上式，即可求出分压比 η。

图 3-8-3 为测量单结晶体管伏安特性电路图，图 3-8-4 为单结晶体管伏安特性曲线。

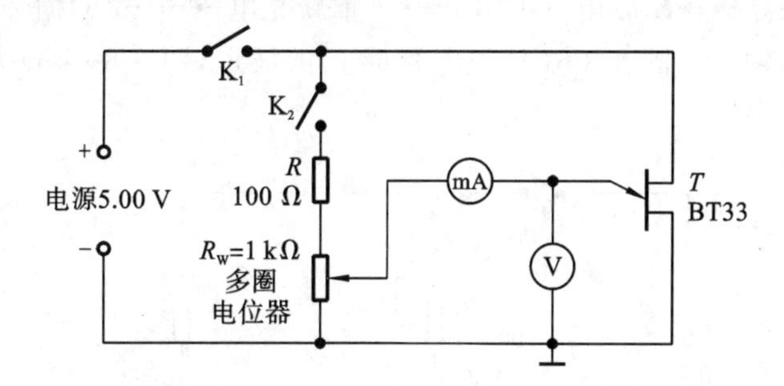

图 3-8-3 测量单结晶体管伏安特性电路图

由图 3-8-2、图 3-8-4 得到如下结论：

①当 $U_E < \eta U_{BB}$ 时，发射结等效二极管 D 反向偏置，单结管截止，发射极只有很小的漏电流 I_{EO}；

②当 $U_E \geqslant \eta U_{BB} + U_D$（$U_D$ 为二极管正向压降，约为 0.7 V）时，PN 结正向导通，大量的空穴从 P 区向 N 区迁移，发射极电流 I_E 将迅速增加，E 和 B_1 之间呈低阻状态，即 R_{B_1} 迅速减小，E 和 B_1 之间的电压 U_E 也随之下降。然而因 B_2 的电位高于 E 的电位，空穴不会向 B_2 迁移，R_{B_2} 则基本维持不变。如图 3-8-4 所示曲线中，转折点 P 称为峰点，与 P 点相对应的发射极电压和电流，分别称为峰点电压 U_P 和峰点电流 I_P，I_P 是使单结管导通所需的最小电流；$U_P = \eta U_{BB} + U_D$，U_P 与外加电压 U_{BB} 及分压比 η 有关。当发射极电压 U_E 达到 U_P 后，发射极电流 I_E 越大，输入端的等效电阻愈小，即在曲线的 P-V 段，动态电阻 $\Delta U_E / \Delta I_E < 0$，电流的增加电压反而下降的特性，称为负阻特性。

③随着 I_E 的不断上升，U_E 不断下降，当 U_E 降到 V 点后，U_E 不再继续下降，发射极 E 与第一基极 B_1 间半导体内的载流子达到了饱和状态，继续增加 U_E，才能使 I_E 上升。最低点 V

称为谷点,与 V 点相对应的发射极电压和电流,分别称为谷点电压 U_V 和谷点电流 I_V。U_V 是维持单结管导通的最小发射极电压,如果发射极的电压小于谷点电压,即当 $U_E<U_V$ 时,单结管重新截止。不同单结管的 U_V 和 I_V 值是不一样的,一般情况下 U_V 为 2~5 V。

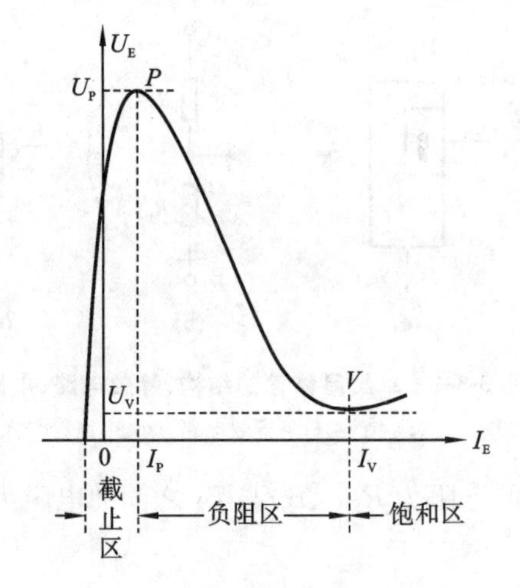

图 3-8-4　单结晶体管伏安特性曲线

综上所述,可以简单概括为 $U_E \geqslant U_P$ 单结管导通,$U_E<U_V$ 单结管截止;U_P 与外加电压 U_{BB} 及分压比 η 有关,U_V、η 由单结晶体管本身决定,一般 U_V 为 2~5 V。

2. 单结晶体管振荡器

图 3-8-5 为由 T、R_P、R_1、C、R_2、R_3 构成的单结管振荡器电路图,信号由 R_3 输出。

工作原理:接通电源后,电源通过 R_P、R_1 向电容 C 充电,当电容 C 的电压 U_C(即单结管发射极电压 U_E)达到 T 的峰值电压 U_P,即 $U_C(U_E) \geqslant U_P$ 时,T 由截止变为导通,R_{B_1} 的阻值急剧减小(约为 50 Ω),这时,电容 C 通过 T 内部的 R_{B_1}、R_3 迅速放电,同时在电阻 R_3 上输出一个尖脉冲;随着电容 C 的放电,其上的电压随之下降,当放电至电容 C 上的电压小于谷点电压 U_V,即 $U_C(U_E)<U_V$ 时,单结管截止;单结管截止后,电容 C 重新充电,并重复上述过程。这样,随着"C 充电→T 导通→C 放电→T 截止→C 重新充电→……"的循环,在电阻 R_3 上就有持续的周期脉冲信号输出。图 3-8-6(a)为电容器 C 的波形,图 3-8-6(b)为电阻 R_3 的输出波形。

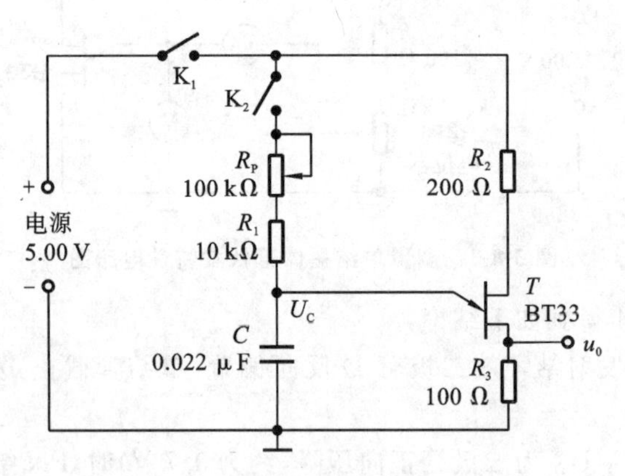

图 3-8-5　单结晶体管振荡器电路图

输出的脉冲信号频率,由发射极充电电阻 R_P+R_1、电容 C、单结管的参数等共同决定,在图 3-8-5 所示的电路中,输出频率(周期)可按下式近似计算:

$$f_0=\frac{1}{T}\approx\frac{1}{(R_P+R_1)C\ln\left(\frac{1}{1-\eta}\right)} \tag{3-8-5}$$

由上式可以得到,对于给定的单结管,η 是一个定值,改变 R_P+R_1 和 C 就能改变振荡频率。在实际电路应用中,通常的做法是,将 C 取固定值,通过调节 R_P 来改变输出频率,这种调节方式最为简单方便。

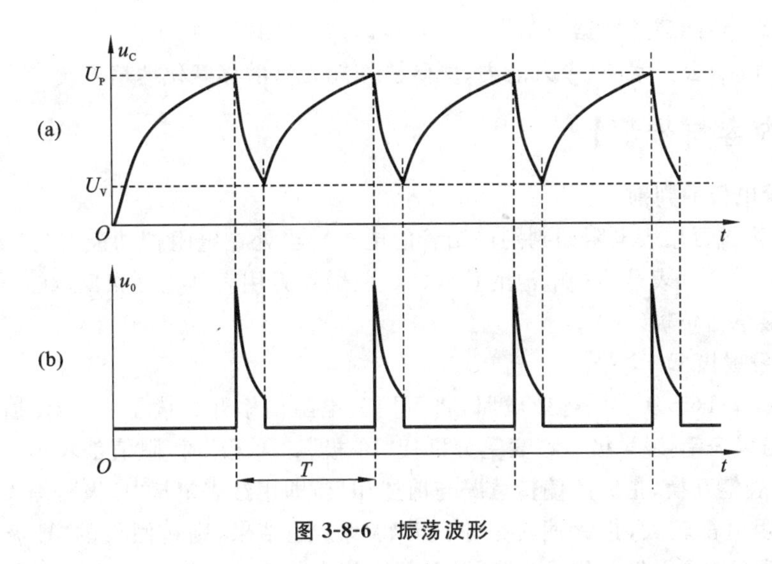

图 3-8-6　振荡波形

在图 3-8-5 所示的电路中,如果将振荡器的输出信号作为可控硅的触发信号,选择元件的参数时要注意:

(1) 选择单结管时,常选用 η 稍大一些、U_V 低一些、I_V 大一些的管子,以增大输出脉冲幅度和移相范围。

(2) R_P+R_1 的阻值既不能太大也不能太小。R_P+R_1 太大时,单结晶体管不能导通;R_P+R_1 太小时,不能截止。要使振荡器产生振荡,必须使单结管的发射极电压 U_E 满足:导通 $U_E \geqslant U_P$,截止 $U_E \leqslant U_V$。若电源电压为 U,则 R_P+R_1 的阻值必须满足

$$\frac{U-U_V}{I_V} \leqslant R_P + R_1 \leqslant \frac{U-U_P}{I_P}$$

另一方面,R_P+R_1 的阻值太大,移相范围变小,导致电压调节范围变小。

(3) 电容 C 不能太小。否则,脉冲宽度太窄,不能使可控硅触发导通,通常 C 的取值为 0.1～1 μF。

(4) 输出端电阻 R_3 的阻值不能太大。否则,较小的漏电流就使 R_3 两端产生较大的压降 U_{R_3},可能导致可控硅出现误触发现象,一般 R_3 的取值为 50～200 Ω。

(5) R_2 是温度补偿电阻。峰点电压 U_P 的稳定性影响着振荡频率的稳定性,根据 $U_P=\eta U_{BB}+U_D$,η 基本上不随温度变化,当温度升高时,一方面 U_D 下降 ΔU_D,U_P 随之下降;另一方面,R_{BB}是随着温度的升高而增大的,流过 R_2 的电流将减小,R_2 的压降减小,U_{BB}将上升 ΔU_{BB},这样的“一升一降”,使 U_P 保持基本不变。因此,接入 R_2 后,上升的 ΔU_{BB}就能补偿因温度上升而下降的 ΔU_D,从而使 U_P 稳定,稳定振荡频率。R_2 的取值通常为 150～680 Ω。

【成果导向教学设计】

知识:

(1) 基础知识:单结晶体管的负阻特性。

(2) 测量原理:伏安法测量特性曲线;数字示波器测量振荡频率。

(3) 新技术:单结晶体管振荡器工作原理。

能力:

(1) 测量仪器的使用:FB715-Ⅲ型实验装置的使用。

(2) 实验总结:能建立数据与结果的关联;撰写完整的实验报告。

(3) 安全实验;公民素质(个人能力、团队协作能力)(潜移默化地培养)。

【实验内容与步骤】

1. 单结管电极的判别

用指针式机械万用表电阻挡判别单结管的电极。当处在电阻挡功能时,黑表笔连接万用表内部电池的正极,红表笔连接电池的负极。(注:数字万用表则正好相反,红表笔连接电池正极,黑表笔连接电池负极。)

(1) 判别发射极 E

按照如图 3-8-1(b)所示的等效电路,将万用表电阻倍率开关拨至×1 kΩ 挡,假定任一电极为"E 极",当黑表笔接"E 极",红表笔分别接"B_1 极"、"B_2 极"时,阻值都较小,指针有较大的偏转;将红、黑表笔互换,指针的偏转情况与前述相反,即用红表笔接"E 极",黑表笔分别接"B_1 极"、"B_2 极",阻值都较大,指针偏转很小。若得到上述结果,则所假设的"E 极"正是实际 E 极。否则,应重新选择电极并假设为"E 极",再按前述方法进行测量判断。

(2) 判别基极 B_1、B_2

一般而言,E 与 B_1 之间的电阻大于 E 与 B_2 之间的电阻,即 $R_{EB_1}>R_{EB_2}$,但也有部分管子 $R_{EB_1}<R_{EB_2}$,即使 B_1、B_2 判断失误,连接到电路时,只是对输出幅度产生影响,而不会损坏管子。如果因为 B_1、B_2 接反导致的无信号输出或输出的信号幅度小,只要将 B_1、B_2 调换,重新接入电路即可。

2. 测量单结管分压比 η

用指针式机械万用表测量:将电阻挡倍率开关拨至×100 Ω 挡,表笔短接调零。黑表笔接 E 极,红表笔分别接 B_1、B_2 极,读出对应的电阻值 R_{EB_1}、R_{EB_2};测出 B_1 与 B_2 之间的电阻 R_{BB}。这是一种简便测量分压比 η 的方法,测量过程中,万用表应使用同一倍率挡位进行测量。

3. 单结管特性曲线的测量

按图 3-8-3 连接电路。电源 $E=5.00$ V,将 R_W 调至使 $U_E=0$ V 位置。

(1) 预备测量。闭合开关 K_1、K_2,慢慢连续调节多圈电位器 R_W,先通览一遍电压 U_E、电流 I_E 的变化情况,并注意峰点电压 U_P 的大约数值。

(2) 正式测量。闭合开关 K_1、K_2,调节 R_W,从 $U_E=0$ V 开始,每次增加 0.5 V,并读取对应的 U_E、I_E 值;接近峰点电压 U_P 值时,每次增加 0.01 V,读取相应的 U_E、I_E 值;越过 U_P 后,每次增加 0.1 V,与前述类似,读取相应的 U_E、I_E 值。

4. 单结管振荡器电路

(1) 按图 3-8-5 连接电路,经检查确认电路无误后,闭合电源开关 K_1、电路开关 K_2。

(2) 调节电位器 R_P,用双踪示波器同时观察电容 C 的波形、电阻 R_3 的输出波形的变化情况。

(3) 调节电位器 R_P 至阻值为 R_{P_1}(最大值),用示波器测量对应的最低振荡频率 f_1;断开 K_1、K_2,测量对应的 $R_{P_1}+R_1$ 阻值。

(4) 仿照步骤(3),调节电位器 R_P 分别至阻值为 R_{P_2}、R_{P_3}(最小值),使频率分别为大约中间值 f_2、最高振荡频率 f_3;在断开 K_1、K_2 的状态下,测量对应的 $R_{P_2}+R_1$、$R_{P_3}+R_1$ 阻值。

(5) 断开开关 K_1、K_2,用万用表分别测量对应的 $R_{P_1}+R_1$ 阻值。

(6) 仿照步骤(4)和(5),调节不同的 R_P 值,再分别进行测量。总共测量 5 组数据。

特别注意的是，用万用表测量 R_P+R_1 的阻值时，必须确保电路已处于完全断电状态，R_P+R_1 与其他回路完全断开；用示波器观察波形时，应根据实际情况，选择合适的扫描时基、灵敏度挡位。

将上述的测量数据、信号波形等实验结果，记录到自拟的表格中。

【实验报告】

(1) 总结判别单结管电极的判别依据、基本方法。

(2) 解释单结晶体管负阻特性中"负阻"的含义。

(3) 用实验 2 的测量数据，按式(3-8-4)，计算分压比 η。

(4) 如果通过万用表电阻挡来测量 η，为什么要用同一倍率挡进行测量？请另给出一种测量 η 的方法，并说明测量原理。

(5) 简述单结晶体管振荡器的基本原理。

(6) 用实验 3(单结管特性曲线的测量)的数据，在坐标纸上画出单结晶体管的特性曲线。

(7) 用实验 4(单结管振荡器电路)的数据，按式(3-8-5)，由电路参数分别计算振荡频率 f_{01}、f_{02}、f_{03}，并与示波器直接测量对应的实际频率 f_1、f_2、f_3 比较，分别求出相对不确定度，说明产生误差的原因。

【参考资料】

[1] 广西科技大学大学物理实验教学网站.

实验 3-9　单向硅调光电路

在日常生产生活中，常常需要按实际使用情况对电器的功率进行调节，比如对电炉发热功率、台灯亮度、电风扇转速的调节等。对电器的功率调节方法通常有通断控制、相位控制、斩波控制。本实验主要学习以单向可控硅为控制元件，用相位控制调节电阻性负载的功率的方法，该控制方法的电路较为简单，可连续调节输出电压大小，因此应用最为广泛。本次实验通过观察灯泡亮度的变化，直观地了解对用电器功率的控制过程。

【实验目的】

(1) 了解单向晶闸管的基本结构和基本特性。

(2) 了解用相位控制调节用电器功率的方法。

【实验仪器】

FB715-Ⅲ型实验装置：交流电源(12 V)、固定电阻、整流二极管、电位器、稳压二极管、电容器、开关、单结晶体管(BT33)、单向晶闸管(BT151)、灯珠(电阻负载)、示波器、MF47 型万用表、实验板等。

【实验原理】

先简单了解调光电路中的控制元件晶闸管的基本结构及基本特性。晶闸管又称可控硅，是一种以小电流控制大电流的开关半导体器件，常用的可控硅有单向可控硅和双向可控硅两种，由于可控硅具有无触点、体积小、重量轻、效率高、寿命长、无噪声等优点，被广泛应用在整流、逆变、调速、调光、调温等以及其他各种控制电路中。本实验主要了解单向可控硅(简称SCR)在调光电路中的应用。

1. 单向可控硅的基本结构及基本特性

1) 基本结构

单向可控硅由三个 PN 结四层结构硅芯片和三个电极组成。图 3-9-1(a)、(b)、(c)分别是单向可控硅的结构、等效电路、电路符号示意图，三个电极分别是阳极 A、阴极 K、控制极 G。

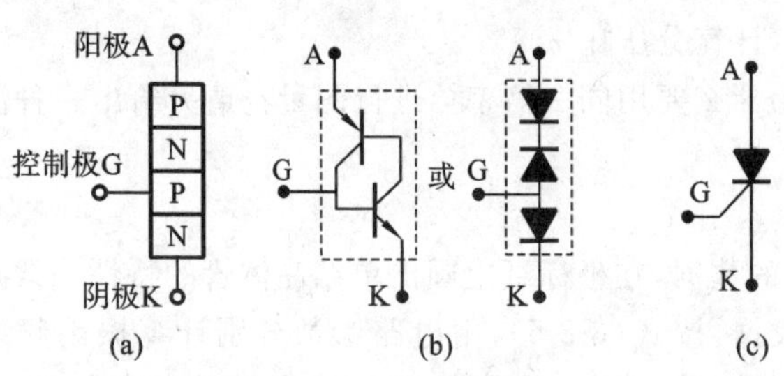

图 3-9-1　单向可控硅的结构、等效电路、电路符号

(a) 结构；(b) 等效电路；(c) 电路符号

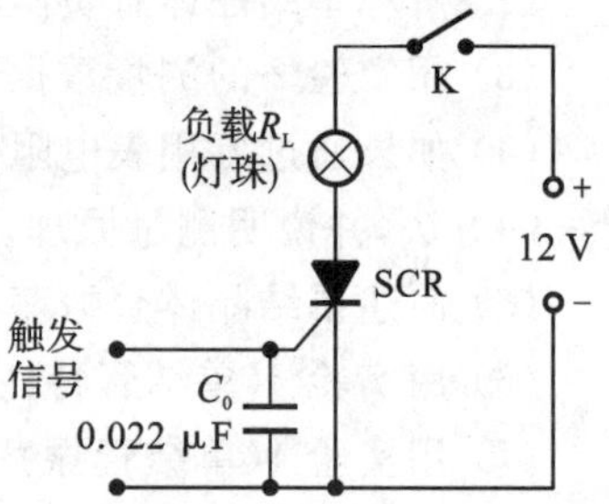

图 3-9-2　导通、关断实验电路

2) 基本特性

单向可控硅作为开关型元件，它有两个工作状态：导通和关断，如图 3-9-2 所示。

(1) 导通：必须同时具备下列两个条件才能使可控硅导通。

①A、K 间加正向电压，并能提供不小于最小维持电流值的电流(额定值内)。

②G、K 间输入一个合适电压、电流的正向触发信号，该触发信号是直流或脉冲信号。

一旦导通，即使撤去 G、K 间的触发控制信号，可控硅依然维持导通状态，这时通态平均电压 U_{AK}(管压降)为 0.5～1 V。

(2) 关断：已处于导通状态的可控硅，具备下列条件之一可使其关断。

①使 A、K 间的电压为 0(或直接切断电源)。

②在 A、K 间加反向电压(额定值内)。

③正向导通的电流小于其最小维持电流值。

2. 调光原理

(1) 电路结构

电路原理如图 3-9-3 所示，各点波形如图 3-9-4 所示。接通电源后，交流电 u 经二极管 D_1～D_4 整流变成脉动直流，波形如图 3-9-4(a)所示。脉动直流电压加到由负载 R_L 与可控硅 SCR 串联的主电路中，同时，该电压也是振荡器的工作电源，振荡器由 T、R_1、D_W、R_P、R_2、C、R_3、R_4 等组成。脉冲信号由 R_4 输出，该信号作为 SCR 的触发信号连接到控制极 G。有关单结晶体管振荡器的基本原理，请参阅“单结晶体管振荡器”实验。

(2) 触发与同步

在交流电 u 的正半周，电源通过 R_P、R_2 对电容 C 充电，当 C 的充电电压 U_C(也就是单结管 T 的发射极电压 U_E)达到 T 的导通峰点电压 U_P 时，T 由截止变为导通，于是电容 C 通过 T 的 E-B_1、R_4 迅速放电，同时在 R_4 上获得一个脉冲，这个脉冲使 SCR 导通，当交流电过零时，SCR 关断，同时振荡器停止工作；在交流电 u 的负半周，电容 C 重新充电，重复上述过程。

图 3-9-3 电路中，脉动直流电压经稳压管 D_W 削波为梯形波，如图 3-9-4(b)所示，该梯形波电压既是振荡器电源，又是同步信号。当 U_{D_W} 过零时，电容 C 上的电压经 T 的 E-B_1、R_4 迅速放电至零。因此，电容 C 总是从零开始充电，从而保证触发电路输出的第一个脉冲距离过零的时刻都相同，这个过程称为同步。由于稳压管 D_W 的接入，即使交流电源电压发生变化，第一个脉冲的出现时刻和脉冲幅度也不会受到的影响。

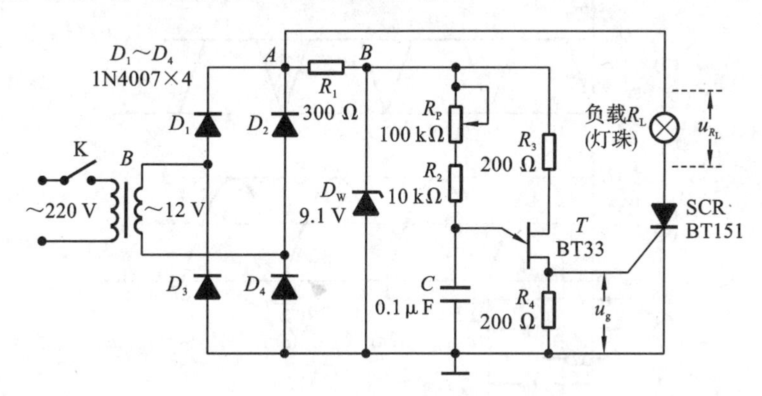

图 3-9-3　可控硅调光实验电路图

(3) 调光过程

SCR 在脉动直流电源每个周期的开始导通时刻，取决于每个周期中第一个触发脉冲的到来时刻。SCR 开始导通后，尽管也可能还有多个触发脉冲加载到 SCR 的控制极 G，但只有第一个脉冲触发有效。从零到第一个脉冲输出使可控硅触发导通的电角度称为控制角(延迟角)α；从可控硅开始导通到过零关断的电角度称为导通角 θ。显然，$\alpha+\theta=180°$。参见图 3-9-4(c)、(d)。

图 3-9-3 中，如果 R_P+R_2 的阻值或电容 C 的容量变小，电容 C 的充电时间缩短，使 U_C 能较快地达到单结管 T 的导通峰点电压 U_P，触发脉冲出现较早，亦即控制角 α 较小，导通角 θ 较大，可控硅导通时间长，负载 R_L 通电时间较长，因而获得的功率大；反之，获得的功率则小。由此可见，通过相位控制，可调节可控硅的导通时间，从而调节负载的功率。

通过调节 R_P(或 C)使控制角 α 发生改变，称为移相。在实际电路中，通常电容 C 取固定值，只需调节电位器 R_P，就能连续无级地调节负载 R_L 的功率。本实验中的负载 R_L 是小灯珠，调节 R_P 时，灯珠的亮度随之变化。图 3-9-4(c)为负载 R_L 两端电压的波形图，图 3-9-4(d)为触发信号的波形图。

从示波器上直接测出的是控制角 α 对应的时间，参照图 3-9-4(c)所示的波形图，可换算成角度。

$$\alpha=(2fd\Delta D)\pi=(100d\Delta D)\pi\ (\text{国际单位制})$$

或
$$\alpha=\frac{d\Delta D}{10}\pi\ (\text{时间以 ms 为单位})$$

或
$$\alpha=\frac{t_\alpha}{\frac{1}{2}T}\pi=\frac{\Delta D}{D}\pi\ (\text{在屏上读出 }\Delta D\text{、}D\text{ 宽度})$$

式中：f 表示我国交流电频率，为 50 Hz；d 表示扫描时基标称值；ΔD 表示控制角在屏上的宽度；D 表示交流电半个周期在屏上的宽度。

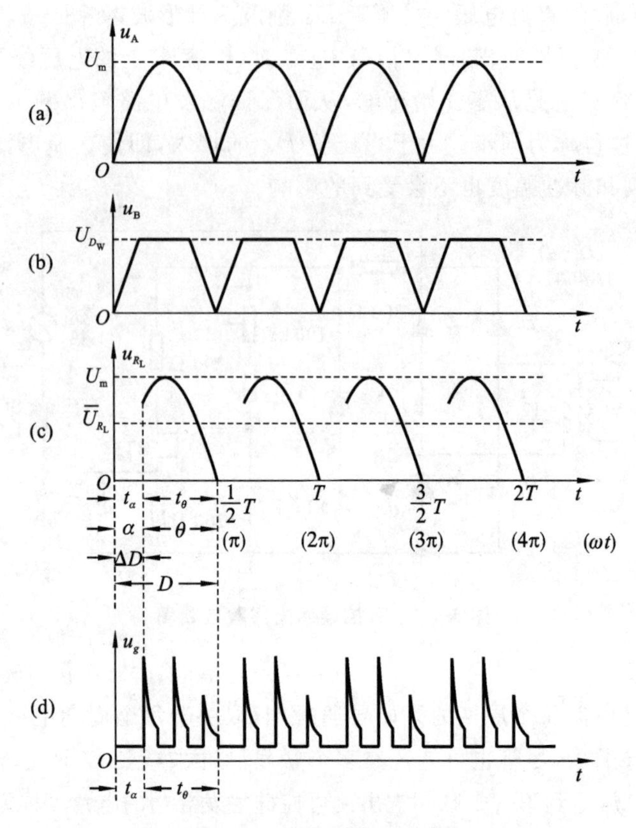

图 3-9-4　电路中各点的波形

(a) A 点的波形；(b) B 点的波形；(c) 负载(灯珠)R_L 的波形；(d) 控制极触发信号的波形

根据图 3-9-4(c)所示的波形图，输出电压平均值 $\overline{U}_{R_L}$ 为

$$\overline{U}_{R_L} = 0.318U_m(1+\cos\alpha)$$

需要注意的是，负载 R_L 按图 3-9-3 所示的位置连接，通过 R_L 的是脉动直流电流，对诸如电风扇电机这类电感性负载，将会很快产生高热而被烧坏。因此，该连接方式只适用于电阻性负载，如白炽灯泡的调光、电炉调功等。

如果电路的工作电源为 220 V 交流电，应按实际使用情况注意以下几点：

①采取必要的措施，确保绝对安全、可靠。

②$D_1 \sim D_4$、SCR 的额定电压、电流值要合适。

③根据负载的功率、使用环境等，必要时给 $D_1 \sim D_4$、SCR 加装散热片、散热风扇。

④R_1 一般取阻值为 10～20 kΩ、额定功率 2～10 W 的电阻。

电路中因存在二极管、可控硅等非线性元件，从而导致波形发生畸变。电路中会含有大量谐波，对电网是有害的，特别是对周围的电器设备可能造成干扰，甚至可能无法正常工作，在电路设计及应用中，应加以考虑，设法将干扰降到最低。最简单的方法是加入 RC 电路，能部分吸收干扰信号。

【实验内容与步骤】

1. 单向可控硅电极的判别及简易测试

用指针式机械万用表电阻挡判别元件的电极。当在电阻挡时，黑表笔连接万用表内部电池的正极，红表笔连接电池的负极。（注：数字万用表则正好相反，红表笔连接电池正极，黑表笔连接电池负极。）

(1) 判别阳极 A

按照图 3-9-1(b)所示的等效电路，将万用表拨至电阻×1 KΩ 或×10 KΩ 挡，假定任一电极为“A 极”，如果测得“A 极”与剩余的两电极之间的正、反向电阻均为∞，则所假设的“A 极”正是实际的 A 极。另外，对于带有散热片的中大功率可控硅，通常将散热片与 A 极相连接。

(2) 判别 G、K 极

将万用表拨至电阻×10 Ω 或×1 Ω 挡，调零电位器顺时针调到底。假定剩余的两电极之中有一极为“K 极”，根据可控硅的导通条件，黑表笔接 A 极，红表笔接“K 极”，用导线将 A 极与“G 极”短接一下，即给一个“G 极”触发信号，若测出的电阻较小，万用表指针有较大偏转，此时可控硅已导通，撤去短接导线，可控硅依然维持导通状态，则所假定的“G 极”、“K 极”分别是实际的 G 极、K 极。若得不到前述的结果，应重新假定电极再进行判别。判别电极的同时，也简单地测试了可控硅的好坏。

2. 可控硅导通、关断条件的测试

按图 3-9-2 所示连接电路，电源 U 的电压取 12 V，电容 C_0 的作用是，防止干扰信号对可控硅造成误触发。用灯珠的点亮、熄灭分别指示可控硅的导通、关断。

(1) 闭合电路开关，使可控硅 G 极开路，即无触发信号时，观察可控硅的工作状态。

(2) 将 MF47 型万用表拨至电阻×1 Ω 或×10 Ω 挡，调零电位器顺时针调到底。黑、红表笔分别对应内部电池的“＋”“－”极，以此作为可控硅的触发信号。

(3) 将万用表的黑、红表笔分别接到可控硅的 K、G 极，加反接触发信号，观察可控硅的工作状态。

(4) 将万用表的黑、红表笔分别接到可控硅的 G、K 极，加正向触发信号，观察可控硅的工作状态。

(5) 将电源极性反接，即加到 A、K 极的电压反向，重复上述步骤(3)和(4)。

将上述观察到的实验结果记录到自拟表格中。

3. 可控硅调光实验

(1) 按照图 3-9-3 所示连接电路，交流电源连接到变压器 12 V 插座。

(2) 闭合开关 K，用示波器分别观察电路 $A(u_A)$、$B(u_B)$点、触发信号 u_g 的波形图。

(3) 将负载 R_L（灯珠）两端的电压接到示波器，调节电位器 R_P，使其阻值按“最大→最小→最大”连续变化，观察控制角 α、波形、灯珠亮度的变化情况。

(4) 用示波器测量负载 R_L（灯珠）两端波形的峰值电压 U_m。

(5) 调节电位器 R_P，使灯珠最亮，此时，控制角 α_1 最小（导通角最大）。用示波器测量控制角 α_1，并用万用表直流电压挡测出对应的灯珠两端电压 U_1。

(6) 调节电位器 R_P，使灯珠处于中等亮度状态。用示波器测量控制角 α_2，并用万用表直流电压挡测出对应的灯珠两端电压 U_2。

(7) 仿上述步骤(5)和(6)的方法，使灯珠亮度最暗，此时，控制角 α_3 最大（导通角最小）。测量控制角 α_3、灯珠两端电压 U_3。

将上述观察到的现象、波形、测量的数据等实验结果记录到自拟表格中。

【成果导向教学设计】

知识:

(1) 基础知识:单向可控硅的导通与关断特性。

(2) 测量原理:改变导通角控制输出电压。

(3) 新技术:单向可控硅的调光、调功原理。

能力:

(1) 测量仪器的使用:FB715-Ⅲ型实验装置的使用。

(2) 实验总结:能建立数据与结果的关联;撰写完整的实验报告。

(3) 安全实验;公民素质(个人能力、团队协作能力)(潜移默化地培养)。

【实验报告要求】

(1) 总结单向可控硅导通、关断的条件。

(2) 画出调光电路中 u_A、u_B、u_g、u_{R_L} 的波形图,解释控制角 α、导通角 θ 的含义,并说明调光原理。

(3) 用可控硅调光实验测量的数据,计算不同的控制角对应的输出电压平均值 $\overline{U}_{R_{L1}}$、$\overline{U}_{R_{L2}}$、$\overline{U}_{R_{L3}}$,并分别与万用表测量的实际电压值 U_1、U_2、U_3 比较,求出相对不确定度,分析产生误差的原因。

(4) 如果将图 3-9-3 所示电路应用到电风扇调速中,能否将电风扇直接连接到负载 R_L 的位置?电风扇应该怎样连接到电路中才能正常工作?画出电路图,说明原理。

(5) 除本实验外,列举单向可控硅的其他应用实例。

(6) 查找相关资料,给出用双向可控硅(BCR、TRIAC)作为控制元件组成的调光电路,并说明与单向可控硅的主要区别。

【参考资料】

[1] 广西科技大学大学物理实验教学网站.

实验 3-10 万用电表组装实验

【实验目的】

(1) 了解万用电表电路原理和基本结构。

(2) 组装具有电压、电流、电阻测量功能的万用电表。

【实验仪器】

九孔实验板、稳压电源、滑线变阻器、数字万用表、固定电阻盒、四盘电阻箱盒、四盘十进电阻箱盒、微安表头、扭子开关盒、电位器盒、1 号干电池、短路片、连接专用导线。

【实验原理】

表头的量程 I_g 很小,一般只能测量微安级或几个毫安的电流。把表头改装成电流表的目的是为了扩大它的量程。把只能测量最大电流为 I_g 的表头扩大 n 倍(一般 n 取整数),就能改装为能测量最大电流为 nI_g 的电流表,其改装方法是在表头两端并联上一个分流电阻。

表头的满刻度电压 $U_g = I_g R_g$,一般只有零点几伏或更小。为了测量较大电压,则需要在表头上串联一只分压电阻。

同理,表头也可以改装成各种量程的欧姆表。

【实验内容与步骤】

(1) 把灵敏度为 100 μA 的表头改装成 0.5 mA 和 1 mA 量程的电流表。

(2) 把满量程为 0.5 mA 的表头改装成 1 V 和 5 V 量程的电压表。

(3) 把满量程为 0.5 mA 的表头改装成欧姆表,并对表面刻度进行定标。

按照实验线路图 3-10-1 自拟实验步骤。

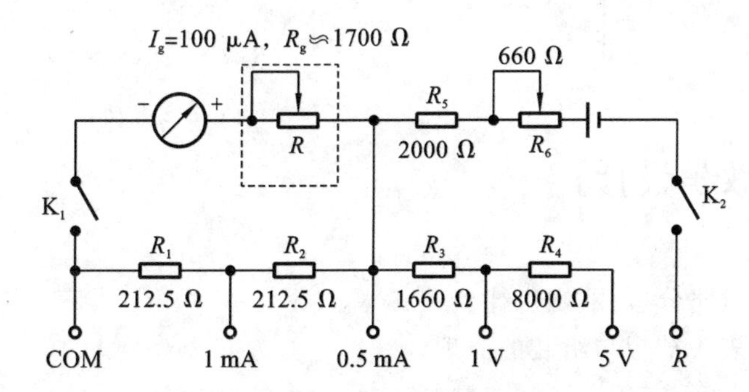

图 3-10-1　万用电表组装实验参考线路图(欧姆表中值电阻为 3000 Ω)

(1) 实验参考线路图 3-10-1 中所标注的分流与分压电阻 $R_1 \sim R_6$ 是把表头的参数作为已知条件进行计算得到的($I_g = 100$ μA,$R_g = 1700$ Ω),而实际使用的表头灵敏度与内阻一般不可能正好是这一数值,所以图中数值只能作为实验时的一个参考,实际上使用的表头参数,由于批次不同,可能会有较大的差别,因此在实验开始时,首先需要测定表头的实际参数 I_g,R_g。

(2) 在确定表头灵敏度和表头内阻的情况下,可以考虑串联可变电阻的方法把表头内阻修正为略大于 R_g 的某一整数(比如 $R_g' = 2000$ Ω),这样一来将会给电表改装的后续工作带来方便。

(3) 用实验室提供的标准表对改装表进行校准。

【数据记录处理】

(1) 把测量数据记入表 3-10-1、表 3-10-2 和表 3-10-3。

表 3-10-1　电流表校准数据记录表

标准表 I_S					
改装表 I_X					
修正值 ΔI_X					

表 3-10-2　电压表校准数据记录表

标准表 U_S					
改装表 U_X					
修正值 ΔU_X					

表 3-10-3 改装欧姆表标定表

标准电阻 R_S					
改装表 R_X					
修正值 ΔR_X					

(2) 作出各改装表的校准曲线。

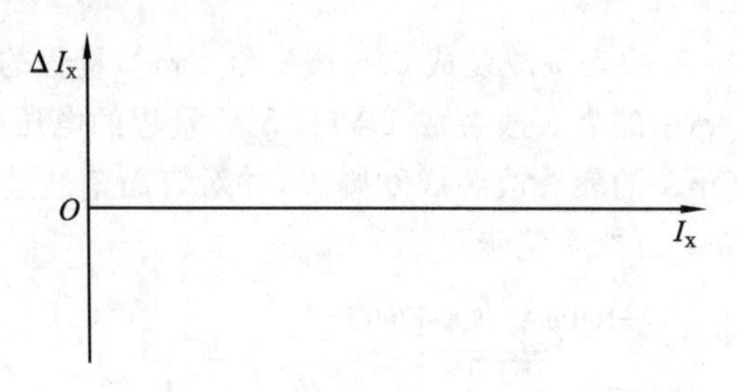

【成果导向教学设计】

知识:

(1) 基础知识:电路分析;欧姆定律。

(2) 测量原理:表头扩程与组装的原理。

能力:

(1) 测量仪器的使用:FB715-Ⅲ型物理实验装置的使用。

(2) 实验总结:能建立数据与结果的关联;撰写完整的实验报告。

(3) 安全实验;公民素质(个人能力、团队协作能力)(潜移默化地培养)。

【实验报告】

(1) 写明本实验的目的和意义。

(2) 阐明实验的基本原理、设计思路。

(3) 记录实验的全过程,包括实验步骤、实验图示、实验现象等。

(4) 分析实验现象,讨论实验中出现的各种问题。

【参考资料】

[1] 广西科技大学大学物理实验教学网站.

实验 3-11 用感应法测量螺线管磁场

空间某点的磁感应强度,从理论上讲,都可以用毕奥-萨伐尔定律计算出来。但是,在很多情况下磁场的分布和计算都很复杂。因此,常常用实验的方法测量磁场。测量磁场的方法有多种,如冲击电流计法、霍尔效应法、核磁共振法等。本实验用感应法测量螺线管的磁场,它具有测量原理简单、测量方法简便以及测试灵敏度较高等优点。

【实验目的】

(1) 掌握用感应法测量磁场的原理。

(2) 通过实验测量，了解螺线管轴线上磁感应强度的分布规律。

【实验仪器】

FB526型磁场测量与描绘实验仪(见图3-11-4)。

【实验原理】

1. 用感应法测量磁感应强度

在交变磁场中放入一较小的探测线圈 T，其法线方向与磁感应强度 $\boldsymbol{B}$ 之间的夹角为 θ，如图3-11-1所示。T 的面积和匝数分别为 S 和 N，则通过 T 的磁通量为

$$\Phi = B_m S\cos\theta\sin\omega t$$

由法拉第定律可知，T 内将产生感应电动势，其大小为

$$\mathscr{E} = N\left|\frac{d\Phi}{dt}\right| = (NS\omega B_m\cos\theta)\cos\omega t = \mathscr{E}_m\cos\omega t \quad (3\text{-}11\text{-}1)$$

感应电动势可用交流电压表测量，所测得的为有效值 $\mathscr{E}_e$，即

$$\mathscr{E}_e = \frac{\mathscr{E}_m}{\sqrt{2}} = \frac{1}{\sqrt{2}}NS\omega B_m\cos\theta = NS\omega B_e\cos\theta$$

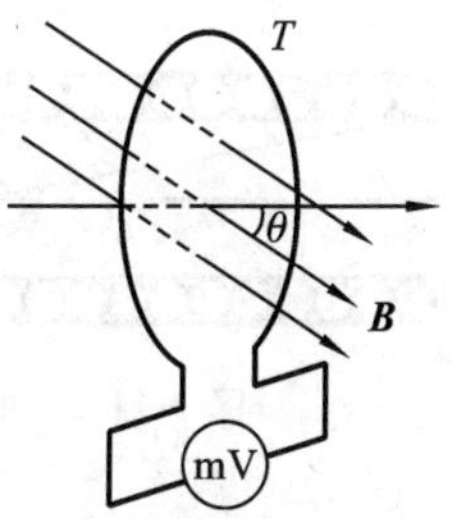

T

B

mV

图 3-11-1　探测线圈示意图

故

$$B_e = \frac{\mathscr{E}_e}{NS\omega\cos\theta}$$

式中，B_e 为有效值。若取 $\theta=0°$，则

$$B_0 = \frac{\mathscr{E}_e}{NS\omega} \quad 或 \quad B_0 = \frac{\mathscr{E}_e}{2\pi NSf} \qquad (3\text{-}11\text{-}2)$$

其中 f 为交变频率。实际测量中，只要在待测点缓慢摆动线圈 T，使线圈法线方向与磁力线方向平行，交流电压表读出的最大值即为电压有效值 $\mathscr{E}_e$。

注意：实验中由于磁场的不均匀性，探测线圈又不可能做的很小，否则会影响测量灵敏度。一般设计的线圈长度 L 和外径 D 有 $L=\frac{2}{3}D$ 的关系，线圈的内径 d 与外径 D 有 $d\leqslant\frac{D}{3}$ 的关系。经过理论计算，线圈在磁场中的等效面积可用下式表示：

$$S = \frac{13}{108}\pi D^2$$

这样线圈测得的平均磁感强度可以近似看成是线圈中心点的磁感应强度。

2. 用毕奥-萨伐尔定律计算磁感应强度

如图3-11-2所示，设螺线管长度为 L，半径为 r_0，有 N' 匝线圈，通以电流 I，空气的磁导率为 μ，取轴线上一点 P，它距中心 O 的距离为 x，P 到螺线管两边缘的连线的夹角分别为 β_1、β_2。

由毕奥-萨伐尔定律可计算出

$$B_x = \frac{\mu N' I}{2L}(\cos\beta_1 - \cos\beta_2) \qquad (3\text{-}11\text{-}3)$$

在中心 O 处

$$\cos\beta_1 = -\cos\beta_2 = \frac{L/2}{\sqrt{(L/2)^2 + r_0^2}}$$

故
$$B_0 = \frac{\mu N' I}{\sqrt{L^2 + 4r_0^2}} \tag{3-11-4}$$

若通过的是交变电流，则 B 也是交变的，测出的有效值也满足上面的两个公式，即

$$B_x = \frac{\mu N' I_e}{2L}(\cos\beta_1 - \cos\beta_2) \tag{3-11-5}$$

$$B_{0x} = \frac{\mu N' I_e}{\sqrt{L^2 + 4r_0^2}} \tag{3-11-6}$$

根据式(3-11-3)可绘出中心轴线上磁感应强度的分布曲线形状，如图 3-11-3 所示。

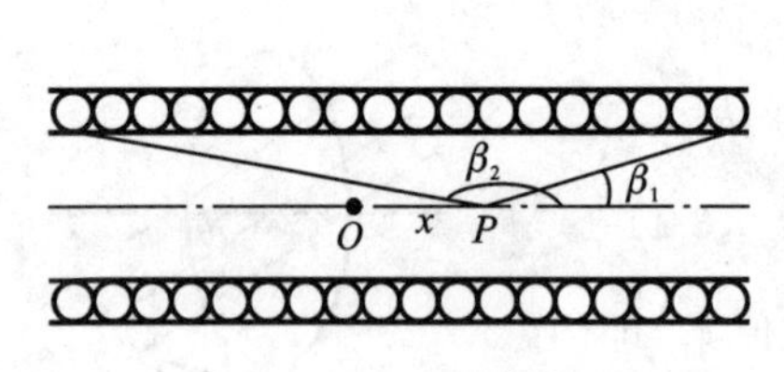

图 3-11-2　螺线管

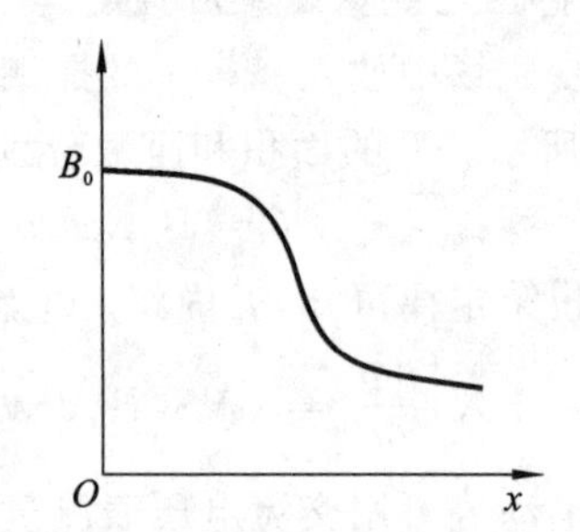

图 3-11-3　螺线管轴线上磁感应强度分布

【实验内容与步骤】

1. 测量并比较螺线管中心 O 点的磁感应强度

(1) 用连接线把螺线管接入 15 V 的交流电源，把探测线圈的三芯插头插入仪器面板上的插座，打开仪器的电源总开关，预热 10 min。

(2) 从数字电流表中读取螺线管的励磁电流值，记入表格 3-11-1。

(3) 将探头(探测线圈)放在中心 O 点，测量其感应电动势。注意缓慢摆动探头，读取最大感应电动势 $\mathscr{E}_m$，记入表格 3-11-1。

(4) 分别将输入电压改变为 18 V、24 V，重复步骤(2)、(3)。

2. 测量螺线管轴线上各点的磁感应强度

(1) 取输入信号电压为 24 V。

(2) 将探测线圈置于轴线中心点 O，缓缓摆动探测线圈，测出最大感应电动势 $\mathscr{E}_m$。

(3) 沿轴线向右缓慢移动探测线圈，每隔 1 cm 依次测出 $\mathscr{E}_{e1}$、$\mathscr{E}_{e2}$、…，$\mathscr{E}_{en}$，将数据依次填入表格。(注意摆动探测线圈，测出最大感应电动势)

【数据记录及处理】

(1) 对于实验内容 1，将实验数据填入表 3-11-1。根据式(3-11-2)、式(3-11-6)，分别计算螺线管中心点的磁感应强度的实测值和理论值，并将两者作比较，求出相对不确定度：

$$U_r = \frac{|B_{0测} - B_{0理}|}{B_{0理}} \times 100\%$$

表 3-11-1　数据记录、处理参考表

U/V	15	18	24
I/mA			
$\mathscr{E}_m$/mV			
$B_{0理}$/T			
$B_{0测}$/T			
U_r			

(2) 对于实验内容2，将实验数据填入表3-11-2。根据式(3-11-2)，计算出螺线管轴线上各点磁感应强度的实测值 $\bar{B}_{ex}$，在坐标纸上绘出 B_{ex}-x 曲线，了解螺线管轴线上磁感应强度的分布情况。

表 3-11-2　数据记录、处理参考表

x/cm	0.00	1.00	2.00	…	10.00	11.00	12.00
$\mathscr{E}_{ex}$/mV				…			
B_{ex}				…			

【注意事项】

用探头(探测线圈)测量其感应电动势时，务必注意缓慢摆动探头，使探头截面法线方向与线圈轴线严格重合，以测量出其感应电动势的极大值 $\mathscr{E}_m$。

【成果导向教学设计】

知识：

(1) 基础知识：磁感应强度、毕奥-萨伐尔定律、法拉第电磁感应定律。

(2) 测量原理：感应法测量磁场的原理。

(3) 新技术：探测线圈的法线方向与磁感应强度方向夹角调节，作图法的工作原理。

能力：

(1) 测量仪器的使用：磁场测量与描绘实验仪的使用。

(2) 实验总结：能建立数据与结果的关联；撰写完整的实验报告。

(3) 安全实验；公民素质(个人能力、团队协作能力)(潜移默化地培养)。

【实验报告】

(1) 写明本实验的目的和意义。

(2) 阐明实验的基本原理、实验思路。

(3) 记录实验的全过程，包括实验步骤、实验图示、实验现象等。

(4) 分析实验现象，讨论实验中出现的各种问题。

(5) 说明感应法还有哪些应用。

【拓展研究】

1. 思考题

(1) 测量时为什么要缓慢摆动探测线圈 T?

(2) 本实验中存在哪些影响实验结果的系统误差?

2. 学习收获

(1) 从能力的培养、学习要点中选一个角度,谈谈你的收获。

(2) 给出测量磁场的其他方法。

【参考资料】

[1] 吴泳华,霍剑青,熊永红.大学物理实验(第一册)[M].北京:高等教育出版社,2001.

[2] 王惠棣,任隆良,谷晋骐,等.物理实验[M].修订版.天津:天津大学出版社,1997.

【附录】

FB526 型磁场测量与描绘实验仪如图 3-11-4 所示。

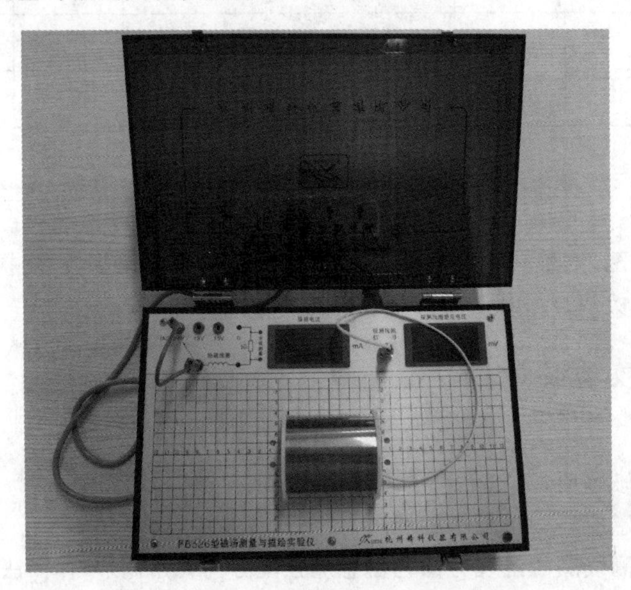

图 3-11-4　FB526 型磁场测量与描绘实验仪

本仪器的有关参数如下。

螺线管线圈:直径 $D=0.061$ m,$L=0.080$ m,$N'=2700$ 匝。

探测线圈:直径 $D=0.012$ m,$N=800$ 匝,面积 $S=\frac{13}{108}\pi D^2$。

空气的磁导率:$\mu\approx\mu_0=12.566\times10^{-7}$ H/m。

实验 3-12　综合光学实验平台——夫琅禾费单缝衍射、圆孔衍射综合实验

光的衍射现象是光的波动性的重要表现,并在生活中有实际的应用,如测量细缝的宽度、

细丝的直径、小圆孔的直径等。单缝、单丝、小孔衍射实验是高校理工科专业基本的光学实验。本实验要求通过观察单缝、圆孔夫琅禾费衍射现象，以及缝宽、孔径变化对衍射的影响，加深对光的衍射现象的理解和掌握，并进行相应的测量。

【实验目的】

(1) 使用实验室提供的光学综合实验平台，选择合适的实验器材研究单缝、圆孔夫琅禾费衍射现象。

(2) 测量单缝缝宽或小圆孔直径。

【实验室提供的备选器材】

光学综合实验平台，包括以下器材：

(1) 光源类，如白炽灯光源、可调钠汞双灯光源、氦氖激光器等；(2) 可调狭缝；(3) 圆孔；(4) 可调光栏；(5) 各种光栅；(6) 各类底座(包括二维、三维可调底座)；(7) 测微目镜 $F=43$ mm；(8) 光屏；(9) 各种透镜($F=20$ mm，40 mm，60 mm，100 mm，200 mm，250 mm，270 mm)。

【实验原理】

1. 衍射的基础知识

(1) 光的衍射

光在传播路径中遇到障碍物时，能绕过障碍物边缘而进入几何阴影传播，并且产生强弱不均的光强分布，这种现象称为光的衍射，如图 3-12-1 所示。

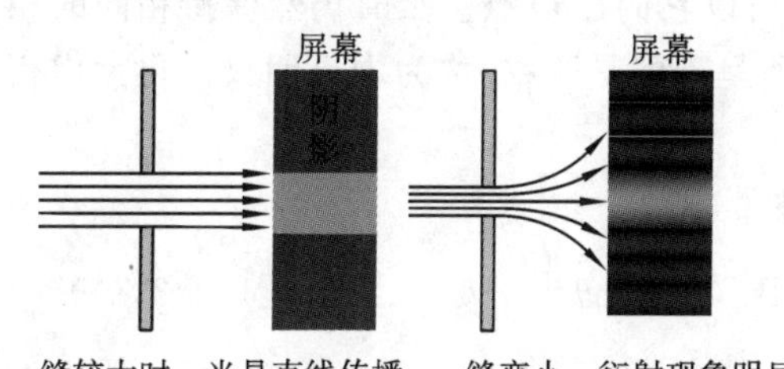

图 3-12-1　光的直线传播与光的衍射现象

(2) 光的衍射分类

光的衍射实验装置主要由光源、衍射元件和观察屏等在光学平台上组装而成。依据光路中的三要素即光源、衍射元件和观察屏间的距离大小，将光的衍射效应大致分成两种典型的光衍射图样。当光源和接收屏幕距离衍射屏有限远时，这种衍射称为菲涅耳衍射；当光源和接收屏幕都距离衍射屏无穷远时，这种衍射称为夫琅禾费衍射。为了满足夫琅禾费衍射的条件，必须将衍射屏放置在两个透镜之间，实验中，如采用激光器作为光源，则由于激光束平行度较佳，即光的发散角很小，光源与衍射元件间可省略透镜。图 3-12-2 为菲涅耳衍射与夫琅禾费衍射。

2. 夫琅禾费单缝衍射、单缝宽度的计算及单丝直径的计算

设平行光(点光源发出的光经透镜后可获得平行光)照射到缝宽为 b 的单缝上，如图 3-12-3所示，则在屏 P 上产生明暗相间的衍射条纹。

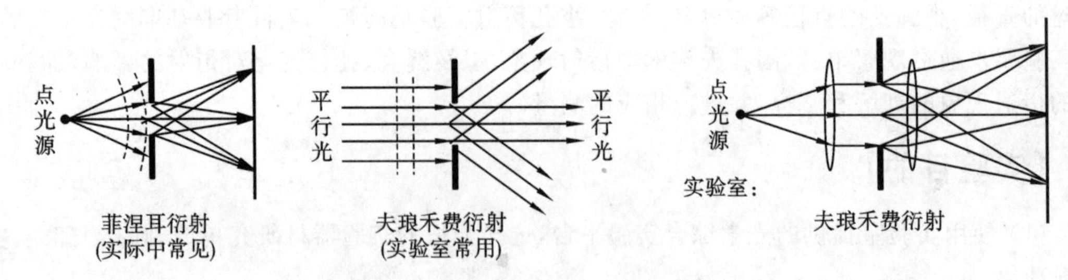

图 3-12-2　菲涅耳衍射与夫琅禾费衍射

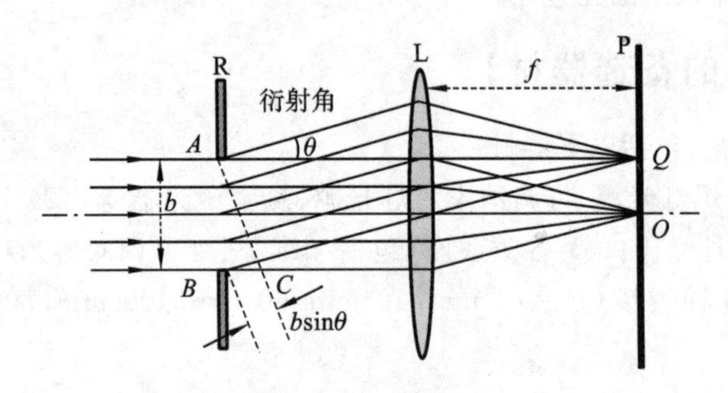

图 3-12-3　夫琅禾费单缝衍射

单缝衍射可以用半波带法进行分析,如图 3-12-4 所示,AB 为单缝的截面,缝宽为 b,设平面单色光垂直射入单缝,按照惠更斯-菲涅耳原理,AB 上的各点都可以看成是子波波源,它们发出的子波到达空间某处时,会叠加产生干涉。首先考虑沿入射方向传播的各子波波线,它们经过透镜会聚于焦点 O,由于 AB 是同相位面,所以这些子波的相位是相同的,它们经过透镜后不会引起附加的光程差,所以它们在 O 点会聚时仍然保持相同的相位,因而相互加强,这样正对狭缝中心的屏幕 O 处所呈现的是明纹,称为中央明纹。再考虑衍射角为 θ 时光照射到屏上的 Q 点。

设 BC 可分为 k 个半波带,即

$$BC = b\sin\theta = \pm k\frac{\lambda}{2} \quad (k = 1,2,3,\cdots) \tag{3-12-1}$$

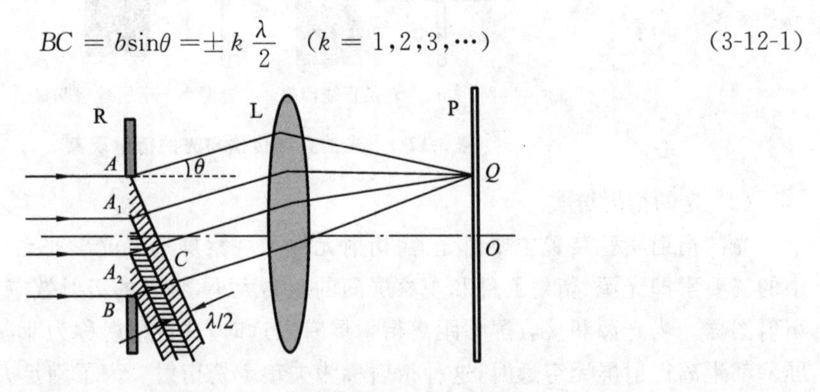

图 3-12-4　半波带法

Q 点处的明或暗取决于最大光程差 BC。如果 BC 恰好是 $\lambda/2$ 的偶数倍,则单缝处波面分为偶数个半波带,由于相邻两半波带的对应点上发出的光线的光程差均为 $\lambda/2$,彼此干涉相消,这样一对对相邻半波带发出的光都分别在 Q 点相互干涉抵消,所以 Q 点是暗条纹中心。如果 BC 恰好是 $\lambda/2$ 的奇数倍,则单缝处波面分为奇数个半波带,那么一对对相邻半波带发出的光分别在 Q 点相互干涉抵消后,还剩下一个半波带发出的光到达 Q 点,这时 Q 点应是明条

纹中心。如果 BC 不能恰好被 $\lambda/2$ 所平分，即对于任意衍射角 θ，BC 不能恰好分成整数个半波带，则 Q 点的光强介于最明和最暗之间。

综上所述，当平行光垂直于单缝入射时，单缝夫琅禾费衍射的明暗纹条件为

$$\begin{cases} b\sin\theta = 0 & \text{中央明纹中心} \\ b\sin\theta = \pm 2k\dfrac{\lambda}{2} = \pm k\lambda & \text{干涉相消(暗纹)}\quad (2k\text{ 个半波带}) \\ b\sin\theta = \pm (2k+1)\dfrac{\lambda}{2} & \text{干涉加强(明纹)}\quad (2k+1\text{ 个半波带}) \\ b\sin\theta \neq k\dfrac{\lambda}{2} & \text{(介于明暗之间)}\quad (k=1,2,3,\cdots) \end{cases} \tag{3-12-2}$$

(1) 第一暗纹距中心的距离

如图 3-12-5 所示，由于 θ 很小，故

$$\sin\theta \approx \theta,\quad x = \theta f,\quad b\sin\theta \approx b\frac{x}{f}$$

对于第一级暗纹，有

$$b\sin\theta = \lambda$$

所以

$$x_1 = \theta f = \frac{\lambda}{b} f \tag{3-12-3}$$

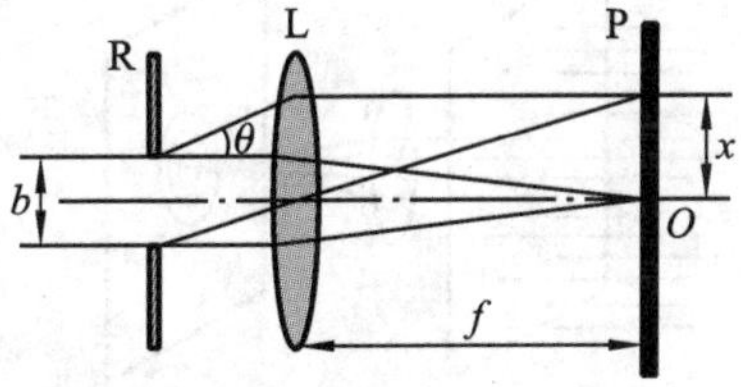

图 3-12-5　第一暗纹距中心的距离的计算

(2) 第一暗纹的衍射角

$$\theta_1 = \arcsin\frac{\lambda}{b} \tag{3-12-4}$$

① λ 一定 $\begin{cases} b\text{ 增大},\theta_1\text{ 减小} & \text{(光直线传播)} \\ b\text{ 减小},\theta_1\text{ 增大}\quad b\Rightarrow\lambda,\theta_1\Rightarrow\dfrac{\pi}{2} & \text{(衍射最大)} \end{cases}$

② b 一定，λ 越大，θ_1 越大，衍射效应越明显。

(3) 条纹宽度(相邻条纹间距)

$$\begin{cases} b\sin\theta = \pm 2k\dfrac{\lambda}{2} = \pm k\lambda & \text{干涉相消(暗纹)} \\ b\sin\theta = \pm (2k+1)\dfrac{\lambda}{2} & \text{干涉加强(明纹)} \end{cases}$$

$$l = \theta_{k+1} f - \theta_k f = \frac{\lambda f}{b} \tag{3-12-5}$$

即除了中央明纹外的其他明纹、暗纹的宽度均相等。

(4) 中央明条纹宽度($k=1$ 的两暗纹间距)

角范围 $-\dfrac{\lambda}{b} < \sin\theta < \dfrac{\lambda}{b}$，线范围 $-\dfrac{\lambda}{b} < x < \dfrac{\lambda}{b} f$。

中央明纹的宽度

$$l_0 = 2x_1 \approx 2\frac{\lambda}{b} f \tag{3-12-6}$$

由此可得单缝的宽度 b 为

$$b = \frac{\lambda}{x_1} f = \frac{2\lambda}{x_0} f \tag{3-12-7}$$

式中，x_0 为中央明条纹宽度，f 为透镜焦距，由此式可测得单缝宽度 b。

根据巴比涅互补原理,单丝的衍射图样与其互补的单缝的衍射图一样,同理可根据式(3-12-7),计算出单丝的直径。

3. 圆孔衍射、光学仪器分辨率

光通过小圆孔时,也会产生衍射现象,如图 3-12-6(a)所示。当单色平行光垂直照射小圆孔时,在透镜 L 的焦平面处的屏幕 P 上将出现中央为亮圆斑,周围为明、暗交替的环形衍射图样,如图 3-12-6(b)所示,中央光斑较亮,称为艾里斑。

(1) 圆孔(圆屏)直径的测量

如图 3-12-6(c)所示,设艾里斑的直径为 d,圆孔直径为 D,透镜焦距为 f,艾里斑对透镜光心的张角为 2θ,单色光波长为 λ,在满足夫琅禾费衍射的条件下得

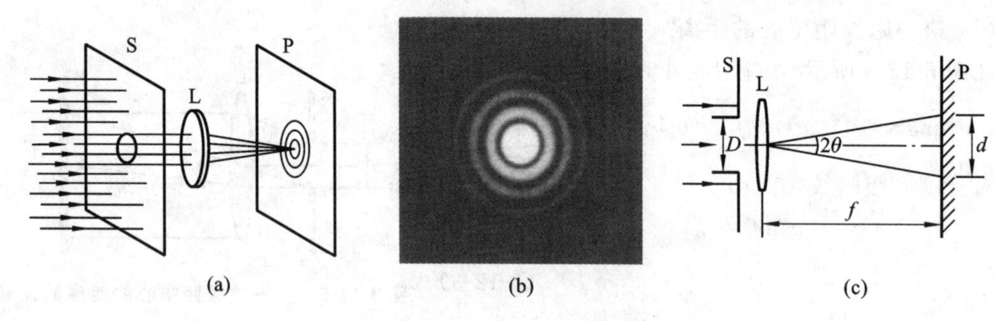

图 3-12-6　圆孔衍射与艾里斑

(a) 圆孔衍射;(b) 衍射图样;(c) 艾里斑对透镜光心的张角与圆孔直径、单色光波长的关系

$$2\theta=\frac{d}{\lambda}=2.44\,\frac{\lambda}{D} \tag{3-12-8}$$

$$D=\frac{2.44\lambda}{2\theta} \tag{3-12-9}$$

根据式(3-12-9),在已知单色光波长的情况下,只要测出艾里斑对透镜光心的张角 2θ,即可计算出小圆孔的直径。

根据巴比涅互补原理,圆屏的衍射图样与其互补的圆孔的衍射图一样,同理可根据式(3-12-9)计算出圆屏的直径。

(2) 光学仪器分辨率

光学仪器中的透镜、光阑等都相当于一个透光的小圆孔,从几何学的观点来说,物体通过光学仪器成像时,每一物点有一对应的像点,但由于光的衍射,像点已不是一个几何的点,而是有一定大小的艾里斑。对于两个相距很近的物点,其相对应的两个艾里斑就会互相重叠甚至无法分辨出两个物点的像,亦即光的衍射现象使光学仪器的分辨能力受到了限制。

图 3-12-7(b)中,两点光源 S_1 和 S_2 的距离恰好使两个艾里斑中心的距离等于每一个艾里斑的半径,两衍射图样重叠部分的中心处的光强,约为单个衍射图样的中央最大光强的 80%,两物点刚好能被人眼或光学仪器所分辨,此时两物点 S_1 和 S_2 对透镜光心的张角 θ_0 叫做最小分辨角,由式(3-12-9)得

$$\theta_0=\frac{1.22\lambda}{D} \tag{3-12-10}$$

图 3-12-7(a)中,$\theta>\theta_0$,两衍射图样虽有部分重叠,但重叠部分的光强较艾里斑的中心处的光强要小,因此,两物点的像能够分辨清楚。

图 3-12-7(c)中,$\theta<\theta_0$,两个衍射图样完全重叠而混为一体,两物点无法分辨出来。

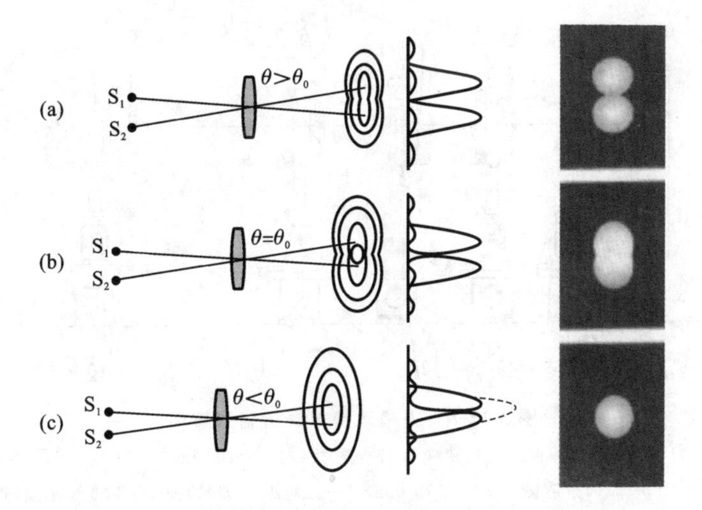

图 3-12-7　光学仪器的分辨本领

(a) 能分辨；(b) 恰能分辨；(c) 不能分辨

最小分辨角的倒数称为光学仪器的分辨率：

$$\frac{1}{\theta_0}=\left[1.22\frac{\lambda}{D}\right]^{-1} \tag{3-12-11}$$

可见，要提高光学仪器的分辨率，可以通过以下方法来实现：

(1) 增大孔径 D(天文、摄影)；

(2) 用紫光或紫外线作光源(即减小波长)。

【实验内容】

(1) 观察单缝、圆孔的衍射图样。

(2) 测量细缝的宽度。

(3) 测量圆孔衍射与光学仪器分辨能力(选做)。

【实验步骤】

1. 测量细缝宽度

(1) 从光学综合实验平台中选取 1～14 的实验装置，按图 3-12-8 所示沿实验台面的米尺边组装并调节成共轴光路。

(2) 使狭缝 S_1 靠近钠灯，位于透镜 L_1 的焦平面上，通过透镜 L_1 形成平行光束，垂直照射狭缝 S_2，用透镜 L_2 将衍射光束汇聚到测微目镜的分划板，调节狭缝至铅直，并使分划板的毫米刻线与衍射条纹平行，S_1 的缝宽小于 0.1 mm(兼顾衍射条纹清晰与视场光强)。

(3) 用便携式读数显微镜测量中央明条纹宽度 x_0，连同已知的 λ 和 f 值代入下式：

$$b=\frac{\lambda}{x_1}f=\frac{2\lambda}{x_0}f$$

可算出缝宽 b。

(4) 用显微镜直接测量缝宽，与上一步的结果作比较。

(5) 用便携式读数显微镜可验证中央极大宽度是次极大宽度的两倍。

2. 测量圆孔直径(选做)

(1) 从光学综合实验平台中选取 1～9 的实验装置，按图 3-12-9 所示沿实验台面的米尺边

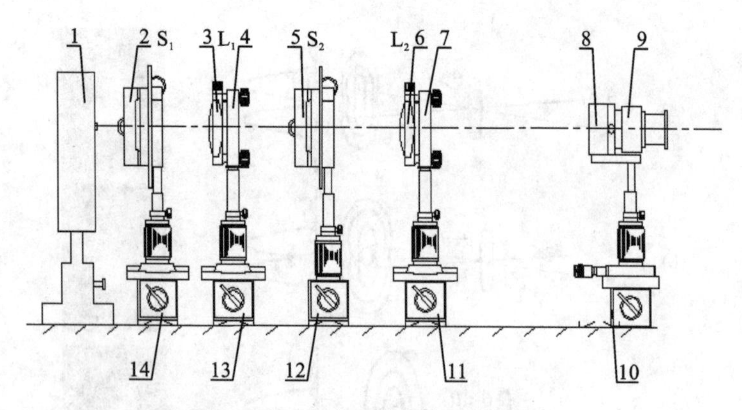

图 3-12-8　夫琅禾费单缝衍射装置图

1—钠灯；2—YZ-12 单面可旋转狭缝 S_1；3—透镜 L_1($f'=200$ mm)；4—二维架(YZ-01)；5—狭缝 S_2(YZ-12)；6—透镜 L_2($f'=270$ mm)；7—二维架(YZ-01)；8—YZ-03 X 轴旋转二维架；9—便携式读数显微镜；10—三维平移底座(YZ-c)；11—二维平移底座(YZ-b)；12—升降调节座(YZ-c)；13—二维平移底座(YZ-b)；14—二维平移底座(YZ-b)

组装并调节成共轴光路，调节出圆孔衍射条纹。

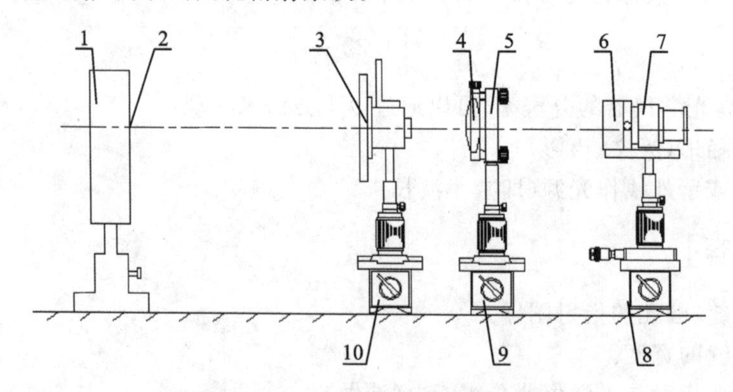

图 3-12-9　夫琅禾费圆孔衍射装置图

1—钠灯；2—YZ-16 可变光栏；3—透镜($f'=60$ mm)；4—二维调节架(YZ-01)；5—YZ-02 可变口径二维架；6—读数显微镜；7—三维平移底座(YZ-c)；8—二维平移底座(YZ-b)；9—二维平移底座(YZ-b)；10—二维平移底座(YZ-b)

(2) 测出艾里斑的半径 r，连同已知的 λ 和 f 值代入下式，便可计算出圆孔直径。

$$D=\frac{2.44\lambda}{2\theta}=\frac{1.22\lambda f}{r}$$

【成果导向教学设计】

知识：

(1) 基础知识：光的衍射；衍射的分类；夫琅禾费单缝衍射、圆孔衍射的理论知识。

(2) 测量原理：利用夫琅禾费单缝衍射测量细缝宽度的实验原理。

(3) 利用夫琅禾费圆孔衍射测量圆孔直径的实验原理。

能力：

(1) 实验研究能力：能根据夫琅禾费衍射基础知识及实验室提供的实验平台，选择合适的器材，研究出测量细缝宽度或圆孔直径的实验方案，并完成实验。

(2) 实验总结:能建立数据与结果的关联;撰写完整的实验报告。

(3) 安全实验;公民素质(个人能力、团队协作能力)(潜移默化地培养)

【实验报告】

(1) 阐明实验目的或实验任务。

(2) 记录所选用的实验器材。

(3) 阐明测细缝宽度或圆孔直径的基本原理(包括测量公式的推导)。

(4) 记录实验的全过程,包括实验步骤、实验图示、各种实验现象和实验数据等。

(5) 通过数据处理,建立实验数据与实验结果的关联,给出测量结果。

(6) 分析实验结果,讨论设计中出现的各种问题,分析误差原因,提出改进意见。

(7) 列出实际为你提供帮助的参考资料。

【拓展研究】

(1) 如果入射光是复合光,将会看到什么现象?

(2) 如何利用夫琅禾费单丝衍射测量细丝直径?

【参考资料】

[1] 仪器使用说明书(综合实验平台使用说明书中的关于"夫琅禾费单缝衍射、夫琅禾费圆孔衍射"使用说明).

[2] 广西科技大学大学物理实验教学网站.

[3] 李学慧. 大学物理实验[M]. 北京:高等教育出版社,2005.

[4] 倪新蕾. 大学物理实验[M]. 广州:华南理工大学出版社,2006.

[5] 东南大学等七所工科院校. 物理学(下册)[M]. 马文蔚,解希顺,周雨青,改编. 5 版. 北京:高等教育出版社,2006.

实验 3-13　太阳能电池基本特性测量

太阳能的利用和太阳能电池特性研究是 21 世纪新型能源开发的重点课题。太阳能是一种清洁、"绿色"能源,以其环保、节能、高利用率为大众所广泛使用。目前硅太阳能电池应用领域除人造卫星和宇宙飞船外,已应用于许多民用领域:如太阳能汽车、太阳能游艇、太阳能收音机、太阳能路灯、太阳能热水器等。

太阳能是人类一种最重要可再生能源,地球上几乎所有能源如生物质能、风能、水能等都来自太阳能。利用太阳能发电方式有两种:一种是光—热—电转换方式,另一种是光—电直接转换方式。其中,光—电直接转换方式是利用半导体器件的光伏效应进行光电转换的,称为太阳能光伏技术,而光—电转换的基本装置就是太阳能电池。

本实验的目的主要是探讨太阳能电池的基本特性,太阳能电池能够吸收光的能量,并将所吸收的光子能量转换为电能。

【实验目的】

(1) 了解太阳能电池的基本结构和基本原理。

(2) 理解太阳能电池的基本特性和主要参数,掌握测量太阳能电池的基本特性和主要参数的基本原理和基本方法。

(3) 测定太阳能电池的开路电压、短路电流、填充因子等主要的基本参数,分析太阳能电池的伏安特性和光照特性。

【实验仪器】

太阳能电池基本测定仪实验装置图如图 3-13-1 和图 3-13-2 所示,主要包括射灯形白炽灯光源(40 W)、光具座及滑块座、具有引出接线的带暗盒的太阳能电池、光探测器、光功率计(带 3 V 直流稳压电源)、电阻箱 1 只(自备)、数字式万用电表 1 只(自备)、导线若干等器件。

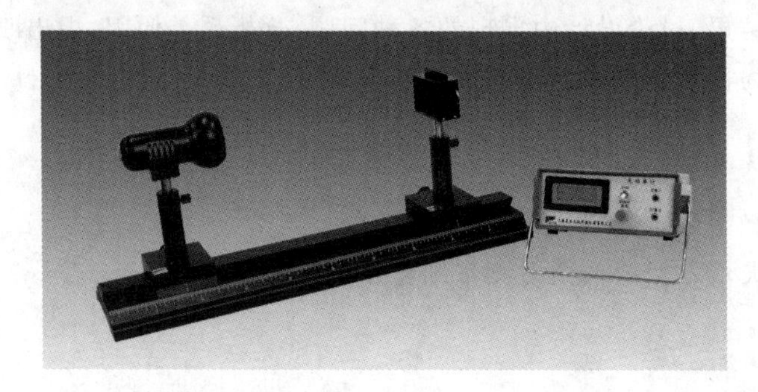

图 3-13-1　F708 型太阳能电池基本特性测定仪实物图

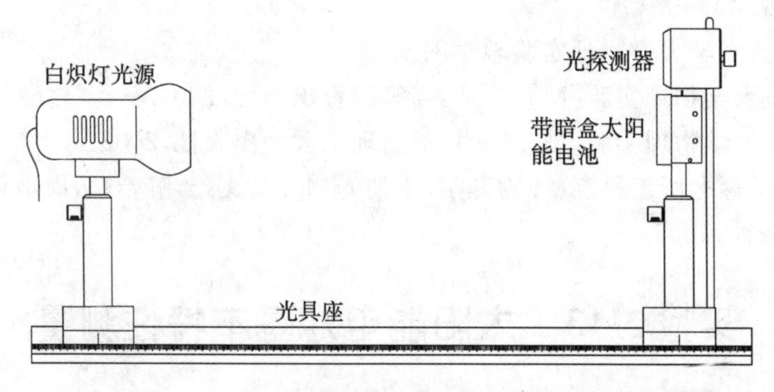

图 3-13-2　F708 型太阳能电池基本特性测定仪实验装置图

【实验原理】

1. 太阳能电池的基本结构和工作原理

太阳能电池工作原理的基础是半导体 PN 结的光生伏特效应。当光照射到半导体 PN 结上时,半导体 PN 结吸收光能后,两端产生电动势,这种现象称为光生伏特效应。由于 PN 结耗尽区存在着较强的内建静电场,因而产生在耗尽区中的电子和空穴,在内建静电场的作用下,各向相反方向运动,离开耗尽区,结果使 P 区电势升高,N 区电势降低,PN 结两端形成光生电动势,这就是半导体 PN 结的光生伏特效应。在各种半导体光电池中,硅光电池具有光谱响应范围宽、性能稳定、线性响应好、使用寿命长、转换效率高、耐高温辐射、光谱灵敏度与人眼灵敏度相近等优点,在光电技术、自动控制、计量检测、光能利用等许多领域都被广泛应用。

2. 太阳能电池的特性参数

太阳电池工作原理基于光生伏特效应。当光照射到太阳电池板时,太阳电池能够吸收光的能量，并将所吸收的光子的能量转化为电能。在没有光照时，可将太阳电池视为一个二极管，其正向偏压 U 与通过的电流 I 关系为

$$I = I_0(e^{\frac{qU}{nkT}} - 1)$$

式中：I_0 是二极管的反向饱和电流；n 称为理想系数，它是表示 PN 结特性的参数，通常为 1；K 是波尔兹曼常数；q 为电子的电荷量；T 为热力学温度。可令 $\beta = \frac{q}{nkT}$，则

$$I = I_0(e^{\beta U} - 1) \tag{3-13-1}$$

其中 I_0 和 β 是常数。

由半导体理论，二极管主要是由能隙为 $E_C - E_V$ 的半导体构成，如图 3-13-3 所示。E_C 为半导体导电带，E_V 为半导体价电带。当入射光子能量大于能隙时，光子会被半导体吸收，产生电子和空穴对。电子和空穴对会分别受到二极管之内电场的影响而产生光电流。

假设太阳能电池的理论模型是由一个理想电流源（光照产生光电流的电流源）、一个理想二极管、一个并联电阻 R_{sh} 与一个电阻 R_s 所组成，如图 3-13-4 所示。

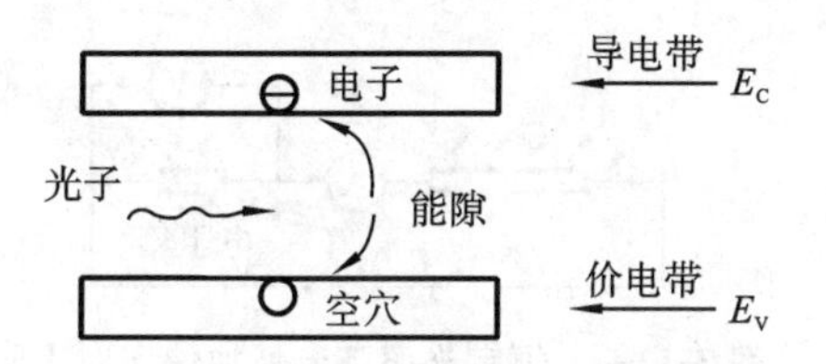

图 3-13-3　由 E_C-E_V 半导体构成的能隙

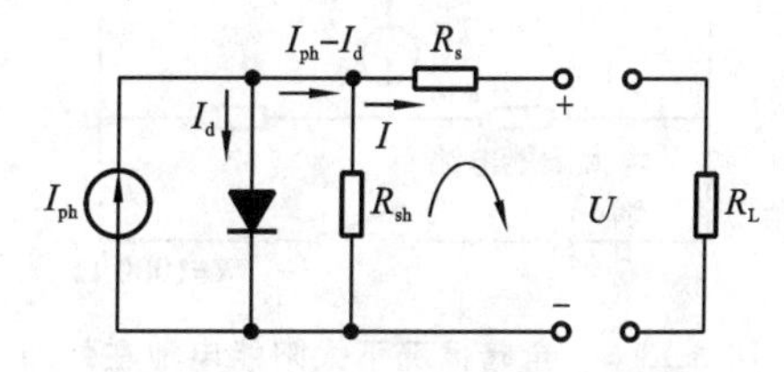

图 3-13-4　太阳能电池的理论模型

图 3-13-4 中，I_{ph} 为太阳能电池在光照时该等效电源的输出电流，I_d 为光照时通过太阳能电池内部二极管的电流。由基尔霍夫定律得

$$IR_s + U - (I_{ph} - I_d - I)R_{sh} = 0 \tag{3-13-2}$$

式(3-13-2)中，I 为太阳能电池的输出电流，U 为输出电压。由式(3-13-2)可得

$$I\left(1 + \frac{R_s}{R_{sh}}\right) = I_{ph} - \frac{U}{R_{sh}} - I_d \tag{3-13-3}$$

假定 $R_{sh} = \infty$ 和 $R_s = 0$，太阳能电池可简化为图 3-13-5 所示的电路。

这里，$I = I_{ph} - I_d = I_{ph} - I_0(e^{\beta U} - 1)$。

在短路时，$U = 0, I_{ph} = I_{sc}$；

而在开路时，$I = 0, I_{sc} - I_0(e^{\beta U_{oc}} - 1) = 0$；

因此，

$$U_{oc} = \frac{1}{\beta}\ln\left(\frac{I_{sc}}{I_0} + 1\right) \tag{3-13-4}$$

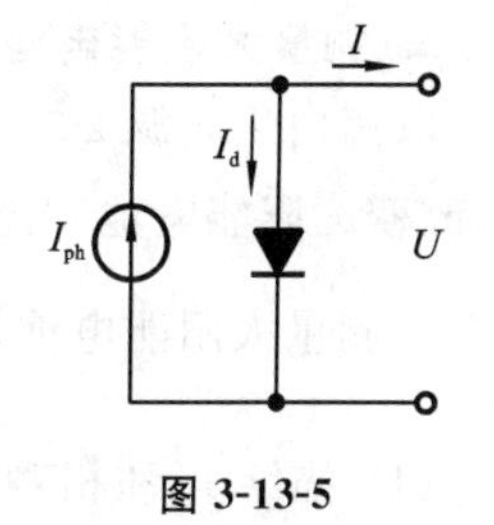

图 3-13-5

式(3-13-4)即为在 $R_{sh} = \infty$ 和 $R_s = 0$ 的情况下，太阳能电池的开路电压 U_{oc} 和短路电流 I_{sc} 的关系式，其中 U_{oc} 为开路电压，I_{sc} 为短路电流，而 I_0、β 是常数。

太阳能电池的基本技术参数除短路电流 I_{sc} 和开路电压 U_{oc} 外，还有最大的输出功率 P_m 和填充因子 FF，最大的输出功率 P_m 也就是 IU 的最大值，填充因子 FF 定义为

$$FF = \frac{P_m}{I_{sc}U_{oc}}$$

填充因子是代表太阳能电池性能优劣的一个重要参数。

【实验内容与步骤】

1. 无光源有外加偏压时测量太阳能电池的特性

在没有光源(全黑)的条件下,测量太阳能电池在正向偏压时的 I-U 特性(直流偏压从 0～3 V)。

(1) 画出测量路线图,如图 3-13-6 所示。

(2) 利用测得的正向偏压时 I-U 关系数据,画出 I-U 曲线,并用最小二乘法求得常数 β 和 I_0 的值。

2. 有白炽光照射但无外加偏压时测量太阳能电池的特性

在不加偏压时,用白炽光源照射,测量太阳能电池一些特性。注意此时光源到太阳能电池距离保持 20 cm。

(1) 画出测量线路图,如图 3-13-7 所示。

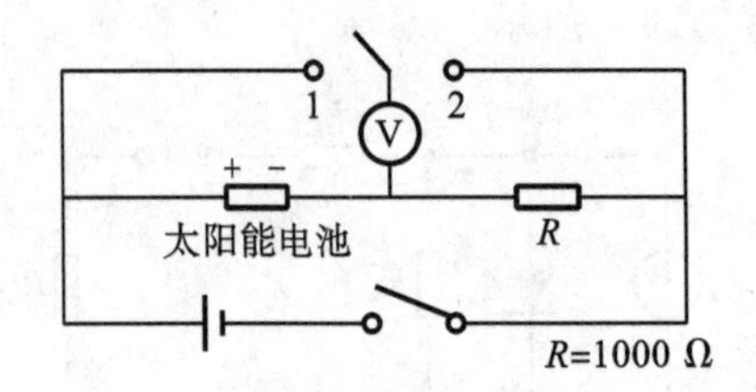

图 3-13-6　全暗情况下太阳能电池在外加偏压时伏安特性测量电路

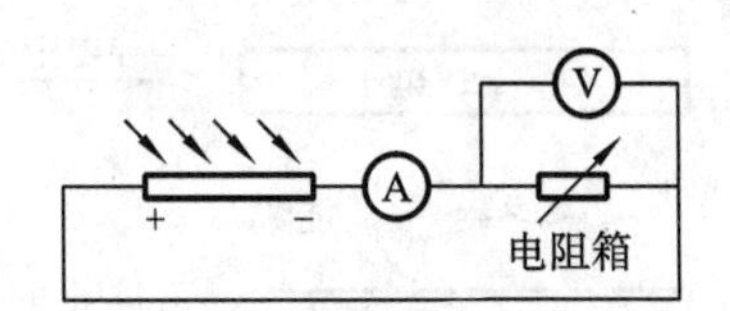

图 3-13-7　恒定光照下无外加偏压时太阳能电池输出特性测量电路

(2) 测量电池在不同负载电阻下,I 对 U 变化关系,画出 I-U 曲线图。

(3) 用外推法求短路电流 I_{sc} 和开路电压 U_{oc}。

(4) 画出 P-R 曲线图,从图上求太阳能电池的最大输出功率及最大输出功率时的负载电阻。

(5) 计算填充因子 $FF=\dfrac{P_m}{I_{sc}U_{oc}}$。

3. 测量太阳能电池的光照特性

取离白炽光源 20 cm 水平距离光强作为标准光照强度,用光功率计测量该处的光照强度 J_0;改变太阳能电池到光源的距离 x,用光功率计测量 x 处的光照强度 J,求光强 J 与位置 x 关系。测量太阳能电池接收到不同的相对光强度 $\dfrac{J}{J_0}$ 值时,相应的 I_{sc} 和 U_{oc} 的值。

(1) 描绘 I_{sc} 和相对光强度 $\dfrac{J}{J_0}$ 之间的关系曲线,求 I_{sc} 与相对光强 $\dfrac{J}{J_0}$ 之间的近似关系函数。

(2) 描绘 U_{oc} 和相对光强度 $\dfrac{J}{J_0}$ 之间的关系曲线,求 U_{oc} 与相对光强度 $\dfrac{J}{J_0}$ 之间的近似函数关系。

【成果导向教学设计】

知识:

(1) 基础知识:光生伏特效应;太阳能电池的特性参数。

(2) 测量原理:太阳能电池的工作原理。

(3) 新技术:如何提高太阳能电池的转换效率。

能力:

(1) 测量仪器的使用:太阳能电池基本测定仪、数字万用表的使用。

(2) 实验总结:用作图法处理实验数据,利用图线进行分析研究,撰写完整的实验报告。

(3) 安全实验;公民素质(个人能力、团队协作能力)(潜移默化地培养)。

【实验报告】

(1) 写明本实验的目的和意义。

(2) 阐明实验的基本原理、设计思路。

(3) 记录实验的全过程,包括实验步骤、实验现象和数据等。

(4) 用作图法分析实验数据,研究实验结果。

(5) 说明太阳能电池有哪些应用实例。

【拓展研究】

(1) 太阳能电池在使用时能否短路?普通电池能吗?为什么?

(2) 如何得出太阳能电池的最大输出功率?

(3) 测量的短路电流与光照强度不能完全成正比的原因?

(4) 填充因子的物理意义是什么?如何通过实验方法测量填充因子?

【参考资料】

[1] 杭州精科仪器有限公司. F708 型太阳能电池基本特性测定仪使用说明.

[2] 茅倾青,潘立栋,陈骏逸,等. 太阳能电池基本特性测定实验[J]. 物理实验,2004,24(11):6-8.

实验 3-14　集成电路温度传感器的特性测量

随着科技的发展,各种新型的集成电路温度传感器器件不断涌现,并被大批量生产和扩大应用。这类集成电路测温器件有以下几个优点:

(1) 温度变化引起输出量的变化呈现良好的线性关系;

(2) 不像热电偶那样需要参考点;

(3) 抗干扰能力强;

(4) 互换性好,使用简单方便。

因此,这类传感器已在科学研究、工业和家用电器温度传感器等方面被广泛使用于温度的精确测量和控制。

【实验目的】

(1) 了解温度传感器的基本特性。

(2) 掌握测量温度传感器输出电流与温度关系的方法。

(3) 采用非平衡电桥法,组装成为一台 0～50 ℃的数字式温度计。

【实验仪器】

1. 仪器组成(FD-WTC-D 型恒温控制温度传感器实验仪)

如图 3-14-1 所示,本机由单片机控制的智能式数字恒温控制仪、量程为 0～19.999 V 四位半数字电压表、直流 1.5～12 V 稳压输出电源、可调式磁性搅拌器,以及 2000 mL 烧杯、加热器、玻璃管(内放变压器油和被测集成温度传感器)等组成。

2. AD590 电流型集成温度传感器

AD590 为两端式集成电路温度传感器,它的管脚引出端有两个,如图 3-14-2 所示:序号 1 接电源正端 U_+(红色引线),序号 2 接电源负端 U_-(黑色引线)。至于序号 3 连接外壳,它可以接地,有时也可以不用。AD590 工作电压 4～30 V,通常工作电压 6～15 V,但不能小于 4 V,小于 4 V 会出现非线性关系。

AD590 作为温度传感器,它只需要一个电源即可实现温度到电流的线性变换,然后在终端使用一只取样电阻,即可实现电流到电压的转换。它使用方便,并且具有较高的精度。图 3-14-2 所示的为 AD590 管脚接线图。

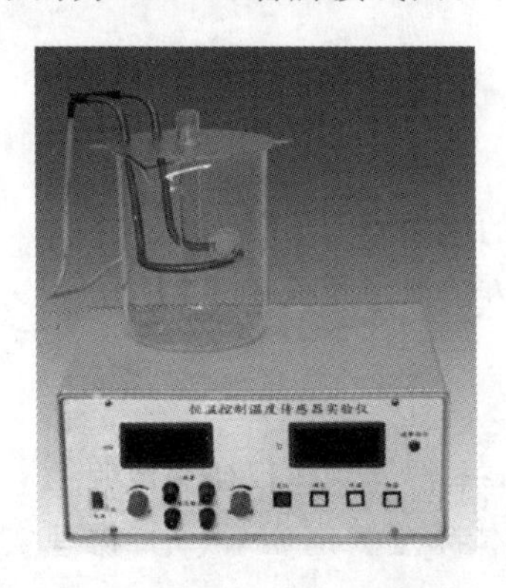

图 3-14-1　FD-WTC-D 型恒温控制温度传感器实验仪实物图

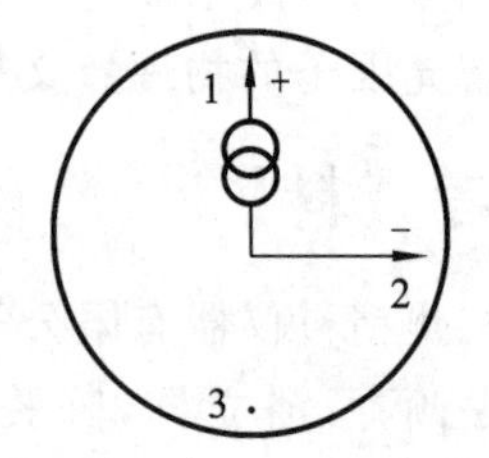

图 3-14-2　AD590 管脚接线图

【实验原理】

AD590 集成电路温度传感器是由多个参数相同的三极管和电阻组成。该器件的两端加有某一定直流工作电压时(一般工作电压可在 4.5～20 V 范围内),它的输出电流与温度满足如下关系:

$$I = B\theta + A$$

式中:I 为其输出电流,单位为 μA;θ 为温度,单位为℃;B 为斜率(一般 AD590 的 $B=1$ μA/℃,即如果该温度传感器的温度升高或降低 1 ℃,那传感器的输出电流增加或减少 1 μA);A 为摄氏零度时的电流值,其值恰好与冰点的热力学温度 273 K 相对应(对一般市售的 AD590,其 A 值为 273～278 μA,略有差异)。

利用 AD590 集成电路温度传感器的上述特性,可以制成各种用途的温度计。采用非平衡电桥线路,可以制作一台数字式摄氏温度计,即 AD590 器件在 0 ℃时,数字电压显示值为"0",而当 AD590 器件处于 θ ℃时,数字电压表显示值为"θ"。

【实验内容】

1. 测量 AD590 电流型集成温度传感器的电流和温度的关系

(1) 使用前将电位器调节旋钮逆时针方向旋到底，把接有 DS18B20 控温传感器接线端插头插在后面的插座上，DS18B20 测温端放入注有少量变压器油的玻璃管(直径 16 mm)内；在 2000 mL 大烧杯内注入 1600 mL 的纯净水，放入搅拌器和加热器后盖上铝盖并固定。为了保证 AD590 集成温度传感器与 DS18B20 控温传感器处在同一温度位置，把 AD590 传感器也插在盛有变压器油的玻璃小试管(直径 16 mm)内，再把玻璃小试管通过铝盖上的孔洞插入烧杯中，烧杯应置于实验仪上表面标有旋转磁场标志的位置。

(2) 按图 3-14-3 所示接线(AD590 集成温度传感器的正负极不能接错，红线表示接电源正极)。取样电阻 R 的阻值为 1000 Ω。

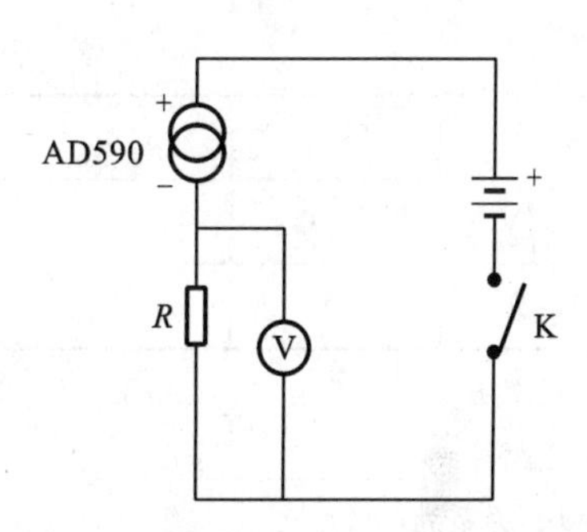

图 3-14-3　AD590 温度特性的测量

(3) 接通电源后待温度显示值出现“B==.=”时可按“升温”键，设定用户所需的温度，再按“确定”键，加热指示灯发光，表示加热开始工作，同时显示“A==.=”为当时烧杯内水的初始温度，再按“确定”键显示“B==.=”表示原设定值，重复按“确定”键可轮换显示 A、B 值；A 为水温值，B 为设定值，另有“恢复”键可以重新开始。

(4) 加热开始后，调“搅拌调速”旋钮使得搅拌器在烧杯中旋转，以保证水温均匀。

(5) 将测量数据用最小二乘法进行拟合，求斜率 B、截距 A 和相关系数 γ。

2. 制作量程为 0～50 ℃的数字温度计

把 AD590、三只电阻箱、直流稳压电源及数字电压表按图 3-14-4 接好。将 AD590 放入冰点槽中，R_2 和 R_3 各取 1000 Ω，调节 R_4 使数字电压表示值为零，然后把 AD590 放入其他温度如室温的水中，用标准水银温度计进行读数对比，求出百分差。(冰点槽中冰水混合物为湿冰霜状态才能真正达到 0 ℃)

令图 3-14-4 中电源电压发生变化，如从 8 V 变为 10 V，观测一下，AD590 传感器输出电流有无变化？分析其原因。

3. AD590 传感器的输出电流和工作电压关系测量(选做)

将 AD590 传感器处于恒定温度，将直流电源、AD590 传感器、电阻箱、直流电压表等按图 3-14-5 所示连接电路。调节电源输出电压从 1.5 V 到 10 V，测量加在 AD590 传感器上的电压 U 与输出电流 $I(I=U_R/R)$ 的对应值，要求实验数据 10 组以上。用坐标纸作出 AD590 传感器输出电流 I 与工作电压 U 的关系图，求出该温度传感器输出电流与温度呈线性关系的最小工作电压 U_r。

【实验数据】

(1) 测量 AD590 传感器输出电流 I 和温度 θ，记入表 3-14-1，并求出 I-θ 关系的经验公式。

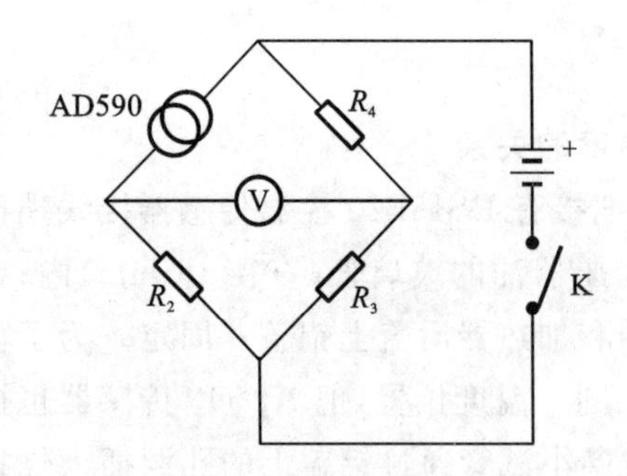

图 3-14-4　数字式摄氏温度计

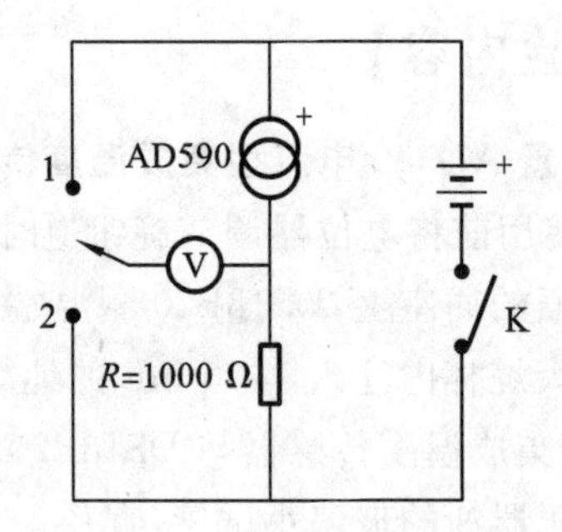

图 3-14-5　AD590 伏安特性测量(温度恒定)

表 3-14-1　AD590 传感器温度特性测量

θ/℃	29.0	34.2	37.0	40.0	42.8	45.8	49.2
U_R/V							
I/μA							

斜率 $B=$____________μA/℃

截距 $A=$____________μA

I-θ 关系为____________________________

(2) 制作摄氏温度计。

由于灵敏度小于 1.000 μA/℃，所以 R_2 值取略大于 1000 Ω。

本实验取 $R_2=R_3=1.000\ \text{mV}/I=1.000/0.987=1012.9\ \Omega$。

将冰用刨冰机制成冰霜放入保温杯中压紧，并用玻璃管压一个小洞。将带玻璃管的传感器浸入冰霜中，把仪器接成如图 3-14-4 所示的电桥电路。调节 R_4，使 $\theta=0$ ℃时，数字电压表示值 $U=0$ mV。用自制摄氏温度计测室温下的水温为 28.7 ℃，而水银温度计的读数为 28.7 ℃。

(3) 测量 AD590 传感器的伏安特性(选做)。

作出温度为 $\theta=3.0$ ℃时，AD590 传感器伏安特性曲线。

【成果导向教学设计】

知识：

(1) 基础知识：电流型集成温度传感器；电流型集成温度传感器的电流和温度的关系。

(2) 测量原理：电流型集成温度传感器的原理。

(3) 新技术：了解热敏电阻器的工作原理。

能力：

(1) 测量仪器的使用：恒温控制温度传感器实验仪的使用。

(2) 实验总结：用作图法处理实验数据，利用图线确定参数，撰写完整的实验报告。

(3) 安全实验；公民素质(个人能力、团队协作能力)(潜移默化地培养)。

【实验报告】

(1) 写明本实验的目的和意义。

(2) 阐明实验的基本原理、设计思路。

(3) 记录实验的全过程，包括实验步骤、实验现象和数据等。

(4) 用作图法分析实验数据，利用图线确定参数。

(5) 说明电流型集成温度传感器有哪些应用。

【拓展研究】

(1) 电流型集成电路温度传感器有哪些特性？它与半导体热敏电阻、热电偶相比有哪些优点？

(2) 如何用 AD590 集成电路温度传感器制作一个热力学温度计？请画出电路图，说明调节方法。

(3) 如果 AD590 集成电路温度传感器的灵敏度不是严格的 1.000μA/℃，而是略有异差，请考虑如何利用改变 R_2 的值，使数字式温度计测量误差减少。

【参考资料】

[1] 杭州精科仪器有限公司. F210 恒温控制温度传感器实验仪使用说明.

[2] 蒋敏兰，胡生清，幸国全. AD590 温度传感器的非线性补偿及应用[J]. 传感器技术，2001，20(10)：54-55.

实验 3-15　动态法测量金属的杨氏模量

【实验目的】

(1) 了解动态法测量杨氏模量的基本原理。

(2) 掌握如何用外推法或近似法测量测试棒的固有频率。

(3) 学会用示波器观察判断样品共振的方法，掌握判别真假共振的基本方法。

(4) 培养学生综合运用知识和使用常用实验仪器的能力。

【实验仪器】

DTM-Ⅱ智能动态弹性杨氏模量测试仪。

【实验原理和方法】

1. 实验原理

本实验将一根截面均匀的试样(圆截面棒或矩形截面棒)放置在激振器和传感器上的半圆形固定叉环中，两端要求水平。在两端自由的情况下，使之做自由振动。杆的横振动方程式为

$$\frac{\partial^4 y}{\partial x^4}+\frac{\rho S}{EJ}\frac{\partial^2 y}{\partial t^2}=0 \tag{3-15-1}$$

式中：ρ 为杆的密度，S 为杆的截面积，J 称为惯量矩 $\int_S y^2\mathrm{d}S$(取决于截面的形状)，E 即为杨氏模量。

如图 3-15-1 所示，长度 L 远远大于直径为 $d(L\gg d)$ 的一根细长棒，做微小横振动(弯曲振

动)时满足的动力学方程(横振动方程)为

$$\frac{\partial^4 y}{\partial x^4}+\frac{\rho S\partial^2 y}{EJ\partial t^2}=0$$

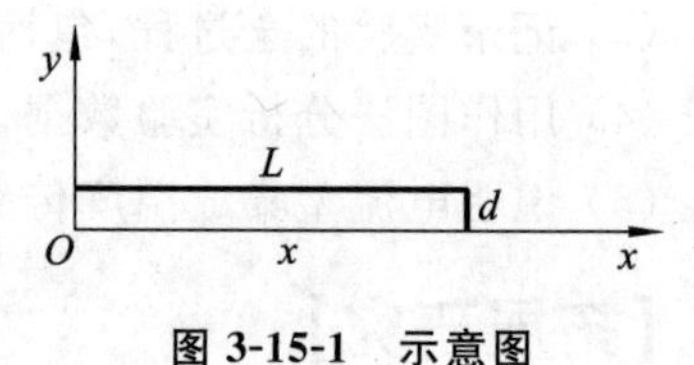

图 3-15-1　示意图

棒的轴线沿 x 轴方向，式中 y 为棒上距左端 x 处截面的 y 轴方向的位移，E 为杨氏模量，单位为 Pa 或 N/m^2，ρ 为材料密度，S 为截面积，J 为某一截面的转动惯量

$$J=\iint_S y^2 dS$$

根据横振动方程的边界条件，可解出杨氏模量

$$E=1.9978\times10^{-3}\frac{\rho L^4 S}{J}\omega^2=7.7780\times10^{-2}\frac{L^3 m}{J}f^2 \tag{3-15-2}$$

如果试样为圆棒($d\ll L$)，则

$$J=\frac{\pi d^4}{64}$$

所以式(3-15-2)可改写为

$$E=1.6067\frac{L^3 m}{d^4}f^2 \tag{3-15-3}$$

如果圆棒试样不能满足 $d\ll L$，则式(3-15-3)应乘上一个修正系数 T_1，即

$$E=1.6067\frac{L^3 m}{d^4}f^2 T_1 \tag{3-15-4}$$

在一定条件下，试样振动的固有频率取决于它的几何形状、尺寸、质量以及它的杨氏模量。如果在实验中测出试样在不同温度下的固有频率，就可以计算出试样在不同温度下的杨氏模量。

2. 实验方法

DTM-Ⅱ智能动态弹性杨氏模量测试仪通过音频信号发生器输出一个 100～10000 Hz 的振动到试样一端，使试样产生与音频发生器频率相同的振动，另一端通过接收器将试样振动信号变为频率相同的电信号，经放大器放大后，输出至示波器显示，当示波器显示波形幅度最大时，该频率为共振频率，再测出试样的质量、几何尺寸等参数即可求得动态弹性模量。

(1) 动态模量 E 的计算公式

$$E=KC_r\frac{m}{d}f^2\times10^{-9}\,(\text{GPa}) \tag{3-15-5}$$

式中：C_r 为校正系数；m 为质量(g)；f 为共振频率(Hz)；d 为试样直径(mm)；K 为系统修正系数(由软件标定)。

(2) 动态切变模量 G 的计算公式

$$G=4\times10^{12}\rho L^2 f^2\ (\text{GPa}) \tag{3-15-6}$$

式中：ρ 为材料密度(g/cm^3)；L 为试样长度(mm)；f 为共振频率(Hz)。

(3) 动态泊松比 μ 的计算公式

$$\mu=\frac{E}{2G}-1 \tag{3-15-7}$$

式中：μ 为动态泊松比；E 为动态弹性模量(GPa)；G 为动态切变模量(GPa)。

【实验内容和步骤】

(1) 打开仪器和示波器、信号发生器的电源开关，测量试样的长度 L(mm)、直径 d(mm)、

质量 m(g)，为了提高测量精度，要求以上量均测量 3～5 次。

(2) 测量试样棒在室温时的共振频率 f。

①再将试样放置到两个测量支架上，要求两端水平。

②将信号发生器上的“功率输出”键按下，启动振动器，波形选择正弦波“∽”，按下信号发生器上的频率选择“1 kHz 或 2 kHz”挡，慢慢调节频率旋钮(从高频 1800 Hz 向低频慢慢调节)，当调到某一频率时，示波器上波形的幅度突然变大，该频率即为共振频率。记录此共振频率。

③将试样直径、长度、试样质量、共振频率(Hz)输入到电脑中的计算程序，点击“校正系数”，再点击“计算结果”，程序显示动态弹性模量。输入送检单位、样品名称、样品编号等信息，点击“保存”按钮保存数据后，点击“生成报表”，便自动进入到输出“EXCEL”界面，这时可点击“文件”菜单下面的“另存为”选项，保存到指定目录内。

④如果测试的试样为不锈钢标样，测试完毕后，可对系统进行标定，方法是：按住“CTRL”键，用鼠标在空白处点击，电脑显示标定界面，这时输入标样的实测值和标样的标准参考值，点击“计算”→“应用”即可。试验结束后，关闭电源开关。

【成果导向教学设计】

知识：

(1) 基础知识：杨氏模量；杆的横振动方程式；动态弹性模量的决定因素。

(2) 测量原理：动态法测量金属杨氏模量的原理。

(3) 新技术：了解动态切变模量和动态泊松比。

能力：

(1) 测量仪器的使用：DTM-Ⅱ智能动态弹性杨氏模量测试仪的使用。

(2) 实验总结：能建立数据与结果的关联；撰写完整的实验报告。

(3) 安全实验；公民素质(个人能力、团队协作能力)(潜移默化地培养)。

【实验报告】

(1) 写明本设计实验的目的和选题意义。

(2) 记录所选用的实验器材。

(3) 阐明动态法测量金属杨氏模量的基本原理。

(4) 记录实验的全过程，包括实验步骤、实验图示、各种实验现象和实验数据等。

(5) 通过数据处理，建立实验数据与实验结果的关联，给出测量结果。

(6) 分析实验结果，讨论设计中出现的各种问题，分析误差原因，提出改进意见。

(7) 列出实际为你提供帮助的参考资料。

【拓展研究】

(1) 讨论如何判断是否是试样棒发生了共振？

(2) 在动态法测定金属杨氏模量的实验中是否发现假共振峰？是何原因？如何消除？

【参考资料】

[1] 湘潭湘仪仪器有限公司. DTM-Ⅱ智能动态弹性杨氏模量测试仪使用说明.

[2] 李艳琴；李学慧. 动态法测量固体材料杨氏模量[J]. 大学物理实验，2009，2.

实验 3-16 模拟法测绘静电场

在科学研究和工程技术中,常需要了解并测量空间的静电场分布。由电学可知,描述静电场性质的两个物理量是电场强度 E 和电位 V,也可以用电力线和等位线来形象地描绘静电场。由于标量在计算和测量上要比矢量简单得多,所以常用电势的分布来描述电场的分布。直接测量静电场的分布往往很困难。首先,由于静电场是指对于观察者静止的电场,不能有电荷运动,所以不能用伏特计直接测量电势;其次,因为探针放入静电场时,探针上会产生感应电荷,这些电荷的电场与原电场叠加起来,使原电场产生很大的畸变。为此,我们常根据稳流场与静电场的相似性,采用以电流场模拟静电场的方法达到间接测量静电场的目的。这种用容易测量的量代替不容易测量的量的实验方法称为"模拟法"。许多复杂电极间的静电场分布,如电子管、示波管、电子显微镜等都采用这种方法进行分析研究,是电子光学最重要的研究手段。本实验通过描绘两种简单电极间的电势分布来学习这种实验方法。

【实验目的】

(1) 了解用模拟法测量某些不易测量的物理量的意义及使用条件。

(2) 通过静电场的测绘,巩固和加深对静电场知识的理解和掌握。

(3) 学习用 MATLAB 模拟静电场(选做)。

【实验仪器】

(1) 静电场描绘仪(1 套);(2) 晶体管稳压电源;(3) 电压表;(4) 导线(若干)。

【实验原理】

1. 模拟法使用条件

通常模拟场一定要易于实现并比原物理场便于测量。此外,模拟场还应具备以下条件:

(1) 与原物理场有一一对应的物理量;

(2) 对应物理量遵从的物理规律具有相同的数学表达形式。

总之,如果两种物理状态或过程可以转换成相同的数学语言表达,则两者原则上就可以互相模拟。例如:电流场不仅可以模拟静电场,还可以模拟扩散运动中的稳定浓度分布、热传导过程中的稳定温度分布、流体力学中的速度场等。

本实验采用均匀导电介质中的稳恒电流场来模拟均匀电介质中的静电场。它们具备相互模拟的条件。例如:

在稳恒电流场的无源区内,

$$\begin{cases} \oiint_S \boldsymbol{j} \cdot \mathrm{d}\boldsymbol{S} = 0 \\ \oint_L \boldsymbol{j} \cdot \mathrm{d}\boldsymbol{L} = 0 \end{cases}$$

在静电场无源区内,

$$\begin{cases} \oiint_S \boldsymbol{E} \cdot \mathrm{d}\boldsymbol{S} = 0 \\ \oint_L \boldsymbol{E} \cdot \mathrm{d}\boldsymbol{L} = 0 \end{cases}$$

即稳恒电流场的 $\boldsymbol{j}$ 与静电场的 $\boldsymbol{E}$ 遵从的物理规律具有相同的数学形式。由数学理论可知：在相同的边界条件下，两者的解也具有相同的数学形式，这两种场对应的量也是如此，所以这两种场具有相似性，实验时就用稳恒电流场来模拟静电场，用稳恒电流场中的电位分布来模拟静电场中的电位分布。实验中，将被模拟的电极系放入装水的水槽中，电极系加上稳定电压，再用检流计或高内阻电压表测出电位相等的各点，描绘出等位面，再由若干等位面根据正交的关系($\boldsymbol{E}=-\nabla V$)描出电力线，从而确定电场的分布。

在应用模拟法时，必须注意使用条件，例如真空(或空气)中静电场对应于电流场中的导电介质必须是均匀分布的导电介质，静电场中带电体的表面必须是等位面，因此，要求电流场中的导体也必须是等位面。这就要求导体的导电率要远大于导电质的导电率，才能保证导体表面是等位面。所以，使用的导电质的导电率不能太大。

2. 同轴圆形电极

均匀、异号、无限长的同轴圆柱形带电体，两圆柱形之间空间电场的分布虽属三维，但由于该电场分布的特点是电力线垂直于轴线，并在垂直于轴线的平面内。因此三维问题可简化为二维问题，即同轴圆形电极间的电场，用等位线即可描述电场的性质。模拟的电流场也要在垂直于轴的平面内，电流场中导电质只需充满该平面即可。如图 3-16-1 所示，图中的 a 为中心电极，半径为 r_0，电位为 V_a；b 为同轴外圆环电极，半径为 R_0，电位为 $V_0=0$。根据高斯定理，两极间的电场强度为

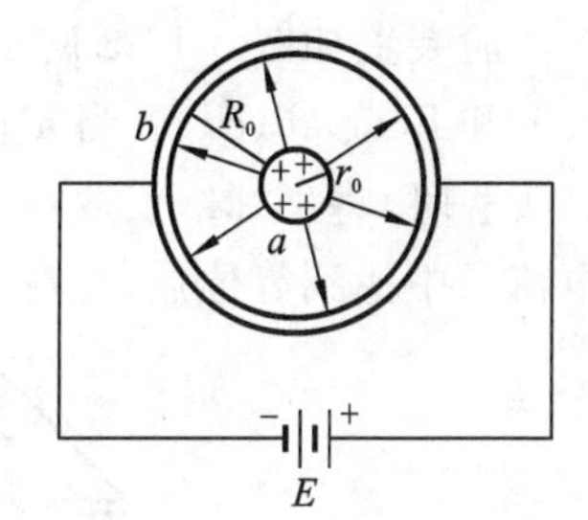

图 3-16-1 同轴圆形电极

$$E=\frac{\lambda}{2\pi\varepsilon r}$$

$$E=-\frac{\mathrm{d}V}{\mathrm{d}r}$$

或 $$\mathrm{d}V=-E\mathrm{d}r$$

所以两极间电场中任意点的电位

$$V_r=V_a-\int_{r_0}^{r}\frac{\lambda}{2\pi\varepsilon r}\mathrm{d}r=V_a-K\cdot\ln\frac{r}{r_0} \tag{3-16-1}$$

其中 $K=\frac{\lambda}{2\pi\varepsilon}$，$\lambda$ 为电荷线密度。又

$$V_b=V_a-\int_{r_0}^{R_0}K\cdot\frac{1}{r}\mathrm{d}r=V_a-K\cdot\ln\frac{R_0}{r_0}$$

由于 $V_b=0$，则

$$K=\frac{V_a}{\ln\frac{R_0}{r_0}} \tag{3-16-2}$$

由式(3-16-1)、式(3-16-2)得

$$V_r=V_a\left(1-\frac{\ln\frac{r}{r_0}}{\ln\frac{R_0}{r_0}}\right)=V_a\cdot\frac{\ln\frac{R_0}{r}}{\ln\frac{R_0}{r_0}} \tag{3-16-3}$$

由式(3-16-3)可知，半径为 r 上的各点电位相等。因此，等位线是一系列同心圆。

3. 静电聚焦场

在阴极射线示波管中，电子枪内的第一阳极和第二阳极是由金属圆筒制成的电极，为了确

切研究第一阳极和第二阳极之间电场,即静电聚焦场分布,从轴线方向截取纵断面,把三维空间的电场分布简化为二维空间分布来研究。如图 3-16-2 所示是利用四块导体模仿两个圆筒电极纵断面上的形状制成的两个电极,两电极间的电场分布就是静电聚焦场的分布。该电场的等位线很难从理论上计算出来,这里只要求用模拟的方法从实验上描绘出等位线的形状并画出该电场的电力线分布图。

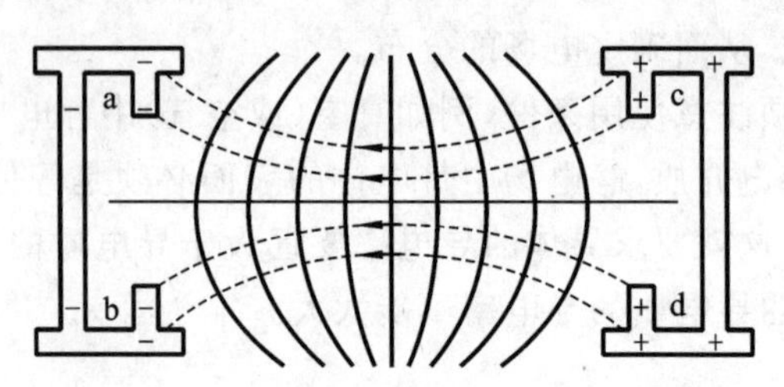

图 3-16-2　静电聚焦场的等位线与电力线分布

【仪器介绍】

实验装置如图 3-16-3 所示。在底板 B 的左边放水槽,水槽中安装同轴圆形(或静电聚焦)电极 a 和 b(或 ab、cd)。当 a 和 b(或 ab、cd)接上直流电压后,两电极间的水中形成稳恒电流场。实验时,将坐标纸安放在硬橡皮板 H 上。移动柱体 L,即移动探针 e 和打点针 e′,可在稳恒电流场中找到等位点,并在坐标纸上打出相应的实验点。

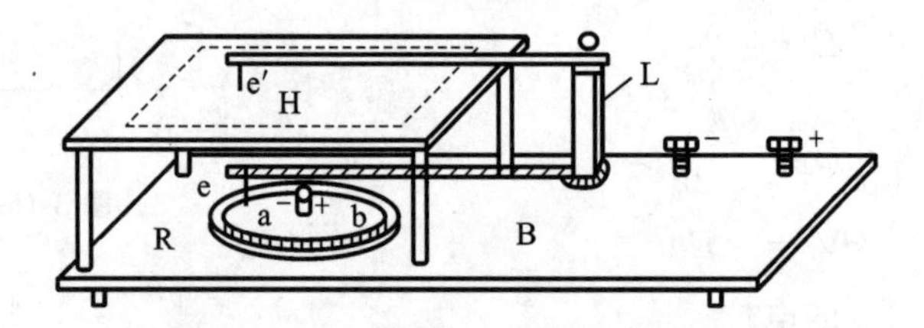

图 3-16-3　实验装置图(同轴圆形电极)

【实验内容与步骤】

1. 同轴圆形电极间电场测绘

(1) 按实验电路图 3-16-4 连接电路。电源电压取 12 V,移动探针 e,使电压表的指示为测量值,即为相应电位(如 8 V)的等位点,用 e′在坐标纸上打上点。同时,在圆的 8 个方位上找出相应的等位点。然后按上述做法,依次找出 2 V,4 V,…各相应的 8 个等位点。

(2) 取下坐标纸,在 6 V 的等位点中任取三点求其圆心,以 8 个等位点至圆心距离的平均值为半径 r_i 作各等位线。画出完整正确的同轴圆形电极间电场分布图。

(3) 以 $\ln\dfrac{R_0}{r_i}$为横坐标,以电位 V_r 为纵坐标,作出 V_r-$\ln\dfrac{R_0}{r_i}$的图线,指出图线特点。将$\overline{r_i}$代入式(3-16-3),计算理论值 V_r,并在同一坐标纸上作出理论值 V_r-$\ln\dfrac{R_0}{r_i}$的图

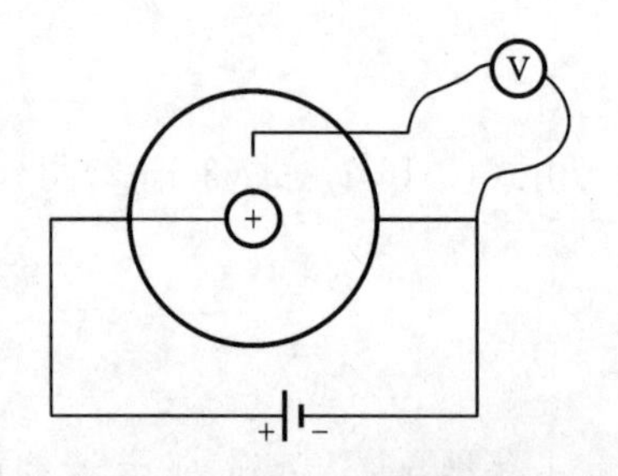

图 3-16-4　实验电路图

线，比较两直线是否吻合，讨论产生误差的原因。(注：$R_0=5$ cm，$r_0=0.5$ cm)

2. 静电聚焦场描绘

(1) 仿实验内容与步骤中1(1)的做法，找出2 V，4 V等各相应的等位点。靠近电极的等位线弯曲较大，应多测等位点，以便作图。

(2) 作出完整、正确的静电聚焦场电场分布图(注意标出电极及其极性)，讨论静电聚焦场的分布特点。

3. 用MATLAB模拟静电场(选做)

用MATLAB软件对同轴圆形电极、长直平行带电体、静电聚焦场的静电场进行二维、三维模拟，并给出模拟结果。

【成果导向教学设计】

知识：

(1) 基础知识：大学物理课程中电磁学的知识，静电场理论。

(2) 新技术：掌握利用模拟法测量某些不易测量的物理量。

能力：

(1) 现象分析：综合运用学过的电磁学知识分析实验中观察到的现象。

(2) 实验总结：能建立数据与结果的关联；撰写完整的实验报告。

(3) 安全实验；公民素质(个人能力、团队协作能力)(潜移默化地培养)。

【实验报告】

(1) 写明本实验的目的和意义。

(2) 阐明实验的基本原理、设计思路。

(3) 记录实验的全过程，包括实验步骤、实验图示、实验现象、实验数据等。

(4) 数据处理，计算出各等位线的半径，作出 $V_r\text{-}\ln\frac{R_0}{r_i}$ 的图线。

(5) 分析误差的主要来源。

【拓展研究】

(1) 若将实验电压加倍或者减半，电场分布有什么变化(试以同轴圆形电极电场讨论)？

(2) 实验中若采用交流电源，产生的是变化的电流场，用它模拟稳恒电场合适吗？为什么？

【参考资料】

[1] 何捷，陈继康，金昌祚. 基础物理实验[M]. 南京：南京师范大学出版社，2003.

[2] 葛松华，唐亚明. 大学物理实验教程[M]. 北京：电子工业出版社，2004.

[3] 阎旭东，徐国旺. 大学物理实验[M]. 北京：科学出版社，2003.

[4] 王廷兴，郭山河，文立军. 大学物理实验上册[M]. 北京：高等教育出版社，2003.

实验3-17 综合光学实验平台——杨氏双缝干涉实验

干涉现象是波动独有的特征，如果光真的是一种波，就必然会观察到光的干涉现象。

托马斯·杨(Thomas Young,1773—1829)于 1801 年进行了一次光的干涉实验,即著名的杨氏双孔干涉实验,并首次肯定了光的波动性。随后在他的论文中以干涉原理为基础,建立了新的波动理论,并成功地解释了牛顿环,精确测定了波长。

1803 年,杨把干涉原理用以解释衍射现象。1807 年,杨发表了《自然哲学与机械学讲义》,书中综合整理了他在光学方面的理论与实验方面的研究,并描述了双缝干涉实验,后来的历史证明,这个实验完全可以跻身于物理学史上最经典的前五个实验之列。

然而,微粒说的拥护者对该实验提出质疑,认为明暗相间的条纹并非真正的干涉图样,而是光经过狭缝时发生的复杂变化。对此非议,在接下来的几年间,菲涅耳设计了几个撇开狭缝的干涉实验,为杨的实验提供了强有力的支持。

1818 年,菲涅耳(Augustin Fresnel,1788—1827)在巴黎科学院举行的一次以解释衍射现象为内容的科学竞赛中以光的干涉原理补充了惠更斯原理,提出了惠更斯-菲涅耳原理,完善了光的衍射理论。早于 1817 年在面对波动说与光的偏振现象的矛盾时,杨觉察到如果光是横波或许问题可以得到解决,并把这一想法写信告诉了阿拉果(D. F. Arago,1786—1853),阿拉果立即把这一思想转告给了菲涅耳。于是当时已独自领悟到这一点的菲涅耳立即用这一假设解释了偏振现象,并证明了光的横波特性,使得光的波动说进入一个新的时期。

【实验目的】

(1) 观察杨氏双缝干涉现象,认识光的干涉。

(2) 用杨氏双缝干涉测定光的波长。

【实验仪器】

实验仪器装配图如图 3-17-1 所示。

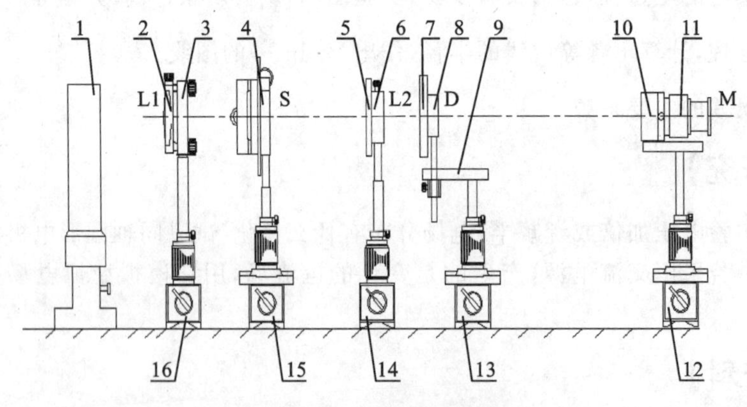

图 3-17-1 实验仪器装配图

1—钠灯;2—透镜 L_1($f'=60$ mm);3—二维架(YZ-01);4—可调狭缝 S(YZ-12);
5—透镜架;6—透镜 L_2($f'=200$ mm);7—双棱镜调节架(YZ-17);8—双缝 D;
9—延伸架(LYZ-09);10—测微目镜架;11—测微目镜 M;12—二维平移底座(YZ-b);
13—二维平移底座(YZ-b);14—升降调节座(YZ-c);15—二维平移底座(YZ-b);16—升降调节座(YZ-c)

【实验原理】

如图 3-17-2 所示,两个狭缝 S_1、S_2 的长度方向彼此平行,单缝被照亮后相当于一线光源,发出以 S 为轴的柱面波。由于 S_1 和 S_2 关于 S 对称放置，S 在 S_1 和 S_2 处激起的振动相同，从而可将 S_1 和 S_2 看作两个同位相的相干波源，它们发出的光波在屏上相遇后发生相干叠加，出现了明暗相间的平行条纹——干涉条纹。干涉条纹反映了光的全部信息，干涉的对比度包含两列光振幅比的信息，条纹的形状和空间分布反映位相差的信息。

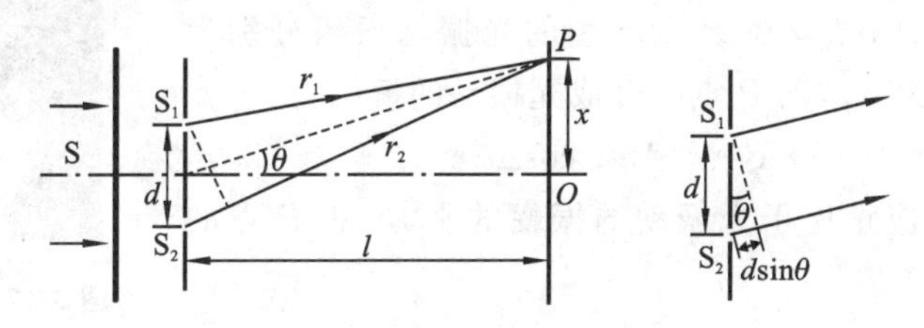

图 3-17-2　杨氏双缝干涉实验

1. 条纹的位置分布

S_1 和 S_2 的间距为 d，到光屏的距离为 l。考察屏上一点 P，设 $S_1P=r_1$，$S_2P=r_2$，因一般情况下 $d\ll l$，$x\ll l$，故两列光波到达相遇点 P 处的光程差为

$$\delta = r_2 - r_1 \approx d\sin\theta \tag{3-17-1}$$

出现明纹和暗纹的条件是

$$\delta = d\sin\theta = \begin{cases} \pm k\lambda, & k=0,1,2,\cdots \quad (\text{明纹}) \\ \pm(2k-1)\dfrac{\lambda}{2}, & k=1,2,\cdots \quad (\text{暗纹}) \end{cases}$$

式中 k 称为干涉条纹的级次。由于通常是在小角度范围内观察，则有

$$\sin\theta \approx \tan\theta = \frac{x}{l} \tag{3-17-2}$$

代入可得明纹暗纹的位置为

$$x_k = \begin{cases} \pm \dfrac{l}{d}k\lambda, & k=0,1,2,\cdots \quad (\text{明纹}) \\ \pm(2k-1)\dfrac{l\lambda}{2d}, & k=1,2,\cdots \quad (\text{暗纹}) \end{cases}$$

则相邻明纹和暗纹的间距

$$\Delta x = \frac{l}{d}\lambda \tag{3-17-3}$$

上式说明，杨氏实验中相邻明纹或暗纹的间距与干涉条纹的级次无关，条纹呈等间距排列，如图 3-17-3 所示为双缝干涉条纹。测出 l 和 d 及相邻间距，即可求得入射光的波长，杨氏正是利用这一办法最先测量光波波长的，红光约为 7580 nm，紫光约为 390 nm。

图 3-17-3　双缝干涉

待 l 和 d 确定后，波长较长的红光所产生的相邻条纹间距比波长较短的紫光要大，因此用

白光进行双缝干涉实验时，除中央明纹是白色外，其余各级明纹因各色光互相错开而形成由紫到红的彩色条纹，如图 3-17-4 所示。

图 3-17-4 白光双缝干涉

2. 干涉条纹的强度分布

设 S_1 和 S_2 发出的光波在 P 点产生的光振动振幅分别为 A_1 和 A_2，初位相差为 $\Delta\varphi$，则 P 点的合成光振动的振幅为

$$A^2 = A_1^2 + A_2^2 + 2A_1A_2\cos\Delta\varphi \tag{3-17-4}$$

光强即光波的强度，应正比于光振动的振幅的平方，故 P 点的光强为

$$I = I_1 + I_2 + 2\sqrt{I_1I_2}\cos\Delta\varphi \tag{3-17-5}$$

在杨氏实验中，$A_1 = A_2$，$I_1 = I_2$，因而有

$$I = 4I_1\cos^2\frac{\Delta\varphi}{2} \tag{3-17-6}$$

其对应的光强分布如图 3-17-5 所示。

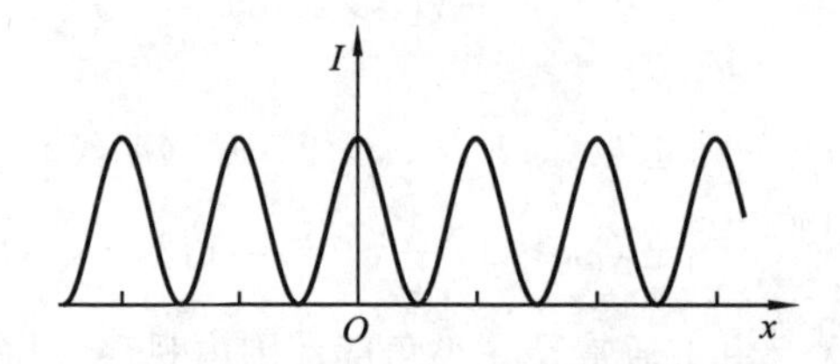

图 3-17-5 双缝干涉的光强分布曲线

由图 3-17-5 可以看出，明纹中心强度最大，从中心往两边伸展，强度逐渐减弱，因而，明纹有一定的宽度，通常所指的明纹位置是明纹中心的位置。另外，由于人眼或感光材料能感觉到的光强都有一下限，因而暗条纹并不是一条几何线，同样有一定的宽度，暗纹的位置通常是指暗纹的中心位置。

【实验内容与步骤】

(1) 使钠光通过透镜 L_1 会聚到狭缝 S 上，用透镜 L_2 将 S 成像于测微目镜分划板 M 上，然后将双缝 D 置于 L_2 近旁。在调节好 S、D 与 M 的 mm 刻线的平行，并适当调窄 S 之后，目镜视场出现便于观测的杨氏条纹。

(2) 用测微目镜测量干涉条纹的间距，用米尺测量双缝至目镜焦面的距离 l，用显微镜测量双缝的间距 d，根据 $\Delta x = \frac{l\lambda}{d}$ 计算钠黄光的波长 λ。

【成果导向教学设计】

知识：

(1) 基础知识：光的干涉相关知识，获取相干光的方法。

(2) 基本光学器件如透镜、测微目镜、各种光源等的使用方法。

能力：

(1) 测量仪器的使用：按照实验要求，利用提供的备选器件组装实验装置，并完成实验。

(2) 实验总结：能建立数据与结果的关联；撰写完整的实验报告。

(3) 安全实验;公民素质(个人能力、团队协作能力)(潜移默化地培养)。

【实验报告】

(1) 写明本实验的目的和意义。

(2) 记录所选用的实验器材。

(3) 阐明实验的基本原理、设计思路(包括测量公式的推导)。

(4) 记录实验的全过程,包括实验步骤、实验图示、实验现象和实验数据等。

(5) 通过数据处理,建立实验数据与实验结果的关联,给出测量结果。

(6) 分析实验结果,讨论实验中出现的各种问题,分析误差原因,提出改进意见。

(7) 列出实际为你提供帮助的参考资料。

【拓展研究】

(1) 实验装置中如果把狭缝S换成普通光源,是否还能够看到干涉条纹?

(2) 为什么白光也能产生双缝干涉?

【参考资料】

[1] 东南大学等七所工科院校.物理学(下册)[M].马文蔚,解希顺,周雨青,改编.5版.北京:高等教育出版社,2006.

[2] 广西科技大学大学物理实验教学网站.

实验 3-18　综合光学实验平台——双棱镜干涉实验

杨氏双缝干涉实验对验证光的波动性起着重要作用,双棱镜干涉是实现杨氏干涉实验的一种方法。本实验通过对毫米数量级的长度测量,完成了对难以直接测量的单色可见光波长($<10^{-6}$ m)的测量。

【实验目的】

(1) 观察双棱镜干涉现象及其特点。

(2) 用双棱镜干涉测定光的波长。

【实验仪器】

实验仪器装配图如图3-18-1所示。

【实验原理】

实验原理请参考实验3-17　综合光学实验平台——杨氏双缝干涉实验。

【实验内容与步骤】

(1) 参照图3-18-1沿米尺安置各器件,使钠黄光通过透镜 L_1 会聚在狭缝上。双棱镜的棱脊与狭缝须平行地置于 L_1 和测微目镜 L_2 的光轴上,以获得清晰的干涉条纹。

(2) 测微目镜测量干涉条纹间距 Δx(可连续测定11个条纹位置,用逐差法计算出5个

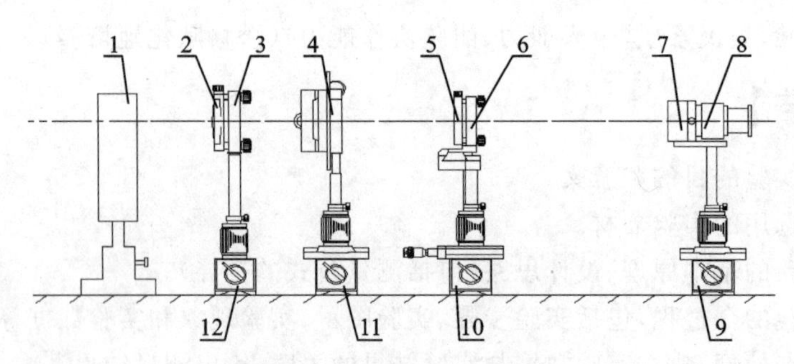

图 3-18-1　实验仪器装配图

1—钠灯;2—透镜 L_1(f'=60 mm);3—二维透镜架(YZ-01);4—可调狭缝(YZ-12);5—双棱镜;6—双棱镜架(YZ-17);7—测微目镜架;8—测微目镜;9—二维平移底座(LYZ-02);10—三维平移底座(LYZ-01);11—二维平移底座(LYZ-02);12—升降调节座(YZ-c)另备凸透镜(f'=200 mm)及架、座

Δx 后取平均),并测出狭缝至目镜分划板的距离 l。

(3) 保持狭缝和双棱镜位置不动,在双棱镜后用凸透镜在测微目镜分划板上成一虚光源的放大实像,并测得间距 d',再据成像公式算出二虚光源间距 d。

(4) 根据公式 $\lambda = \dfrac{d}{l}\Delta x$ 计算钠黄光波长。

【成果导向教学设计】

知识:

(1) 基础知识:光的干涉相关知识,获取相干光的方法。

(2) 基本光学器件如透镜、测微目镜、各种光源等的使用方法。

能力:

(1) 测量仪器的使用:按照实验要求,利用提供的备选器件组装实验装置,并完成实验。

(2) 实验总结:能建立数据与结果的关联;撰写完整的实验报告。

(3) 安全实验;公民素质(个人能力、团队协作能力)(潜移默化地培养)。

【实验报告】

(1) 写明本实验的目的和意义。

(2) 记录所选用的实验器材。

(3) 阐明实验的基本原理、设计思路(包括测量公式的推导)。

(4) 记录实验的全过程,包括实验步骤、实验图示、实验现象和实验数据等。

(5) 通过数据处理,建立实验数据与实验结果的关联,给出测量结果。

(6) 分析实验结果,讨论实验中出现的各种问题,分析误差原因,并提出改进意见。

(7) 列出实际为你提供帮助的参考资料。

【拓展研究】

(1) 本实验中为什么要求双棱镜的折射角很小呢?

(2) 若单缝很宽,能否看到干涉条纹?为什么?

(3) 按图 3-18-1 所示光路安装元件时,应注意哪几点才能使实验顺利进行?

【参考资料】

[1] 东南大学等七所工科院校. 物理学(下册)[M]. 马文蔚,解希顺,周雨青,改编. 5 版. 北京:高等教育出版社,2006.

[2] 广西科技大学大学物理实验教学网站.

实验 3-19　综合光学实验平台——菲涅耳双镜干涉实验

杨氏双缝干涉实验对验证光的波动性起着重要作用,菲涅耳双镜干涉是实现杨氏双缝干涉实验的一种方法。本实验通过对毫米数量级的长度测量,完成了对难以直接测量的单色可见光波长($<10^{-6}$ m)的测量。

【实验目的】

(1) 观察菲涅耳双镜干涉现象及其特点。

(2) 用菲涅耳双镜干涉测定光的波长。

【实验仪器】

实验仪器装配图如图 3-19-1 所示。

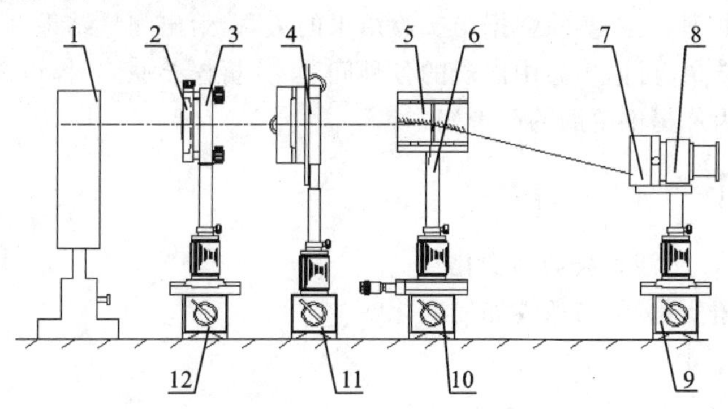

图 3-19-1　实验仪器装配图

1—钠灯;2—透镜($f'=60$ mm);3—二维透镜架(YZ-01);4—可调狭缝;5—菲涅耳双镜;6—菲涅耳镜架;7—测微目镜架;8—测微目镜;9—二维平移底座(YZ-b);10—三维平移底座(YZ-c);11—升降调节座(YZ-c);12—二维平移底座(YZ-b)

【实验原理】

实验原理请参考实验 3-17　综合光学实验平台——杨氏双缝干涉实验。

【实验内容与步骤】

(1) 利用透镜将光束会聚到狭缝上,使通过狭缝的光束投射在双镜接缝处。掠射的光束被二镜面反射,用稍许偏离米尺导轨的测微目镜接收双光束交叠区域的干涉条纹。狭缝要窄,且与双镜交线平行,二镜面夹角大小要适当。

(2) 测干涉条纹间距 Δx 和两个虚光源距离 d,方法与双棱镜实验相同。

(3) 测出狭缝至双镜接缝的距离 r 和双镜接缝至目镜分划板的距离 l_0,得 $l=r+l_0$,根据

$$\lambda = \frac{d}{l}\Delta x$$

计算钠黄光的波长。

【成果导向教学设计】

知识:

(1) 基础知识:光的干涉相关知识,获取相干光的方法。

(2) 基本光学器件如透镜、测微目镜、各种光源等的使用方法。

能力:

(1) 测量仪器的使用:按照实验要求利用提供的备选器件组装实验装置并完成实验。

(2) 实验总结:能建立数据与结果的关联;撰写完整的实验报告。

(3) 安全实验;公民素质(个人能力、团队协作能力)(潜移默化地培养)。

【实验报告】

(1) 写明本实验的目的和意义。

(2) 记录所选用的实验器材。

(3) 阐明实验的基本原理、设计思路(包括测量公式的推导)。

(4) 记录实验的全过程,包括实验步骤、实验图示、实验现象和实验数据等。

(5) 通过数据处理,建立实验数据与实验结果的关联,给出测量结果。

(6) 分析实验结果,讨论实验中出现的各种问题,分析误差原因,提出改进意见。

(7) 列出实际为你提供帮助的参考资料。

【拓展研究】

(1) 狭缝 S 增大,干涉条纹如何变化?

(2) 双面镜夹角变化,干涉条纹如何变化?

【参考资料】

[1] 东南大学等七所工科院校. 物理学(下册)[M]. 马文蔚,解希顺,周雨青,改编. 5 版. 北京:高等教育出版社,2006.

[2] 广西科技大学大学物理实验教学网站.

实验 3-20　综合光学实验平台——劳埃德镜干涉实验

杨氏双缝干涉实验对验证光的波动性起着重要作用,劳埃德镜干涉是实现杨氏干涉实验的一种方法。本实验通过对毫米数量级的长度测量,完成了对难以直接测量的单色可见光波长($<10^{-6}$ m)的测量。

【实验目的】

(1) 进一步了解双缝干涉的基本原理,观察劳埃德镜干涉现象及其特点。

(2) 用劳埃德镜干涉测定光的波长。

【实验仪器】

实验仪器装配图如图 3-20-1 所示。

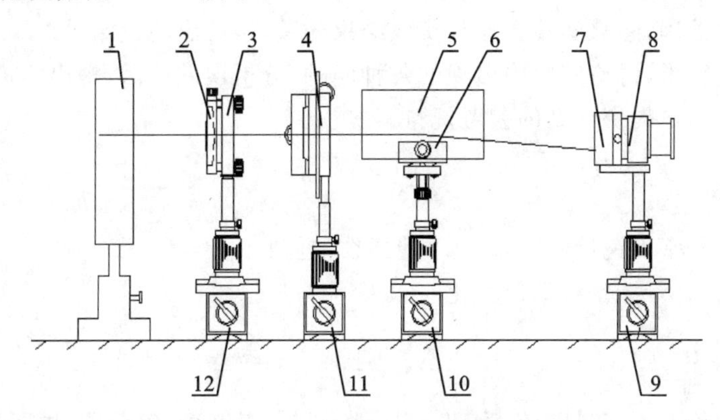

图 3-20-1 实验仪器装配图

1—钠灯(加圆孔光阑);2—透镜($f'=60$ mm);3—二维透镜架(YZ-01);4—可调狭缝(YZ-12);5,6—劳埃德镜及干版架;7—测微目镜架;8—测微目镜;9—二维平移底座(YZ-b);10—三维平移底座(YZ-c);11—升降调节座(YZ-c);12—二维平移底座(YZ-b)

【实验原理】

实验原理请参考实验 3-17 综合光学实验平台——杨氏双缝干涉实验。

【实验内容与步骤】

(1) 使钠光光束经透镜会聚到狭缝上,通过狭缝,部分光束掠射到劳埃德镜,被镜面反射,另一部分直接光与反射光会合发生干涉,用测微目镜接收干涉条纹,同时调节缝宽、入射角及镜面与铅直狭缝平行,以改善条纹的质量。

(2) 用实验 3-17 的方法测出条纹间距 Δx、狭缝与其虚光源的距离 d,以及狭缝与目镜分划板的距离 l,根据公式

$$\lambda=\frac{d}{l}\Delta x$$

计算钠黄光波长。

【成果导向教学设计】

知识:

(1) 基础知识:光的干涉相关知识,获取相干光的方法。

(2) 基本光学器件如透镜、测微目镜、各种光源等的使用方法。

能力:

(1) 测量仪器的使用:按照实验要求,利用提供的备选器件组装实验装置,并完成实验。

(2) 实验总结:能建立数据与结果的关联;撰写完整的实验报告。

(3) 安全实验;公民素质(个人能力、团队协作能力)(潜移默化地培养)。

【实验报告】

(1) 写明本实验的目的和意义。

(2) 记录所选用的实验器材。

(3) 阐明实验的基本原理、设计思路(包括测量公式的推导)。

(4) 记录实验的全过程,包括实验步骤、实验图示、实验现象和实验数据等。

(5) 通过数据处理,建立实验数据与实验结果的关联,给出测量结果。

(6) 分析实验结果,讨论实验中出现的各种问题,分析误差原因,提出改进意见。

(7) 列出实际为你提供帮助的参考资料。

【拓展研究】

(1) 当观察屏与平面镜接触时,0 级干涉条纹如何?

(2) 改变入射角,干涉条纹如何变化?

【参考资料】

[1] 东南大学等七所工科院校. 物理学(下册)[M]. 马文蔚,解希顺,周雨青,改编. 5 版. 北京:高等教育出版社,2006.

[2] 广西科技大学大学物理实验教学网站.

实验 3-21 整流、滤波和稳压电路

由电网供给用户使用的电源是交流电,而电器内部电路工作时,常常需要不同电压的直流电源,其所需的直流工作电源,通过将交流电源经电子电路变换后获得,本实验主要介绍简单的整流、滤波和稳压电路。

【实验目的】

(1) 了解整流、滤波、稳压电路的工作原理及各元件在电路中的作用。

(2) 学习直流稳压电源的安装、调整和测试方法。

(3) 了解三端稳压集成电路的应用。

【实验仪器】

DH-SJ1 实验仪,变压器,整流、稳压二极管,阻容元件,九孔插板等。

【实验原理】

1. 线性稳压电源

功率调整管工作在线性区的稳压电源称为线性稳压电源,一般由降压、整流、滤波、稳压等部分组成。

1) 分立元件组成的直流稳压电源

(1) 降压。

将市电(~220 V/50 Hz)变成低压交流电。

①变压器降压,普遍适用于各种电路,但随着电路所需功率的增加,变压器的体积、重量都要增加。

②电容降压,适合于小电流、电阻性负载的场合,因未与市电完全隔离,使用时须特别注

意。

(2) 整流。

整流:利用二极管的单向导电性,将交流电转换为直流电。主要有以下几种类型:①半波整流;②全波整流;③桥式整流;④倍压(多倍压)整流。

(3) 滤波。

滤波电路的作用是,将整流后的脉动直流中的交流成分滤除,从而获得较为平滑的直流电。常用的滤波电路有:①电容滤波;②电感滤波;③复式滤波;④有源滤波。

(4) 稳压。

滤波后输出的直流电压,虽然电压较为平滑,但由于输入的市电交流电压不稳定、负载的变化等因素的影响,实际输出的直流电压是不稳定的。对于要求较高的电路,必须在电源输出与负载之间加稳压电路。常用的稳压方法有:①并联稳压;②串联稳压。

2) 三端集成稳压电路

三端集成稳压电路的前部分构成依然需要降压、整流、滤波等,其主要区别在于,将稳压部分的调整管、稳压管、放大管等部分集成在一个芯片内,组成集成稳压电路,一般只留出输入端、接地端、输出端三个端子,构成"三端稳压器"。三端集成稳压电路,通常分为固定电压输出与可调电压输出两种。常用的固定输出有78系列(正输出)和79系列(负输出);可调输出有317系列(可调正输出)和337系列(可调负输出)。

2. 开关型直流稳压电源

开关型直流稳压电源,也常简称为开关电源。通过振荡控制电路,使晶体管、场效应管、可控硅等功率电子器件,工作在"导通"和"关断"状态,调节振荡脉冲的宽度(称脉宽调制PWM),使输出端获得可调的各种稳定电压。开关电源具有体积小、效率高、稳压范围宽、电压稳定等优点,因而获广泛应用,目前所有的台式计算机、大部分家用电器等,均使用开关电源。有关开关电源的详细的介绍,请自行参阅相关资料。

3. 直流稳压电源的主要技术参数

(1) 特性指标:输出电压范围、最大输入-输出电压差、最小输入-输出电压差、最大输出电流。

(2) 质量指标:输出电阻、稳定系数、纹波电压。

【实验内容与步骤】

(1) 用分立元件组装直流稳压电源。

利用变压器、整流二极管、滤波电容、稳压管等元件,在九孔实验插板上组装稳压电源。

(2) 用固定输出三端稳压器,组装稳压电源,并测量其输出电压。注意三个电极的顺序。

(3) 用可调输出三端稳压器,组装输出电压可调的稳压电源,并测量其输出电压的调节范围。注意三个电极的顺序。

(4) 用交流毫伏表测量上述(1)、(2)、(3)稳压电源的纹波电压。

分别记录上述实验的实验过程、实验数据。

【实验报告】

(1) 说明实验的原理。

(2) 说明元件的参数对电路的影响。

【成果导向教学设计】

知识:

(1) 基础知识:整流二极管、稳压二极管、电容器等的特性。

(2) 测量原理:二极管的单向导电性、电容器的充放电特性。

(3) 新技术:脉宽调制(PWM)开关电源。

能力:

(1) 测量仪器的使用:交流毫伏表、数字电压表、电流表等的使用。

(2) 实验总结:能建立数据与结果的关联;撰写完整的实验报告。

(3) 安全实验;公民素质(个人能力、团队协作能力)(潜移默化地培养)。

【参考资料】

[1] 广西科技大学大学物理实验教学网站.

实验 3-22　微小伸长量的多途径测量

在实际测量工作中,常涉及长度的测量。长度的测量是物理实验中一项最重要的实验技能,一般在对长度测量精度要求不太高的情况下,可直接使用各种长度测量工具,如米尺、游标卡尺、螺旋测微计等,但是在一些实验中,我们往往会遇到微小长度的测量,如金属在受拉力或受热时的微小伸长量。由于这些情况下伸长量通常很小,所以用常规测量工具很难得到一个准确数值,所以需要采用特殊的测量方法对微小长度进行测量。

本实验主要介绍如何用数显千分尺、霍尔传感器、肌张力传感器、显微镜等多种方法测量微小伸长量。

【实验目的】

(1) 掌握数显千分尺的使用方法,并用千分尺测量微小长度。

(2) 用霍尔传感器、肌张力传感器、显微镜等多种方法测量微小伸长量。

【实验仪器】

DHTM-1 光学特性综合应用实验装置主要由半导体激光器、双光栅微弱振动系统、肌张力测试系统、霍尔测试系统、光杠杆系统、千分尺调节机构、读数显微镜测量系统、劈尖、透镜、振动力学信号源、测试仪等多个配件组成。

本实验项目中主要用到的配件有:肌张力测试系统、霍尔测试系统、千分尺调节机构、读数显微镜测量系统。

【实验原理】

1. 霍尔位置传感器工作原理

霍尔元件置于磁感应强度为 B 的磁场中,在垂直于磁场方向通以电流 I,则与这二者垂直的方向上将产生霍尔电压 U_H:

$$U_H = K_H IB \tag{3-22-1}$$

式中：K_H为元件的霍尔灵敏度。如果保持霍尔元件的电流 I 不变，而使其在一个均匀梯度的磁场中移动时，则输出的霍尔电势差变化量为

$$\Delta U_H = K_H I \frac{dB}{dz}\Delta z \tag{3-22-2}$$

式中：Δz 为位移量。此式说明：若$\frac{dB}{dz}$为常数时，ΔU_H 与 Δz 成正比。

为了实现均匀梯度的磁场，可以如图 3-22-1 所示将两块相同的磁铁（磁铁截面积及表面磁感应强度相同）相对，即 N 极与 N 极相对，两磁铁之间留一等间距间隙，霍尔元件平行于磁铁放在该间隙的中轴上。

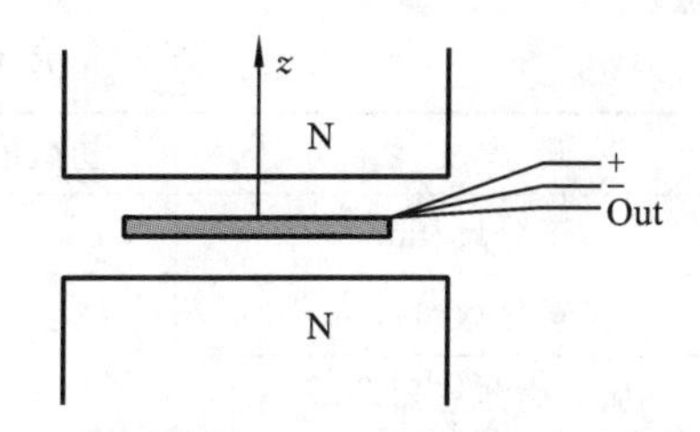

图 3-22-1　霍尔位置传感器原理

若磁铁间隙内中心截面处的磁感应强度为零，霍尔元件处于该处时，输出的霍尔电势差应该为零。当霍尔元件偏离中心沿 z 轴发生位移时，由于磁感应强度不再为零，霍尔元件也就产生相应的电势差输出，其大小可以用数字电压表测量。由此可以将霍尔电压为零时，霍尔元件所处的位置作为位移参考零点。

霍尔电势差与位移量之间存在一一对应关系，当位移量较小（<2 mm）时，这一一对应关系具有良好的线性。

2. 肌张力传感器

硅压阻式肌张力传感器由弹性梁和贴在梁上的传感器芯片组成，其中芯片由四个硅扩散电阻集成一个非平衡电桥，当外界压力作用于金属梁时，在压力作用下，电桥失去平衡，此时将有电压信号输出，输出电压大小与所加外力成正比，即

$$\Delta U = KF \tag{3-22-3}$$

式中：F 为外力的大小；K 为硅压阻式力敏传感器的灵敏度；ΔU 为传感器输出电压的大小。

3. 弹簧劲度系数

弹簧在外力作用下会产生形变。由胡克定律可知：在弹性形变范围内，外力 F 和弹簧的形变量 Δy 成正比，即

$$F = K\Delta y \tag{3-22-4}$$

式中：K 为弹簧的劲度系数，它与弹簧的形状、材料有关。通过测量 F 和相应的 Δy，就可推算出弹簧的劲度系数 K 。

【实验内容与步骤】

（1）将测试架上的肌张力传感器和霍尔传感器分别与测试仪面板上的对应接口连接，检查连线无误后开启电源。

（2）调节千分尺上的微调旋钮，改变移动平台到适当位置，此时霍尔位置传感器、弹簧以及移动平台上的刻线均将发生平移。

（3）确保千分尺的调节带来霍尔位置传感器、弹簧以及移动平台联动后，将数显千分尺进行调零，将肌张力传感器测量电压表和霍尔传感器测量电压表分别调零，同时记下平台刻线在测量显微镜上的初始读数。

（4）再次调节千分尺，改变移动平台的位置，记下千分尺读数的变化量，该变化量即为弹簧的伸长量。

(5) 记录测量显微镜测得的平台刻线的变化量,该变化量与千分尺读数的变化量一致,同时也表征弹簧的伸长量。

(6) 记录肌张力传感器测得的电压变化量,计算灵敏度并定标。

(7) 记录霍尔传感器测得的电压变化量,计算灵敏度并定标。

(8) 将所有的测量数据填入表格 3-22-1,分析各种方法测量微小伸长量的优缺点和误差来源。

表 3-22-1　数据记录参考表格

测量方法	初始值	位置 1	位置 2	位置 3	位置 4
千分尺/mm	0				
测量显微镜/mm					
肌张力传感器/mV	0				
霍尔传感器/mV	0				

【注意事项】

(1) 使用千分尺时,在测微螺杆快靠近被测物体时应停止使用粗调旋钮,而改用微调旋钮,当棘轮发出声音时,停止调节,既可使测量结果精确,又能保护螺旋测微器。

(2) 肌张力传感器的最大受力不能超过 100 g。

(3) 请小心使用测量显微镜系统。

【成果导向教学设计】

知识:

(1) 基础知识:霍尔传感器、肌张力传感器、非平衡电桥。

(2) 测量原理:用霍尔效应、非平衡电桥等方法测量微小伸长量的原理。

(3) 新技术:了解传感器测量微小长度的工作原理。

能力:

(1) 测量仪器的使用:DHTM-1 光学特性综合应用实验装置的使用。

(2) 实验总结:能建立数据与结果的关联;撰写完整的实验报告。

(3) 安全实验;公民素质(个人能力、团队协作能力)(潜移默化地培养)。

【实验报告】

(1) 写明本实验的目的和意义。

(2) 阐明实验的基本原理、设计思路。

(3) 记录实验的全过程,包括实验步骤、实验图示、实验现象等。

(4) 分析实验现象,讨论实验中出现的各种问题。

(5) 说明微小长度测量在生活中有哪些应用。

【拓展研究】

(1) 霍尔效应除了可以用来测量微小位移,还可以在哪些方面得到应用?

(2) 除了本实验的几种方法以外,还可以采用哪些其他工具或方法来对微小长度进行测量?

【参考资料】

[1] 东南大学等七所工科院校. 物理学(上册)[M]. 马文蔚,改编. 5版. 北京:高等教育出版社,2006.

[2] 广西科技大学大学物理实验教学网站.

实验 3-23 双光栅测量微弱振动位移量

精密测量在自动化控制领域中一直扮演着重要的角色,其中光电测量因为有较好的精密性与准确性,加上轻巧、无噪声等优点,在测量的应用上常被采用。作为一种把机械位移信号转化为光电信号的手段,光栅式位移测量技术在长度与角度的数字化测量、运动比较测量、数控机床、应力分析等领域得到了广泛的应用。

【实验目的】

(1) 了解利用光的多普勒频移形成光拍并用于测量光拍拍频的相关原理。

(2) 掌握用双光栅微弱振动实验仪测量音叉振动微振幅的原理。

【实验仪器】

DHTM-1 光学特性综合应用实验装置主要由半导体激光器、双光栅微弱振动系统、肌张力测试系统、霍尔测试系统、光杠杆系统、千分尺调节机构、读数显微镜测量系统、劈尖、透镜、振动力学信号源、测试仪等多个配件组成。

本实验项目中主要用到的配件是半导体激光器、双光栅微弱振动系统、振动力学信号源系统。

【实验原理】

1. 位移光栅的多普勒频移

多普勒效应是指光源、接收器、传播介质或中间反射器之间的相对运动所引起的接收器接收到的光波频率与光源频率发生的变化,由此产生的频率变化称为多普勒频移。

若激光从一静止的光栅出射时,光波电矢量方程为

$$\boldsymbol{E} = \boldsymbol{E}_0 \cos\omega_0 t$$

而当光栅是在与光垂直方向以速度 v 移动时,则从光栅出射的光的波阵面也以速度 v 在 y 轴方向移动。因此在不同时刻,对应于同一级的衍射光波,它从光栅出射时,在 y 轴方向也有一个 vt 的位移量。这个位移量对应于出射光波位相的变化量为

$$\Delta\varphi(t) = \frac{2\pi}{\lambda} vt\sin\theta = k2\pi\,\frac{v}{d}t = k\omega_{\mathrm{d}} t$$

式中 $\omega_{\mathrm{d}} = 2\pi\,\dfrac{v}{d}$。

出射光波电矢量方程变为

$$\boldsymbol{E} = \boldsymbol{E}_0 \cos[(\omega_0 t + \Delta\varphi(t)] = \boldsymbol{E}_0 \cos[(\omega_0 + k\omega_{\mathrm{d}})t]$$

可见,移动的位相光栅 k 级衍射光波,相对于静止的位相光栅有一个 $\omega_a=\omega_0+k\omega_d$ 的多普勒频移。

2. 光拍的获得与检测

光频率很高,为了在光频 ω_0 中检测出多普勒频移量,必须采用“拍”的方法,即要把已频移的和未频移的光束互相平行叠加,以形成光拍。由于拍频较低,容易测得,通过拍频即可检测出多普勒频移量。

本实验形成光拍的方法是采用两片完全相同的光栅平行紧贴,一片光栅 B 静止,另一片光栅 A 相对移动。激光通过双光栅后所形成的衍射光,即为两种以上光束的平行叠加。光栅 A 按速度 v_A 移动,起频移作用,而光栅 B 静止不动,只起衍射作用,故通过双光栅后射出的衍射光包含了两种以上不同频率而又平行的光束。由于双光栅紧贴,激光束具有一定宽度,故该光束能平行叠加,这样直接而又简单地形成光拍,如图 3-23-1 所示。

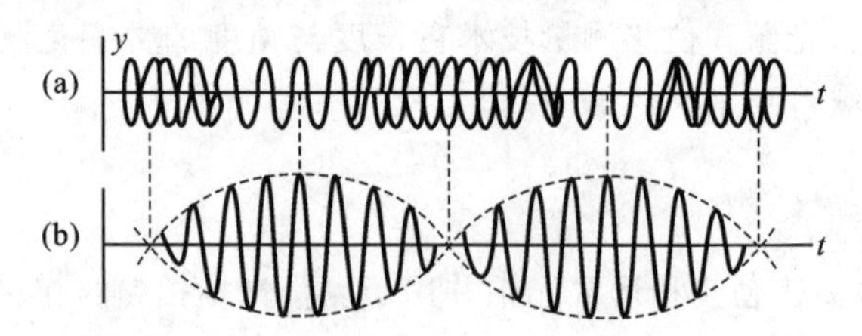

图 3-23-1　频差较小的二列光波叠加形成“拍”

当激光经过双光栅所形成的衍射光叠加成光拍信号,光拍信号进入光电检测器后,其输出电流可由下述关系求得。

光束 1: $$E_1=E_{10}\cos(\omega_0 t+\varphi_1)$$

光束 2: $$E_2=E_{20}\cos[(\omega_0+\omega_d)t+\varphi_2]\text{(取 }k=i\text{)}$$

光电流:

$$\begin{aligned}I&=\xi(E_1+E_2)^2\\&=\xi\{E_{10}^2\cos^2(\omega_0 t+\varphi_1)+E_{20}^2\cos^2[(\omega_0+\omega_d)t+\varphi_2]\\&\quad+E_{10}E_{20}\cos[(\omega_0+\omega_d-\omega_0)t+(\varphi_2-\varphi_1)]\\&\quad+E_{10}E_{20}\cos[(\omega_0+\omega_d+\omega_0)t+(\varphi_2+\varphi_1)]\}\end{aligned}\tag{3-23-1}$$

其中 ξ 为光电转换常数。

因光波频率 ω_0 很高,在式(3-23-1)第一、二、四项中,光电检测器无法反应,式(3-23-1)第三项即为拍频信号,其频率较低,光电检测器能作出响应。光电流为

$$I_S=\xi\{E_{10}E_{20}\cos[(\omega_0+\omega_d-\omega_0)t+(\varphi_2-\varphi_1)]\}=\xi\{E_{10}E_{20}\cos[\omega_d t+(\varphi_2-\varphi_1)]\}$$

拍频 $F_{拍}$ 即为

$$F_{拍}=\frac{\omega_d}{2\pi}=\frac{v_A}{d}=v_A n_\theta\tag{3-23-2}$$

其中 $n_\theta=\dfrac{1}{d}$ 为光栅密度。本实验中 $n_\theta=\dfrac{1}{d}=100$ 条 /mm。

3. 微弱振动位移量的检测

由式(3-23-2)可知,$F_{拍}$ 与光频率 ω_0 无关,且当光栅密度 n_θ 为常数时,只正比于光栅移动速度 v_A,如果把光栅粘在音叉上,则 v_A 是周期性变化的。所以,光拍信号频率 $F_{拍}$ 也是随时间而变化的,微弱振动的位移振幅为

$$A=\frac{1}{2}\int_0^{T/2}v(t)\mathrm{d}t=\frac{1}{2}\int_0^{T/2}\frac{F_{拍}(t)}{n_\theta}\mathrm{d}t=\frac{1}{2n_\theta}\int_0^{T/2}F_{拍}(t)\mathrm{d}t \tag{3-23-3}$$

式中：T 为音叉振动周期，$\int_0^{T/2}F_{拍}(t)\mathrm{d}t$ 表示$\frac{T}{2}$时间内的拍频波的个数。所以，只要测得拍频波的波数，就可得到较弱振动的位移振幅。

【实验内容与步骤】

(1) 几何光路调整。

实验平台上的“激光器”连接“半导体激光电源”，将激光器、静光栅、动光栅摆在一条直线上。打开半导体激光电源，让激光穿越静、动光栅后形成一个竖排衍射光斑，使中间最亮光斑进入光电传感器里面，调节静光栅和动光栅的相对位置，使两光栅尽可能平行。

(2) 音叉谐振调节。

先调整好实验平台上音叉和激振换能器的间距，一般 0.3 mm 为宜。打开测试仪电源，调节正弦波输出频率至500 Hz附近，幅度调节至最大，使音叉谐振。若音叉谐振太强烈，可调小驱动信号幅度，使振动略微减弱。记录此时音叉振动频率、屏上完整波的个数、不足一个完整波形的首数值和尾数值，以及对应于该处完整波形的振幅值。

(3) 测出外力驱动音叉时的谐振曲线。

在音叉谐振点附近，调节驱动信号频率，测出音叉的振动频率与对应的音叉振幅大小，频率间隔可以取 0.1 Hz，选 8 个点，分别测出对应的波的个数，由式(3-23-3)计算出各自的振幅 A。

(4) 保持驱动信号输出幅度不变，将软管放入音叉上的小孔从而改变音叉的有效质量，调节驱动信号频率，研究谐振曲线的变化趋势。

【数据处理】

(1) 求出音叉谐振时光拍信号的平均频率。

(2) 求出音叉在谐振点时做微弱振动的位移振幅。

(3) 在坐标纸上画出音叉的频率-振幅曲线。

(4) 作出音叉不同有效质量时的谐振曲线，定性讨论其变化趋势。

【注意事项】

(1) 实验过程中，注意保护仪器，避免触碰音叉上的光栅元件。

(2) 眼睛不能直视半导体激光器。

【成果导向教学设计】

知识：

(1) 基础知识：多普勒频移、光拍。

(2) 测量原理：用双光栅测量微弱振动振幅的原理。

(3) 新技术：了解多普勒频移在实验测量中的应用。

能力：

(1) 测量仪器的使用：DHTM-1 光学特性综合应用实验装置的使用。

(2) 实验总结:能建立数据与结果的关联;撰写完整的实验报告。

(3) 安全实验;公民素质(个人能力、团队协作能力)(潜移默化地培养)。

【实验报告】

(1) 写明本实验的目的和意义。

(2) 阐明实验的基本原理、设计思路。

(3) 记录实验的全过程,包括实验步骤、实验图示、实验现象等。

(4) 分析实验现象,讨论实验中出现的各种问题。

(5) 说明光栅式位移测量技术还能在哪些方面得到应用。

【拓展研究】

多普勒频移还能在哪些方面得到应用?

【参考资料】

[1] 东南大学等七所工科院校.物理学(下册)[M].马文蔚,解希顺,周雨青,改编.5版.北京:高等教育出版社,2006.

[2] 广西科技大学大学物理实验教学网站.

实验 3-24　光杠杆法测量微小伸长量

在一些实验中,我们往往会遇到微小长度的测量,如金属在受拉力或受热时的微小伸长量。由于这些情况下伸长量通常很小,所以用常规测量工具很难得到一个准确数值,所以需要采用特殊的测量方法,对微小长度进行测量。

本实验主要介绍用光杠杆法测量微小伸长量。

【实验目的】

(1) 掌握光杠杆法测量微小位移的基本原理。

(2) 用光杠杆法测量弹簧的微小伸长量,并比较光杠杆与千分尺测量的结构。

【实验仪器】

DHTM-1 光学特性综合应用实验装置主要由半导体激光器、双光栅微弱振动系统、肌张力测试系统、霍尔测试系统、光杠杆系统、千分尺调节机构、读数显微镜测量系统、劈尖、透镜、振动力学信号源、测试仪等多个配件组成。

本实验项目中主要用到的配件是望远镜和光杠杆系统。

【实验原理】

如图 3-24-1 所示,光杠杆机构主要由平面镜 M、横梁 b 以及三个支点 f_1,f_2 和 f_0 组成;支点 f_1 和 f_2 放置于固定座上,支点 f_0 放置于移动平台上。当通过千分尺调节移动平台位置时,支点 f_0 将随平台一起移动,从而改变平面镜的仰角。光杠杆测量系统的工作原理如图 3-24-2 所示,当移动平台下移 δL 后,原来与水平面成 $90°$的平面镜 M 的角度变化量为 α,而此时对应

的从望远镜看到的标尺刻度像从起初的 n_0 变化为 n_1，变化量 $\delta n=|n_1-n_0|$。由几何光学的基本原理可知：

$$\tan\alpha=\frac{\delta L}{b} \tag{3-24-1}$$

$$\tan2\alpha=\frac{|n_1-n_0|}{D}=\frac{\delta n}{D} \tag{3-24-2}$$

由于角度变化量 α 较小，所以 $\tan\alpha\approx\alpha$，$\tan2\alpha\approx2\alpha$，代入式(3-24-1)、式(3-24-2)，消去 α 可得到

$$\delta L=\frac{b}{2D}\times\delta n \tag{3-24-3}$$

式(3-24-3)中，$\frac{2D}{b}$ 叫做光杠杆镜的放大倍数。由于 $D\gg b$，所以 $\delta n\gg\delta L$，从而获得对微小量的线性放大，提高了 δL 的测量精度，这就是光杠杆的放大原理。

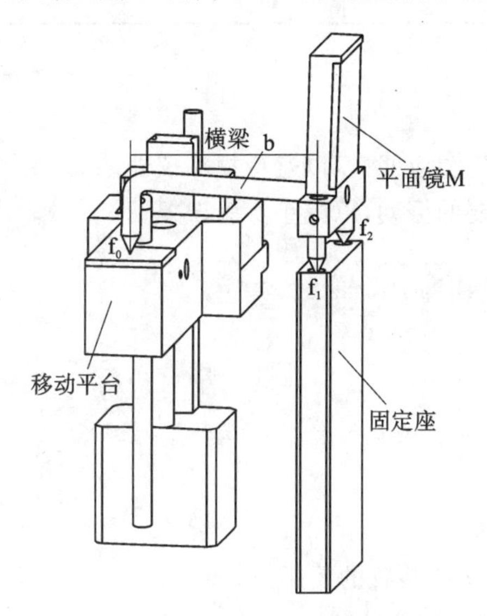

图 3-24-1　光杠杆机构

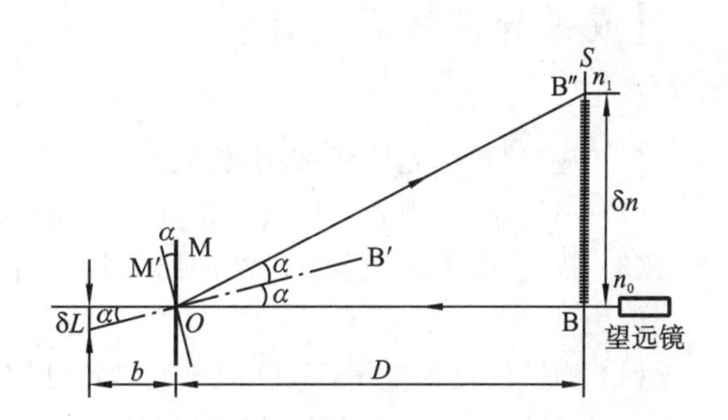

图 3-24-2　光杠杆测量系统工作原理

【实验内容与步骤】

(1) 如图 3-24-1 所示，利用光杠杆机构，把光杠杆镜面法线调到水平位置。在平面镜正对面 1～1.5 m 处的地方放置望远镜支架，将望远镜的光轴调节到与光杠杆镜同轴等高。

(2) 调整望远镜使其与光杠杆镜面在同一高度，先在望远镜外面附近找到光杠杆镜面中标尺的像(如找不到，应左右或上下移动标尺的位置或微调光杠杆镜面的垂直度)。再把望远镜移到眼睛所在处，结合调整望远镜的角度，在望远镜中便可看到光杠杆镜面中标尺的反射像。

(3) 调节目镜，看清十字叉丝，调节调焦旋钮，看清标尺的反射像，而且无视差。若有视差，应继续细心调节目镜，直到无视差为止。记下水平叉丝(或叉丝交点)所对准的标尺的初读数 n_0，n_0 一般应调在标尺 0 刻线附近，若差得很远，应上下移动标尺或检查光杠杆反射镜面是否竖直。调节完毕后，应保持望远镜的位置不变，直至测量过程结束。

(4) 调节千分尺，使弹簧长度逐渐伸长，每调节 0.200 mm，读取一次望远镜中标尺的读

数,共测量5次数据,依次为 n_1,n_2,n_3,n_4 和 n_5,并记录表3-24-1。

(5) 测量光杠杆镜前后脚距离 b。

(6) 测量光杠杆镜镜面到望远镜标尺的距离 D。

(7) 根据公式 $\delta L=\frac{b}{2D}\times\delta n$,计算测得的微小长度 δL,并与实际值进行对比。

表3-24-1　光杠杆法测量微小长度

测量次数	1	2	3	4	5
标准值/mm	0.200	0.400	0.600	0.800	1.000
$b/2D$					
$\delta n(n_i-n_0)$					
测量值 $\delta L=\frac{b}{2D}\times\delta n$					

【注意事项】

(1) 使用光杠杆系统时,应注意将平面镜平稳放置进相应凹槽,以避免损坏仪器。

(2) 望远镜应轻拿轻放,实验过程中尽量避免不必要的振动,以减小实验误差。

【成果导向教学设计】

知识:

(1) 基础知识:光杠杆、微小长度。

(2) 测量原理:用光杠杆法测量微小伸长量的原理。

(3) 新技术:了解光学放大法的原理和应用。

能力:

(1) 测量仪器的使用:DHTM-1光学特性综合应用实验装置的使用。

(2) 实验总结:能建立数据与结果的关联;撰写完整的实验报告。

(3) 安全实验;公民素质(个人能力、团队协作能力)(潜移默化地培养)。

【实验报告】

(1) 写明本实验的目的和意义。

(2) 阐明实验的基本原理、设计思路。

(3) 记录实验的全过程,包括实验步骤、实验图示、实验现象等。

(4) 分析实验现象,讨论实验中出现的各种问题。

(5) 说明光杠杆法在生活中有哪些应用。

【拓展研究】

(1) 本实验主要介绍的是如何通过光学放大法对微小量进行测量。除了光学放大法,还有哪些放大方法可以用于对微小量的测量?

(2) 光杠杆和显微镜都是利用光学现象来对物理量进行测量的工具。它们二者之间有何区别,又有何联系?

【参考资料】

[1] 东南大学等七所工科院校. 物理学(下册)[M]. 马文蔚,解希顺,周雨青,改编. 5 版. 北京:高等教育出版社,2006.

[2] 广西科技大学大学物理实验教学网站.

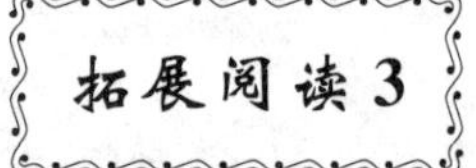

等离子体技术简介

1. 等离子体定义

等离子体(Plasma)是一种由大量自由电子、正电离子和部分中性原子组成的宏观仍呈电中性的电离气体,它广泛存在于宇宙中,常被视为是物质的第四态,被称为等离子态,或者“超气态”,也称“电浆体”。等离子体具有很高的电导率,与电磁场存在极强的耦合作用。

2. 等离子体特点

等离子体和普通气体性质不同,普通气体由分子构成,分子之间相互作用力是短程力,仅当分子碰撞时,分子之间的相互作用力才有明显效果,理论上用分子运动论来描述。在等离子体中,带电粒子之间的库仑力是长程力,库仑力的作用效果远远超过带电粒子可能发生的局部短程碰撞效果,等离子体中的带电粒子运动时,能引起正电荷或负电荷局部集中,产生电场;电荷定向运动引起电流,产生磁场。电场和磁场影响其他带电粒子的运动,并伴随着极强的热辐射和热传导。

3. 等离子体分类

按等离子体焰温度,等离子体可分为高温等离子体、热等离子体和冷等离子体。

1) 高温等离子体

高温等离子体是完全电离的核聚变等离子体,它的温度高达 10^8 K 数量级,由核聚变反应产生。

2) 热等离子体

热等离子体为部分电离、温度约为 10^4 K 数量级的等离子体,可以由稳态电源、射频、微波放电产生。热等离子体又分热平衡型与非热平衡型,热平衡等离子体中的电子在电场中获得的能量充分传递给重粒子,电子温度与重粒子温度相等;非热平衡等离子体中的电子在电场中获得的能量不能充分传递给重粒子,电子温度高于重粒子温度。

3) 冷等离子体

冷等离子体是电子温度很高、重粒子温度很低、总体温度接近室温的非平衡等离子体,可以由稳态电源、射频、微波放电产生。

4. 等离子体主要应用

1) 等离子体电视

等离子彩电 PDP(Plasma Display Panel)是在两张超薄的玻璃板之间注入混合气体,并施加电压利用荧光粉发光成像的设备。薄玻璃板之间充填混合气体,施加电压使之产生等离子气体,然后使等离子气体放电,激发基板中的荧光体发光,产生彩色影像。等离子彩电又称“壁挂式电视”,它不受磁力和磁场的影响,具有机身纤薄、重量轻、屏幕大、色彩鲜艳、画面清晰、亮度高、失真度小、节省空间等优点。另外,等离子电视机的使用寿命是普通电视机的两倍左右,并且等离子电视在显示、色彩、外观等许多方面都优于普通电视机。

2）等离子体冶炼

等离子体冶炼常用于采用普通冶炼方法难于冶炼的材料，如高熔点的锆（Zr）、钛（Ti）、钽（Ta）、铌（Nb）、钒（V）、钨（W）等金属。用等离子体熔化快速固化法可开发硬的高熔点粉末，如碳化钨-钴、Mo-Co、Mo-Ti-Zr-C等粉末，其最大优点是产品成分及微结构的一致性好，可免除容器材料的污染。

3）等离子体隐身技术

目前等离子体隐身的方法主要有两种：一种是利用等离子体发生器产生等离子体隐身法，即在低温下，通过高频和高压提供的高能量产生间隙放电，以便将气体介质激活电离形成所需厚度的等离子体以达到吸波和隐身的目的；另一种是在飞行器的特定部位如强雷达散射区涂一层放射性同位素，它的辐射剂量应确保它的射线在电离空气时所产生的等离子体云具有足够的电离密度和厚度，以确保对雷达电磁波具有足够的吸收力和散射能力。等离子体隐身具有很多优点，如吸波频带宽、吸收率高、隐身效果好、使用简便、使用时间长、价格便宜等。

此外，等离子体还用于磁流体发电。20世纪70年代以来，人们利用电离气体中电流和磁场的相互作用力使气体高速喷射而产生的推力，制造出磁等离子体动力推进器和脉冲等离子体推进器。它们的比冲（火箭排气速度与重力加速度之比）比化学燃料推进器的高得多，已成为未来航天技术中较为理想的推进方法。

拓展阅读4

显微技术简介

显微技术是利用光学系统或电子光学系统设备,观察肉眼所不能分辨的微小物体形态、结构及其特性的技术。显微技术的设备是显微镜,目前主要有光学显微镜和电子显微镜。

1. 光学显微镜

光学显微镜是利用光学原理,把人眼所不能直接分辨的微小物体放大成像,以供人们提取微细结构信息的光学仪器。原始的光学显微镜是一个高倍率的放大镜。1610年前后,意大利的伽利略和德国的开普勒在研究望远镜的时候,改变物镜和目镜之间的距离,得出合理的显微镜光路结构,制作具有目镜、物镜和镜筒等装置的显微镜。1872—1873年,德国物理学家和数学家E.阿贝建立了光学显微镜的理论,镜头的制作可按预先的科学计算进行。德国化学家O.肖特成功地研制出制作透镜的优质光学玻璃,由此生产出的现代光学显微镜达到了光学显微镜的分辨限度。从19世纪后期至20世纪60年代发展了许多类型的光学显微镜及许多特殊装置的显微镜,例如在细胞培养中特别有用的倒置显微镜。20世纪80年代制造出了同焦扫描激光显微镜,可以直接观察活细胞的立体图,是光学显微镜发展的一大进步。

2. 电子显微镜

电子显微镜是根据电子光学原理,用电子束和电子透镜代替光束和光学透镜,使物质的细微结构在非常高的放大倍数下成像的仪器。

目前常见的电子显微镜有透射电子显微镜和扫描电子显微镜。第一台实用的透射电子显微镜是由M.诺尔和E.鲁斯卡于1934年研制成功的。它是用电子束作为照射源,用电子透镜代替玻璃透镜,整个系统需工作在高真空下,电子显微镜具有极高的分辨率,由最初的500 Å提高到小于2 Å。到20世纪50年代,电子显微镜已广泛应用到生物学的研究中。20世纪50年代,英国首先成功制造出扫描电子显微镜,它是利用物体反射的电子束成象的。扫描电子显微镜特别适用于研究微小物体的立体形态和表面的微观结构。20世纪70年代以来,扫描电子显微镜发展很快,在固体样品上可反射多种电子,已成为研究物质表面结构的重要工具。目前,扫描电镜的分辨率已达到30～50 Å。电子显微镜的另一个发展是超高压电子显微镜,以增加分辨率和对原样品的穿透力。

不论是光学显微镜还是电子显微镜,用显微镜进行科学研究,必须将研究对象(样品)做一定的处理。光学显微镜和透射电子显微镜的显微样品的制备方法类似,用切片的方法获得;扫描电子显微镜的样品制备方法是,对干燥的样品进行金属涂膜,使样品表面导电。电子显微镜的分辨本领虽已远优于光学显微镜,但电子显微镜因需在真空条件下工作,所以很难观察活的生物,而且电子束的照射也会使生物样品受到一定的辐照损伤。

3. 图像的处理

用光学显微镜所观察到的图像通常直接为肉眼所接收和识别,而用电子显微镜下所观察到的显微图像及其显示的信息通常不能直接接收和识别。因此必须对电子显微镜所获得的信息进行处理后,才能对所观察到的结果作出正确的分析、判断、描述。

4. 显微技术的应用

18—19 世纪，显微技术的发展推动了生物学、医学的发展，特别是细胞学的迅速发展。在进行细胞学、组织学、胚胎学、微生物学等的研究中，显微技术是一个主要手段。电子显微镜的发明使显微水平发展到超显微水平，使细胞的研究从形态描述发展到研究细胞的生命活动规律。

在医疗诊断中，显微技术已被用为常规的检查方法，如对血液、寄生虫卵、病原菌等的检查等。利用显微技术做病理的研究已发展为一门专门的学科——细胞病理学，它在癌症的诊断中特别重要。某些遗传病的诊断，已离不开用显微技术做染色体变异的检查。此外，在卫生防疫、环境保护、病虫害防治、法医学、矿物学等方面，都有广泛的应用。

第4章 设计性实验

常规的教学实验，其实验原理、方法、内容、仪器设备及数据处理等都具有基础性、典型性和继承性的意义，通过对这类实验的教学，让学生继承和接受前人的知识和技能，其目的是对学生进行科学实验的入门训练。通过常规实验的训练后，对学生进行具有科学实验全过程训练性质的设计性实验教学是十分必要的。根据教育部高等学校物理学与天文学教学指导委员会物理基础课程教学指导分委员会制定的《理工科类大学物理实验课程教学基本要求》，各校应根据本校的实际情况设置该部分实验内容（实验选题、教学要求、实验条件、独立的程度等）。

4.1 设计性实验的教学要求

4.1.1 设计性实验的性质与教学目的

设计性实验是指根据给定的实验题目、要求和实验条件，由学生自己设计方案并基本独立地完成全过程的实验。设计性实验是从教学方法上划分的，它的实验内容可以是单一的或综合的，它的实验体现形式可以是演示的、验证的、定性的或定量的，只要实验方案是学生自己设计的，就可归为设计性实验，它是一种介于常规教学实验与实际科学实验之间的、具有对科学实验或工程实践全过程初步训练特点的教学实验，并具有综合性、典型性与探索性的特点。设计性教学实验的核心是设计，并在实验中检验设计的正确性与合理性。

在学生经过基础实验训练后开设设计性实验，其目的是让学生把所学到的知识和技能运用到解决实际问题的工作中去，培养学生分析问题与解决问题的能力，以及综合应用理论知识和实验技术的能力，使学生养成工程技术意识，为今后参加工程实践、进行科学实验奠定基础。

设计性实验大体上可分为两类：一类是给定主要的仪器和设备，要求测定某一物理量，设定误差要求，而实验原理、辅助仪器、实验步骤及数据处理方法都由学生自己完成；另一类是只给出实验题目和误差要求（甚至误差要求也由学生根据实际情况而设定），而物理模型的建立和选择、仪器的组装和搭配、实验步骤和数据处理等都由学生完成。通过进行设计性实验，使学生运用所学的实验知识和技能，在实验方法的考虑、测量仪器的选择、测量条件的确定等方面受到系统的训练，培养学生具有较强的从事科学实验的能力。

4.1.2 实验设计的一般程序

设计性实验的选题十分广泛，设计方法灵活，为方便初学者，这里介绍进行设计性实验的一般程序，仅供参考。

1. 物理模型的建立、比较与选择

对于我们要研究的物理量,常常与许多物理现象和物理过程相联系,在一定的条件下,这些现象和过程间存在着确定的函数关系。我们应从它们当中选择比较简单的、在实验室现有条件下容易重现的物理模型,作为设计的基本依据。

物理模型的建立就是根据实验要求和实验对象的物理性质,研究实验对象的物理原理及实验过程中各物理量之间的关系,推证数学模型即数学表达式。物理模型一般是在理想条件下建立的,而这些条件在实验中又是无法严格实现的,所以必须深刻理解原理所需要的条件,考虑这些条件与实验中所能实现的条件的近似程度,在误差允许的范围内,使实验条件尽量接近理想条件,只有这样才能建立起一个比较理想的物理模型。

对于一个实验任务,可以建立起多种物理模型,这就要求我们对所能建立的物理模型进行比较,从中选择一个最佳的物理模型。在选择物理模型时,要从物理原理的完善性、计算公式的准确性、实验方法的可靠性、实验操作的简单性、实验装置的经济性、仪器精度的局限性、误差范围的允许性等多方面进行比较,尽量使建立起的物理模型既突出物理概念,又使实验简易可行,既能充分利用现有条件,又能使测量精度高、误差小。

2. 测量方法的选取

一个实验中可能要测量多个物理量,每个物理量又可能有多种测量方法。我们必须根据被测对象的性质和特点,分析比较各种方法的使用条件、可能达到的实验准确度,以及各种方法实施的可能性、优缺点,综合权衡之后做出选择。选择方法时,应首先考虑测量不确定度要小于预定的设计要求。但是过分追求较小的不确定度也是没有必要的,因为随着结果准确度的提高,实验难度和实验成本也将增加。测量方法的选择离不开对测量仪器的选择,这又要从仪器精度、操作的方便性及经济性各方面综合考虑。总之,测量方法的选择应在不增加实验成本的情况下遵循不确定度最小原则。

3. 测量仪器的选择

物理模型和测量方法确定之后,就要选择配套的测量仪器。选择的方法是通过待测的间接测量量与各直接测量量的函数关系导出不确定度传递公式。

从误差传递公式我们可看出各个直接测量量对测量误差的贡献。对误差传递公式:

$$U_{\bar{w}} = \sqrt{\left(\frac{\partial f}{\partial x}U_x\right)^2 + \left(\frac{\partial f}{\partial y}U_y\right)^2 + \cdots}$$

或

$$U_r = \sqrt{\left(\frac{\partial \ln f}{\partial x}\right)^2 \cdot U_x^2 + \left(\frac{\partial \ln f}{\partial y}\right)^2 \cdot U_y^2 + \cdots}$$

根据“不确定度均分”原则,有

$$\frac{\partial f}{\partial x}U_x = \frac{\partial f}{\partial y}U_y = \cdots$$

或

$$\frac{\partial \ln f}{\partial x}U_{\bar{x}} = \frac{\partial \ln f}{\partial y}U_{\bar{y}} = \cdots$$

按照由上两式对间接测量量的不确定度要求,合理地分配给各直接测量量,由此选择精度合适的仪器。当实验室没有配套的仪器时要自己设法组装。有时为了使装置和仪器选择方便,改变选择被测试样也很重要。被测样品选择恰当常常可使设计大为简化。

不过,“不确定度均分”也只是误差的一个原则上的分配方法,对于具体情况还应具体处理,如由于条件限制,某一物理量的不确定度稍大,继续减小不确定度难度又很大,这时可以允许该量的不确定度大一些,而将其他物理量的测量不确定度减小一些,以保证总不确定度达到设计要求。另外,由有效数字运算法则可知,若干个直接测量量进行加法或减法运算时,选用精度相同的仪器最为合理;测量的若干个量,若是进行乘除法运算,应按有效数字位数相同的原则来选择不同精度的仪器。否则,高精度测量不会起作用,以致造成不必要的浪费。

4. 制定实验步骤

建立了理想的物理模型,选择了最佳的测量方法,合理地选择了测量仪器,之后就应制定详细可行的实验步骤。实验步骤的制定必须以所选用的物理模型为依据。特别是所选用模型是在一定条件下近似得到的情况,在拟定实验步骤时一定要尽量满足所需的条件。

对不可逆的物理过程,要特别注意实验步骤的先后次序。同时在安排实验步骤时对测量范围及需要注意的地方都要明确提出。

5. 实验测量

测量是实验设计的具体实施,在具体的测量过程中还可以检查设计思想和拟定的步骤是否合理。测量中要特别注意有无事先没有考虑到的异常现象,对于这些异常现象要认真观察,细心分析。常常在异常现象中可发现新的规律。

6. 数据处理

数据处理是实验不可分割的一部分,数据处理的方法在实验设计时就应该提出来。实验完成后通过数据处理看是否满足原来的要求,是否符合原来的设计思想。

7. 写出完整的实验报告

在实验报告中应根据实验结果进行分析,提出对实验设计的改进意见。由于设计性实验是在基础实验和综合实验之后开设的,学生已掌握了一定的实验原理、方法和技能,并掌握了一般实验报告的撰写方法。因此,对于设计性实验的实验报告要求更高、更灵活。设计性实验报告可以以小论文的形式撰写,小论文的内容主要包括以下几个方面:

(1) 实验课题;

(2) 实验内容摘要;

(3) 关键词(实验报告中涉及的主要概念、定律和方法的名称);

(4) 实验原理(扼要地写出设计任务、设计思想、理论依据和计算公式);

(5) 根据课题设计要求和不确定度要求选择仪器设备,设计实验装置图或线路图;

(6) 列出实验操作要点,绘制必要的实验数据表格;

(7) 处理实验数据,进行不确定度的估算,给出实验的结果;

(8) 阐述实验结果并对结果进行讨论,谈谈自己的实验体会,提出对实验的改进意见;

(9) 列出参考资料。

4.2 设计性实验的举例

1. 设计性实验的选题原则

设计性实验如何选题,不同类型的学校、不同的教育对象、不同的课程性质、不同的教学目标,选题的侧重面不一样,每个设计性实验项目都应该体现一个设计思想。一般来说,设计性实验的选题应遵循以下原则:

(1) 有利于提高学生综合运用知识的能力;

(2) 有利于提高学生的科学思维方法与工作实践能力;

(3) 有利于开阔学生眼界、激发学生实验兴趣,为今后的科研和工程实践奠定基础;

(4) 满足学生的个性发展需要；

(5) 有利于学生接触先进的科学实验与工程实践方法和测量技术，使学生紧跟当今科学技术发展的步伐。

2. 设计性实验举例

例 1　根据误差要求，正确选择测量仪器。

[设计任务]　已知一圆柱的直径 $d\approx10$ mm，高 $h\approx50$ mm，测量其体积。

[设计要求]　自选测量工具，要求该圆柱的体积 V 的相对不确定度不大于 1%。

要完成本设计实验，首先要确定 d 和 h 的允许不确定度值各是多少，然后选择适当的测量工具分别对 d 和 h 进行测量。

选择测量工具(仪器)应考虑如下因素：

(1) 根据测量量的不确定度要求，按“不确定度均分”原则先求出各直接测量量允许的不确定度值；

(2) 结合各直接测量的估计值、允许的不确定度值和各相关测量工具量限、仪器误差，选择满足实验要求的测量工具(仪器)；

(3) 在对若干个直接测量量进行加法或减法计算时，选用精度相同的仪器最为合理；在对若干个直接测量量进行乘除法运算时，应按有效数字位数相同的原则来选择不同精度的仪器；

(4) 在满足测量要求的条件下，尽量选用准确度级别低的仪器，因为仪器的准确度级别越高，成本越高，且对操作和环境要求也越高。

把上述观点应用于本例，则需按以下几个步骤完成本设计性实验。

步骤 1　求出各直接测量量允许的不确定度值。

根据圆柱体积计算公式 $V=\pi d^2h/4$ 知，由不确定度传递与合成关系得

$$\frac{U_V}{V}=\sqrt{\left(2\frac{U_d}{d}\right)^2+\left(\frac{U_h}{h}\right)^2}\leqslant 1\%$$

通常先按“不确定度均分”的原则，令参加合成的各项取相同的不确定度值，即

$$2\frac{U_d}{d}=\frac{U_h}{h}$$

于是有

$$\frac{U_V}{V}=\sqrt{2\left(2\frac{U_d}{d}\right)^2}=\sqrt{2\left(\frac{U_h}{h}\right)^2}\leqslant 1\%$$

由此可得

$$\frac{U_d}{d}\leqslant\frac{1}{2\sqrt{2}}\times1\%=0.36\%\Rightarrow U_d\leqslant10\times0.0036\ \text{mm}=0.036\ \text{mm}$$

$$\frac{U_h}{h}\leqslant\frac{1}{\sqrt{2}}\times1\%=0.71\%\Rightarrow U_h\leqslant50\times0.0071\ \text{mm}=0.36\ \text{mm}$$

步骤 2　选择测量工具。

实验室常用的测量长度工具有以下几种。

(1) 螺旋测微器：量限为 0～25 mm，仪器误差为 0.004 mm。

(2) 游标卡尺：量限为 0～150 mm，仪器误差为 0.02 mm。

(3) 米尺：量限为 0～2 m，仪器误差为 1 mm。

可见，满足测量条件的有螺旋测微器和游标卡尺。本实验中，测量直径可采用螺旋测微

器,测量高度可采用游标卡尺。

若是制造体积不确定度不超过1%的圆柱,则U_d=0.036 mm及U_h=0.36 mm也可作为加工尺寸的最大允许误差限。

注:进行不确定度分配的所谓"不确定度均分"原则并不是固定不变的,可以根据实际情况和经济上的考虑加以调整。

步骤3 进行实验测定(略)。

步骤4 完成实验报告或小论文(略)。

例2 测定本地区重力加速度。

[设计任务] 测定本地区的重力加速度。

[设计要求] 要求相对不确定度$U_r \leqslant 0.5\%$。

[实验条件] 自选实验模型和实验仪器。

本设计性实验只给出实验题目和误差要求,而物理模型的建立和选择、仪器的组装和搭配、实验步骤和数据处理等均由学生自行完成,下面结合本题目,说明此类实验设计的一般程序。

(1) 建立物理模型。

重力加速度g是一个重要的物理常数,许多物理现象和物理过程与之有关。例如,自由落体运动、抛射体运动、物体沿斜面的匀速运动、单摆运动及万有引力与重力的关系等均与g有关。根据这些物理过程,推证出相应的重力加速度g的计算公式,均可进行重力加速度g的测量。通过对这些物理过程的分析比较可知,只有单摆运动在实验室中最易再现,可定为实验的物理模型。

(2) 选择测量方法。

根据单摆周期公式$T=2\pi\sqrt{L/g}$可知,要测量g,就要对单摆的周期T和摆长L进行测量。取摆长约1 m,此时周期约2 s。周期T可用秒表进行测量,而摆长L则可用测量长度的工具进行测量。由于单摆周期公式是近似公式,实验中要控制好摆角、摆长、小球密度等条件。

(3) 选用测量仪器和装置。

单摆在不受阻力且摆角较小的情况下,可认为是简谐振动,其摆动周期只与摆长L有关,满足

$$T=2\pi\sqrt{\frac{L}{g}} \tag{4.2.1}$$

若能精确测出周期T和摆长L,g就可间接测出。由上式得

$$g=\frac{4\pi^2 L}{T^2} \tag{4.2.2}$$

由此得

$$U_r=\frac{U_g}{g}=\sqrt{\left(\frac{U_L}{L}\right)^2+\left(2\frac{U_T}{T}\right)^2} \tag{4.2.3}$$

由式(4.2.3)可看出周期T的测量误差对g的测量误差贡献最大。

今要求$U_r \leqslant 0.5\%=0.005$,按"不确定度均分"原则,令参加合成的各项取相同的不确定度值,即$\frac{U_L}{L}=2\frac{U_T}{T}$,于是

$$\frac{U_g}{g}=\sqrt{2\left(\frac{U_L}{L}\right)^2}=\sqrt{2\left(2\frac{U_T}{T}\right)^2}\leqslant 0.005 \tag{4.2.4}$$

解之得

$$\frac{U_L}{L} \leqslant 0.0035 \tag{4.2.5}$$

$$\frac{U_T}{T} \leqslant 0.00177 \tag{4.2.6}$$

对于摆长约 1 m、周期约 2 s 的单摆，由式(4.2.5)得 $U_L \leqslant 3.5$ mm，普通钢卷尺在测量范围为 1 m 左右时，仪器误差为 2 mm 左右，因此选用普通钢卷尺测量摆长就可满足要求。由式(4.2.6)得 $U_T \leqslant 0.0035$ s，我们可以考虑以下测量工具：

①机械秒表，仪器误差为 0.1 s；
②电子表，仪器误差为 0.01 s；} 启停时，一般人的判断引入 0.2 s 的误差

③毫秒计，仪器误差为 0.001 s。

显然如果仅测一个周期，只有选择毫秒计测量才能满足要求。我们注意到无论测一个周期还是测多个周期，用秒表测量时间的不确定度 U_T 都只是 0.1 s(仪器误差)+0.2 s(人的反应误差)，但如果用测多个周期的办法，我们可避免选用价值昂贵且使用不便的毫秒计。设 n 为测量的周期数，由

$$\frac{0.1 + 0.2}{2} \leqslant 0.00177n$$

可得

$$n \geqslant 85$$

即选用机械或电子秒表，测 85 个周期所用的总时间即可满足测量误差的要求。

注意，一般选用仪器的原则是：在满足测量要求的条件下，尽量选用准确度级别低的仪器。仪器的准确度级别越高，成本越高，对操作和环境要求也越高，如果使用不当，反而得不到理想的结果。

由于式(4.2.1)是近似公式，实验中要控制好摆角、摆长、小球密度等条件。

(4) 设计提纲。

由上述分析和题目要求，可得如下实验设计提纲：

①选用“单摆”作为本实验的物理模型。

②选用 $g = \frac{4\pi^2 L}{T^2}$ 作为测量公式。

③选用 1 m 左右没有弹性的轻质细绳作单摆的悬线，选用密度较大的光滑圆球作摆球。悬线质量为 m_0，摆球质量为 m，两者的质量比 $\frac{m_0}{m}$ 控制在 0.005 以内。

④用钢卷尺测摆长，单次测量即可。周期的测量选用机械秒表，因为周期的测量误差对实验误差贡献大，应作多次测量，每次测连续 90 个周期的摆动时间。物理过程是可逆的，先测 L 或先测 T 都是可以的。

⑤实验中摆角控制在 5°以内，摆角对实验的系统误差影响最为显著。各量的测量应有三位有效数字。

(5) 实验测量。(略)

(6) 处理数据。(略)

(7) 撰写实验报告或小论文。(略)

(8) 列出参考资料。(略)

4.3　设计性实验的教学项目

以下提供部分设计性物理实验选题,供读者参考及选做。更多的选题会随时挂于课程网站上。

实验 4-1　电阻测量设计

电阻是电路和电气元器件的一个重要参数,因此对电阻的测量特别重要。对不同阻值和精度要求的电阻有不同的测量方法。惠斯登电桥法是测量中值电阻($10\sim10^5$ Ω)的常用方法之一,对于低值电阻(1 Ω 以下)可采用开尔文电桥(双臂电桥)法或四端法进行测量,而对于高值电阻($>10^5$ Ω),则要采用兆欧表或其他方法进行测量。

【实验室提供的备选器材】

1. 设计测量中值电阻(检流计内阻)可选仪器

自搭电桥板、待测内阻检流计(一个)、电键、滑线变阻器、直流稳压电源、电阻箱、直流单双臂电桥。

2. 测量低值电阻可选仪器

标准电阻箱、自搭电桥板、检流计、电键、滑线变阻器、直流稳压电源、直流单双臂电桥。

3. 测量高值电阻

由学生提出测试仪器或器材,若暂时无法满足要求,可作理论分析、比较。

【实验任务】

(1) 设计测量中值电阻(如检流计内阻)的三种方法,选择其中一种进行测量。

(2) 设计一种测量低值电阻的方法。

(3) 设计一种测量高值电阻的方法。

(4) 使用实验室提供的仪器设计实验方案,完成测量,并撰写完整的实验报告。

【成果导向教学设计】

知识:

(1) 基础知识:电路分析、欧姆定律、电桥平衡原理。

(2) 测量原理:电桥平衡原理测电阻。

(3) 新技术:四端法、精密电桥的工作原理。

能力:

(1) 测量仪器的使用:自搭电桥与 QJ47 型直流单双臂电桥的使用。

(2) 实验总结:能建立数据与结果的关联;撰写完整的实验报告。

(3) 安全实验;公民素质(个人能力、团队协作能力)(潜移默化地培养)。

【实验报告】

(1) 写明本设计实验的目的和选题意义。

(2) 记录所选用的实验器材。

(3) 阐明电阻测量的基本原理、设计思路。

(4) 记录实验的全过程，包括实验步骤、实验图示、各种实验现象和实验数据等。

(5) 通过数据处理，建立实验数据与实验结果的关联，并给出测量结果。

(6) 分析实验结果，讨论实验中出现的各种问题，分析误差原因，提出改进意见。

(7) 列出实际为你提供帮助的参考资料。

【参考资料】

[1] 郑庆华，童悦. 双臂电桥测低电阻[J]. 物理与工程，2009. 19(1)：36-38.

[2] 韩新华. 高值电阻测量方法分析[J]. 太原师范学院学报（自然科学版），2009，8(2)：101-103.

[3] 广西科技大学大学物理实验教学网站.

实验 4-2　驻波实验研究与简单乐器的设计

一切机械波，在有限大小的物体中进行传播时会形成各式各样的驻波。驻波是常见的一种波的叠加现象，它广泛存在于自然界和日常生活当中，如我们熟悉的多种乐器，都是利用管、弦、膜、板等的振动形成的。研究音乐性质如音质的好坏等都要利用物理方法。音乐的测量，包括频率、强度、时间、频谱、动态等都是物理测量，制造乐器的许多材料性能测量也都涉及物理量的测量。驻波理论在声学、光学及无线电中都有着重要的应用。

小提琴、二胡、吉他、琵琶等弦乐器，都是依靠弦线的振动而发出声音的，而各种管乐器则是靠管内空气的振动而发出声音的。本实验重点观测在弦线上形成的驻波，用实验确定弦振动时，驻波波长与弦线张力的关系，驻波波长与振动频率的关系，以及驻波波长与弦线密度的关系。在理解驻波形成及传播规律的基础上，设计一个简单的乐器。

一般的驻波发生在三维空间，较为复杂，为了便于掌握其基本特征，本实验研究最简单的一维空间的情况。

【实验任务】

(1) 使用实验室提供的设备，设计验证弦线上驻波的传播规律（波长与共振频率间的关系；波长与弦线所受张力的关系）的实验。

(2) 在理解振动规律的基础上，研究吉他和水杯琴的发声原理，设计并制作一个简单的乐器。（选做内容）

【实验室提供的备选器材】

FD-SWE-Ⅱ弦线上驻波实验仪（一套），如图 4-2-1 所示。

【成果导向教学设计】

通过本实验的学习，学生能了解以下知识，培养以下能力。

知识：

(1) 基础知识：机械波的基础知识；行波与驻波的主要区别。

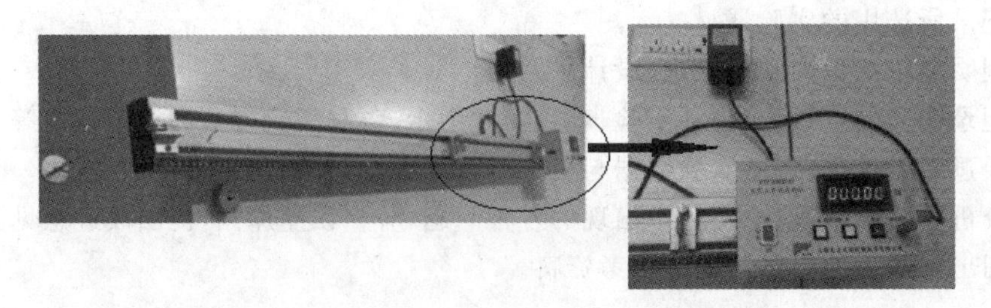

图 4-2-1 FD-SWE-Ⅱ弦线上驻波实验仪实物图

(2) 实验原理:驻波的传播规律。

能力:

(1) 测量仪器的使用:FD-SWE-Ⅱ弦线上驻波实验仪的调节和使用。

(2) 实验设计能力:能使用给定的仪器设计验证弦线上驻波传播规律的实验方案,并能通过实验验证。

(3) 实验总结:能建立数据与结果的关联,给出实验结论;撰写完整的实验报告。

(4) 安全实验;公民素质(个人能力、团队协作能力)(潜移默化地培养)。

【实验原理研究】

1. 研究弦线上驻波的传播规律

(1) 掌握产生驻波的原理,并观察弦线上形成的驻波。

(2) 研究波长与共振频率间的关系。

(3) 研究波长与弦线所受张力及线密度间的关系。

2. 研究吉他和水杯琴的发声原理(选做)

(1) 在理解振动规律的基础上,研究吉他和水杯琴的发声原理,设计并制作一个简单的乐器。

(2) 对自己设计的乐器进行演奏。

【实验报告】

(1) 阐明实验目的和实验任务。

(2) 阐明实验的基本原理、设计思路和研究过程。

(3) 记录实验的全过程,包括实验步骤、各种实验现象和数据等。

(4) 通过对实验数据的处理,建立数据与结果的关联,给出实验结论。

(5) 分析实验结果,讨论实验中出现的问题,提出改进意见。

(6) 列出实际参考的资料。

【学习总结与拓展】

(1) 总结自己教学成果的达成度(参考成果导向教学设计内容)。

(2) 从能力的培养中选一个角度,谈谈你的收获。

【参考资料】

[1] 广西科技大学大学物理实验教学网站.

[2] 上海复旦天欣科教仪器有限公司. FD-SWE-Ⅱ弦线上驻波实验仪使用说明书.
[3] 沈元华,陆申龙. 基础物理实验[M]. 北京:高等教育出版社,2003.
[4] 阎旭东,徐国旺. 大学物理实验[M]. 北京:科学出版社,2003:66-68.
[5] 葛松华,唐亚明. 大学物理实验教程[M]. 北京:电子工业出版社,2004:53-56.
[6] 贾玉润,王公怡,凌佩玲. 大学物理实验[M]. 上海:复旦大学出版社,1986:117-119.

知识拓展

弦乐器、水杯琴的发声原理

1. 弦乐器的发声原理

琵琶、吉他、二胡、小提琴等弦乐器,都是依靠弦线的振动而发出声音的。演奏时,用弓拉或用手指拨动弦线,可使弦线受迫振动;用手指按压弦线上某处,可改变弦线振动部分的长度,从而发出不同音高的乐音。弦线驻波的频率 f 应满足的关系为

$$f=\frac{v}{\lambda}=n\frac{v}{2L}\quad(n=1,2,3\cdots)$$

当 $n=1$ 时,对应的频率称为基频,它决定着弦振动的音调;当 $n=2,3,\cdots$ 时,对应的频率分别为基频的 2 倍,3 倍,…,分别称为二次,三次,…谐频,它们决定了弦线振动的音色。

2. 管乐器的发声原理

笛子、号子、箫、唢呐、单簧管等管乐器,都是依靠管内空气的振动而发出声音的。

用一套(8 个)相同的玻璃瓶子(最好是长颈玻璃杯),只要适当地在每一个瓶子里盛上深浅不同的水,按水量的多少顺次排列,使它们组成一个完整的音阶,用筷子就能敲出悦耳动听的乐曲来,故有"音乐瓶""水杯琴""水杯编钟"之称。图 4-2-2 为一"水杯琴"表演奏实况图。

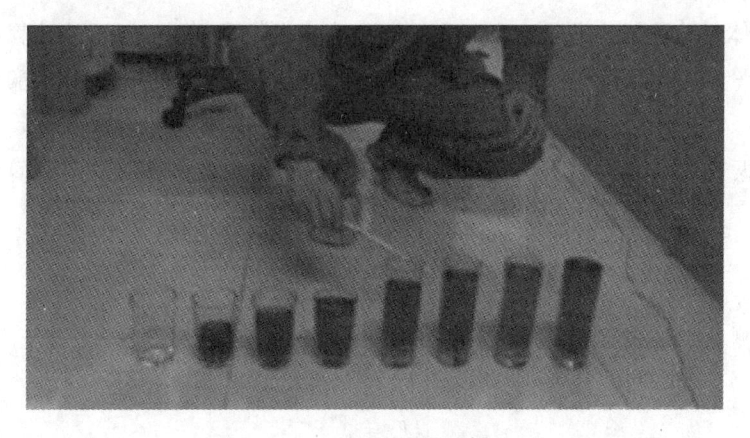

图 4-2-2　"水杯琴"的表演实况图

同学们可根据管弦乐器的发声原理,利用身边的物品或器材(如瓶子、碗、杯、线等),设计制作一种简单的乐器,并经过练习后演奏给同学们欣赏。

另外,请同学们思考如下问题:

(1) 向瓶子内吹气与敲瓶子时均能发出声音,其发声的原理是否一样?

(2) 试定性分析"水杯琴"发声频率与水位高低的关系。

实验 4-3 用恒力矩转动法验证平行轴定理

【实验目的】

(1) 观测圆柱体的转动惯量随转轴不同而改变的情况。

(2) 学会使用智能计时计数器测量时间。

【实验仪器】

ZKY-ZS 转动惯量实验仪、智能计时计数器。

【实验原理】

圆柱体绕几何中心轴转动的转动惯量理论值为

$$J_0 = \frac{1}{2}mR^2 \tag{4-3-1}$$

平行轴定理:质量为 m 的物体围绕通过质心 O 的转轴转动时转动惯量 J 最小。当转轴平行移动距离 d 后,绕新转轴转动的转动惯量为

$$J = J_0 + md^2 \tag{4-3-2}$$

【实验内容与步骤】

(1) 测量并计算实验台的转动惯量 J_1。

(2) 验证平行轴定理。

将两圆柱体对称地插入载物台上与中心距离为 d 的小圆孔中,测量并计算两圆柱体在此位置的转动惯量 J_2。将测量值与由式(4-3-2)所计算的值进行比较,若一致即验证了平行轴定理。

(3) 计算两圆柱体在此位置的转动惯量理论值,并与测量值 J_2 比较,计算测量的相对误差。

$$U_r = \left|\frac{J_{实} - J_{理}}{J_{理}}\right| \times 100\%$$

(4) 写出测量结果表示:

$$\begin{cases} J_{圆柱体} = \\ U_r = \end{cases}$$

【数据记录与数据处理】

请将实验数据记录表 4-3-1 和表 4-3-2。

表 4-3-1　测量实验台的角加速度

匀减速						匀加速 $R_{塔轮}=25$ mm　$m_{砝码}=53.5$ g					
k	1	2	3	4	平均	k	1	2	3	4	平均
t/s						t/s					
k	5	6	7	8		k	5	6	7	8	
t/s						t/s					
$\beta_1/(1/s^2)$						$\beta_2/(1/s^2)$					

实验台的转动惯量 $J_1=$________(kg · m^2)

表 4-3-2　测量两圆柱体试样中心与转轴距离 $d=105$ mm 时角加速度

$R=15$ mm　$m_{圆柱体}\times 2=332$ g

匀减速						匀加速 $R_{塔轮}=25$ mm　$m_{砝码}=53.5$ g					
k	1	2	3	4	平均	k	1	2	3	4	平均
t/s						t/s					
k	5	6	7	8		k	5	6	7	8	
t/s						t/s					
$\beta_3/(1/s^2)$						$\beta_4/(1/s^2)$					

实验台放上圆柱体后的转动惯量 $J_2=$________(kg · m^2)

圆柱体的转动惯量 $J_{盘}=J_2-J_1=$________(kg · m^2)

【成果导向教学设计】

知识：

基础知识：平行轴定理。

能力：

(1) 测量仪器的使用：智能计时计数器。

(2) 实验总结：能建立数据与结果的关联；撰写完整的实验报告。

(3) 安全实验；公民素质(个人能力、团队协作能力)(潜移默化地培养)。

【实验报告】

按“刚体转动惯量的测定”实验数据处理的方法来进行数据处理。

实验 4-4　波长的相对测量实验设计

光波波长的测量方法有很多种，比较常见的有利用迈克尔逊干涉仪、双棱镜及光栅等测量光波波长。本实验采用等厚干涉方法，通过已知波长的光波测量出未知光波的波长。

【实验任务】

(1) 明确分振幅法产生相干光的基本条件。

(2) 研究波长的相对测量的实验原理。

(3) 使用实验室提供的仪器设计波长相对测量的实验方案,完成测量,并撰写完整的实验报告。

【实验室提供的备选器材】

读数显微镜、牛顿环、钠光灯(λ 取 5.893×10^{-4} mm)、汞灯、滤光片。

【成果导向教学设计】

知识:

(1) 基础知识:光的干涉理论、相干光、分振幅法、等厚干涉。

(2) 测量原理:波长的相对测量实验原理。

(3) 新技术:相对测量法测量未知光波的波长。

能力:

(1) 测量仪器的使用:$\mathrm{JCD_{Ⅲ}}$ 型读数显微镜的调节与使用。

(2) 实验总结:能建立数据与结果的关联;撰写完整的实验报告。

(3) 安全实验;公民素质(个人能力、团队协作能力)(潜移默化地培养)。

【实验报告】

(1) 写明本设计实验的目的和选题意义。

(2) 记录所选用的实验器材。

(3) 阐明波长相对测量的基本原理(包括测量公式的完整推导)。

(4) 记录实验的全过程,包括实验步骤、实验图示、各种实验现象和实验数据等。

(5) 通过数据处理,建立实验数据与实验结果的关联,给出测量结果。

(6) 分析实验结果,讨论设计中出现的各种问题,分析误差原因,提出改进意见。

(7) 列出实际为你提供帮助的参考资料。

【拓展研究】

(1) 阐述利用读数显微镜、牛顿环和钠光灯测量汞灯波长的原理。

(2) 测量过程中有哪些注意事项?

【参考资料】

[1] 仪器使用说明书.

[2] 广西科技大学大学物理实验教学网站.

[3] 朱基珍. 大学物理实验(基础部分)[M]. 华中科技大学出版社,2010,177-184.

实验 4-5　空气折射率测量设计

迈克尔逊干涉仪是依据光的干涉原理来测量长度或长度变化的精密光学仪器。干涉仪的两束相干光在空间各有一段光路是分开的,可以在其中一支光路中放进研究对象而不影响另一支光路。据此,可以用它来测量空气的折射率,让学生进一步了解光的干涉现象及其形成条件,同时也为测量空气折射率提供了一种思路和方法。

采用迈克尔逊干涉仪测量空气折射率,具有设备简单、操作方便等优点。

【实验任务】

(1) 掌握迈克尔逊干涉仪的调节和使用方法。

(2) 研究空气折射率测量的实验原理。

(3) 使用实验室提供的仪器设计测量空气折射率的实验方案,完成测量,并撰写完整的实验报告。

【实验室提供的备选器材】

(1) 迈克尔逊干涉仪;(2) HJ-长寿命激光电源;(3) 扩束镜;(4) 气室组件。

【成果导向教学设计】

知识:

(1) 基础知识:相干光、光程差、等倾干涉。

(2) 测量原理:利用迈克尔逊干涉仪测量空气折射率的实验原理。

(3) 新技术:等倾干涉法、累积放大法。

能力:

(1) 测量仪器的使用:迈克尔逊干涉仪的使用。

(2) 实验总结:能建立数据与结果的关联;撰写完整的实验报告。

(3) 安全实验;公民素质(个人能力、团队协作能力)(潜移默化地培养)。

【实验报告】

(1) 写明本设计实验的目的和选题意义。

(2) 记录所选用的实验器材。

(3) 阐明用迈克尔干涉仪测量空气折射率的基本原理(包括测量公式的推导)。

(4) 记录实验的全过程,包括实验步骤、实验图示、各种实验现象和实验数据等。

(5) 通过数据处理,建立实验数据与实验结果的关联,给出测量结果。

(6) 分析实验结果,讨论设计中出现的各种问题,分析误差原因,提出改进意见。

(7) 列出实际为你提供帮助的参考资料。

【拓展研究】

(1) 思考题:该实验装置能否对其他物质的折射率进行测量?

(2) 学习收获:

①从能力的培养、学习要点中选一个角度,谈谈你的收获。

②给出测量空气折射率的其他方法。

【注意事项】

(1) 激光属强光,会灼伤眼睛,注意不要让激光直接照射眼睛。

(2) 鼓气阀门不要用力旋转,以免损坏。

(3) 仪器应妥善地放在干燥、清洁的房间内,防止震动。

(4) 光学零件不用时,应存放在清洁的干燥盆内,以防发霉。镜片一般不允许擦拭,必须擦拭时,应先用备件毛刷,小心掸去灰尘,再用脱脂清洁棉花球滴上酒精和乙醚混合液轻拭。

【参考资料】

[1] 仪器使用说明书.
[2] 广西科技大学大学物理实验教学网站.
[3] 谢行恕,康士秀,霍剑青.大学物理实验(第二册)[M].北京:高等教育出版社,2001.
[4] 陆延济,胡德敬,陈铭南.物理实验教程[M].上海:同济大学出版社,2000.
[5] 王惠棣,任隆良,谷晋骐,等.物理实验[M].修订版.天津:天津大学出版社,1997.

实验 4-6　综合光学实验平台——由物像放大率测目镜焦距

目镜是用来观察前方光学系统所成图像的目视光学器件,是望远镜、显微镜等目视光学仪器的组成部分。通常放大镜是指用于直接放大实物的透镜,而目镜的主要作用则是用于将物镜放大所得的实像再次放大,从而在明视距离处形成一个清晰的虚像。实质上目镜就是一个放大镜。目镜在光学系统中发挥重要作用,实验中是否能形成高水平的物像,与目镜质量有很大关系。

光学仪器中的目镜,除了要考虑具有较高的放大本领外,还应该要注意对像差的矫正。在精密光学仪器中,为了达到消除像差的目的,目镜常由若干个透镜组合而成,具有较大的视场和视角放大率。此外,在测量时还可以根据需要,为目镜配备一块分划板,板上刻有叉丝或透明刻度尺,以提高测量的精度。

由于目镜的焦距较短,在实验中一般可采用放大率法对目镜焦距进行测量。

【实验任务】

(1) 了解常见目镜的种类和各自特点。
(2) 查找资料,掌握通过物像放大率测目镜焦距的光学原理。
(3) 使用实验室提供的仪器设计光路,并由物像放大率测量出待测目镜的焦距。

【实验室提供的备选器材】

综合光学实验平台,包含光源、微尺分划板、待测目镜、底座、二维架、便携式读数显微镜等配件。

【成果导向教学设计】

知识:
(1) 基础知识:放大率。
(2) 原理:凸透镜相关的几何光学原理。

能力:
(1) 测量仪器的使用:综合光学实验平台的使用。
(2) 实验总结:能建立数据与结果的关联;撰写完整的实验报告。
(3) 安全实验;公民素质(个人能力、团队协作能力)(潜移默化地培养)。

【实验报告】

(1) 写明本设计实验的目的和选题意义。

(2) 记录所选用的实验器材。

(3) 阐明由物像放大率测目镜焦距的光学原理。

(4) 记录搭建调整光路的全过程,包括实验步骤、实验图示和所看到的实验现象等。

(5) 根据测量数据计算出待测目镜焦距的测量值,并将其与理论值进行比较。

(6) 分析实验结果,讨论设计中出现的各种问题,分析误差原因,提出改进意见。

(7) 列出实际为你提供帮助的参考资料。

【拓展研究】

(1) 常用目镜从结构上可以分为几类?它们之间有何区别?

(2) 目镜焦距还可以通过哪些方法进行测量?

【参考资料】

[1] 仪器使用说明书.

[2] 广西科技大学大学物理实验教学网站.

实验 4-7　综合光学实验平台——薄透镜焦距的测量(自准法、贝塞尔法、物距-像距法)

透镜是指由两个折射球面构成的光具组。通常把过两球面圆心的直线称为透镜的光轴。当透镜的厚度(光轴与两个折射球面相交点的距离)远小于焦距长度时,该透镜称为薄透镜。薄透镜的几何中心称为光心。

薄透镜根据其焦距的正负,分为凸透镜(也称正透镜)和凹透镜(也称负透镜)两类。对于凸透镜,将平行光线平行于主光轴射入凸透镜时,光在透镜的两面经过两次折射后,会集中在轴上的一点,此点叫做凸透镜的焦点。凸透镜在镜的两侧各有一焦点,如为薄透镜时,此两焦点至透镜中心的距离大致相等。凸透镜的焦距,是指由焦点到透镜中心的距离。凸透镜球面半径越小,焦距越短。凸透镜可用于放大镜、老花眼及远视的人戴的眼镜,以及显微镜、望远镜的透镜等。而对于凹透镜,当平行主轴的光束照于凹透镜上折射后,光线向四方发散。逆光线发散方向的延长线,则均会聚于光源同侧的一点 F,其折射光线恰如从 F 点发出,此点称为虚焦点,在透镜两侧各有一个。凹透镜又称为发散透镜。凹透镜的焦距,是指由焦点到透镜中心的距离。透镜的球面曲率半径越大,其焦距越长,如为薄透镜,则其两侧的焦距相等。

掌握测量透镜焦距的方法、熟知其成像规律及学会光路的调节技术是光学实验的基本要求。

【实验任务】

(1) 了解凸透镜和凹透镜的光学特性。

(2) 查找资料,掌握自准法、贝塞尔法、物距-像距法测透镜焦距的光学原理。

(3) 使用实验室提供的仪器,自搭光路,并通过自准法、贝塞尔法、物距-像距法,对指定透镜的焦距进行测量。

【实验室提供的备选器材】

综合光学实验平台,包含光源、物屏、底座、二维架、平面镜、待测凸透镜、待测凹透镜等配件。

【成果导向教学设计】

知识:

(1) 基础知识:透镜焦距、透镜成像规律。

(2) 原理:几何光学原理。

能力:

(1) 测量仪器的使用:综合光学实验平台的使用。

(2) 实验总结:能建立数据与结果的关联;撰写完整的实验报告。

(3) 安全实验;公民素质(个人能力、团队协作能力)(潜移默化地培养)。

【实验报告】

(1) 写明本设计实验的目的和选题意义。

(2) 记录所选用的实验器材。

(3) 阐明自准法、贝塞尔法、物距-像距法测透镜焦距的的光学原理。

(4) 记录测量透镜焦距的全过程,包括实验步骤、实验光路图、各种实验现象等。

(5) 分析实验结果,讨论设计中出现的各种问题,分析误差原因,提出改进意见。

【拓展研究】

(1) 薄透镜焦距的测量方法,是否同样适用于厚透镜和透镜组?

(2) 本实验涉及的几种焦距测量方法各存在哪些优点和缺点?

【参考资料】

[1] 仪器使用说明书.

[2] 广西科技大学大学物理实验教学网站.

实验 4-8 综合光学实验平台——透镜组节点和焦距的测定

透镜是光学系统中最常用的光学器件。在光学仪器中,为了提高性能,通常会采用比较复杂的光学元件,即用有多个透镜的透镜组来组成所需的光学系统。在几何光学的知识学习中,掌握透镜组相关参数的计算和测量方法,具有重要意义。

现有的光学透镜器件,其表面大多为平面或球面,这类透镜组成的光学系统一般称为球面光学系统。如果该系统中所有透镜的主轴都处于一条直线上,则把该光学系统称为共轴系统,该直线称为主光轴。为了便于描述透镜组的成像规律,通常把整个共轴光学系统看作一个整体,并设法找出它的某个基本位置来对其进行分析和描述。为便于对其进行规范的描述,通常会对透镜组定义 6 个基点:第一焦点(物方焦点)、第二焦点(像方焦点)、第一主点(物方主点)、第二主点(像方主点)、第一节点(物方节点)、第二节点(像方节点)。对于已知的光学系统,可根据系统中每个光学元件的参数和间隔,从理论计算或从实验测量得到系统中各个基点的位置,从而方便地对该复杂光学系统的物像关系进行描述。

【实验任务】

(1) 了解透镜组的成像规律和基点的概念。

(2) 查找资料,掌握透镜组基点的测量原理。

(3) 使用实验室提供的仪器,设计光路,对透镜组的节点和焦距进行测量。

【实验室提供的备选器材】

综合光学实验平台,包含光源、微尺分划板、物镜、底座、二维架、透镜组、测节器、便携式读数显微镜等配件。

【成果导向教学设计】

知识:

(1) 基础知识:共轴透镜组的基点和基面、基点位置的计算。

(2) 原理:透镜组相关的几何光学原理。

能力:

(1) 测量仪器的使用:综合光学实验平台的使用。

(2) 实验总结:能建立数据与结果的关联;撰写完整的实验报告。

(3) 安全实验;公民素质(个人能力、团队协作能力)(潜移默化地培养)。

【实验报告】

(1) 写明本设计实验的目的和选题意义。

(2) 记录所选用的实验器材。

(3) 阐明测量共轴透镜组节点和焦距的光学原理。

(4) 记录搭建调整光路的全过程,包括实验步骤、实验图示、所看到的实验现象等。

(5) 根据测量数据计算出待测透镜组焦距的测量值,并与理论值进行比较。用 1∶1 的比例画出被测透镜组及其各种基点的相对位置。

(6) 分析实验结果,讨论设计中出现的各种问题,分析误差原因,提出改进意见。

(7) 列出实际为你提供帮助的参考资料。

【参考资料】

[1] 仪器使用说明书.

[2] 广西科技大学大学物理实验教学网站.

实验 4-9　综合光学实验平台——自组投影仪

投影仪是一种用来放大显示图像的光学装置。最早的投影仪出现在 1640 年。当时的一位耶稣教会教士发明了一种机器,运用镜头及镜子反射光线的原理,可以将一连串的图片反射在墙面上,从此投影技术进入了人们的视野。随着工业革命的蓬勃发展,投影机制造技术也迅速提高,光源也从刚开始的蜡烛,先后改为油灯、汽灯,最后改用为电光源。为了提高画面的质量和亮度,还在光源的后面安装了凹面反射镜,光源的增大,使得机箱的温度升高,为了散热,在幻灯机中加装了排气散热结构。图片的输送方式也从手动改为了自动输送。进入20世纪50年代以后,人类文明迎来了第三次科技革命。在这一阶段,随着电子计算机的发明、集成电路的大量出现,投影机开始进入数字化时代。

在现代,投影仪已应用到了企业经营活动以及家庭娱乐中。在目前市场上,用于投影机内部生成图像的元件有多种类型,但归根结底,其显示图像的原理都是来自于物理学中的光学知识,即利用一定的方法,将光线照射到图像显示元件上来产生影像,然后在目标位置进行投影。

投影仪由成像系统和照明系统两部分组成。在投影仪内部,照明系统和成像系统必须得到合理配置,才能获得最大光照效率,实现良好的投影效果。

【实验任务】

(1) 研究投影仪的结构和工作原理。

(2) 查找资料,掌握临界照明和柯拉照明的光学原理。

(3) 使用实验室提供的仪器,设计和组装一台简易投影仪,并观察现象。

【实验室提供的备选器材】

综合光学实验平台,包含光源、聚光透镜、底座、二维架、幻灯片、放映物镜等配件。

【成果导向教学设计】

知识:

(1) 基础知识:透镜焦距、柯拉照明。

(2) 原理:投影相关的光学原理。

能力:

(1) 测量仪器的使用:综合光学实验平台的使用。

(2) 实验总结:能建立数据与结果的关联;撰写完整的实验报告。

(3) 安全实验;公民素质(个人能力、团队协作能力)(潜移默化地培养)。

【实验报告】

(1) 写明本设计实验的目的和选题意义。

(2) 记录所选用的实验器材。

(3) 阐明投影仪内部的光学原理。

(4) 记录自组投影仪的全过程,包括实验步骤、实验图示、各种实验现象等。

(5) 分析实验结果,讨论设计中出现的各种问题,分析误差原因,提出改进意见。

(6) 列出实际为你提供帮助的参考资料。

【参考资料】

[1] 仪器使用说明书.

[2] 广西科技大学大学物理实验教学网站.

实验 4-10　综合光学实验平台——光的偏振实验设计

【基础知识:偏振光相关知识概述】

光的干涉及衍射现象说明了光的波动性质,而光的偏振现象则直观地验证了光波是横波。对于光偏振现象的研究使人们对光的传播(反射、折射、吸收和散射)的规律有了新的认识,光的偏振在光学计量、晶体性质研究和实验应力分析等领域有重要的应用。

光是一种电磁波,是横波,即光矢量(***E***)振动方向垂直于光的传播方向,光的偏振现象是横波所独有的特征。

按 ***E*** 的振动状态不同,偏振光可分为五种,如表 4-10-1 所示,***E*** 沿着一个固定方向振动的光,称为线偏振光,也叫面偏振光。***E*** 的振动方向在垂直于传播方向的平面上有无穷多个,且是均匀分布的等振幅的光,称为自然光。一个自然光可以看作是在垂直于光传播方向平面内的两个任意互相垂直方向上的,没有固定相位关系的,等振幅的线偏振光的组合。***E*** 的振动方向在各个方向上都有,但其振幅有的方向上强,有的方向上弱,它是自然光和偏振光的组合,或是自然光和椭圆偏振光的组合。以两个不同频率有固定相位差的互相垂直的线偏振光在其相遇点的合成光 ***E*** 的末端的轨迹呈椭圆形,这样合成的光称为椭圆偏振光,当这种合成光的 ***E*** 的末端的轨迹呈圆形时,称为圆偏振光。它们在一定条件下可以互相转化,即自然光→线偏振光→椭圆(或圆)偏振光→线偏振光。

表 4-10-1　偏振光的分类

类别	自然光	部分偏振光	线偏振光	圆偏振光	椭圆偏振光
E 的振动方向和振幅				E_y E E_x	E_y E E_x

1. 偏振光的产生

常见产生偏振光的方法有以下四种。

(1) 玻片反射产生偏振光。

当自然光以 $\theta_B = \arctan \frac{n_2}{n_1}$ 的入射角从折射率为 n_1 的介质入射在折射率为 n_2 的非金属表面(如玻璃)上时,则反射光为线偏振光,其振动面垂直于入射面,此时的入射角称为布儒斯特角(玻璃的布儒斯特角约为 57°)。

(2) 光线穿过玻璃片堆产生偏振光。

当自然光以布儒斯特角 θ_B 入射到一叠玻璃片堆上时,各层反射光全都是一平面偏振光,而折射光则因逐渐失去垂直于入射面的振动部分而成为部分偏振光,玻璃片越多,则折射透过的光越接近线偏振光,当玻璃片数为 8～9 片时,就可近似看成线偏振光,其振动面与入射面平行。

(3) 由二向色晶体产生偏振光。

二向色晶体有选择吸收寻常光或非寻常光的性质,一些矿物和有机化合物具有二向色性。

硫酸碘奎宁晶体膜是具有二向色性的偏振膜,当自然光通过此偏振膜时即可获得偏振光。

(4) 由双折射产生偏振光。

由于各向异性晶体的双折射作用,使入射的自然光折射后成为两条光线,即寻常光(o 光)和非常光(e 光),而这两种光都是平面偏振光。如由方解石晶体做成的尼科耳棱镜只能让 e 光通过,使入射的自然光变成偏振光。

2. 椭圆偏振光、圆偏振光的产生

当线偏振光垂直射入一块表面平行于光轴的晶片时,其振动面与晶片的光轴成 α 角,光被分为 e 光、o 光两部分,它们的传播方向一致,但振动方向平行于光轴的 e 光与振动方向垂直于光轴的 o 光在晶体中传播的速度不同,因而产生了光程差

$$\Delta = d(n_e - n_o)$$

与它相应的相位差为

$$\delta = \frac{2\pi}{\lambda}d(n_e - n_o)\text{(注:在负晶体中,}\delta < 0\text{;在正晶体中,}\delta > 0\text{)}$$

式中 d 为晶体的厚度。

图 4-10-1 中,$\overline{PA} = A$ 代表垂直于纸面前进的偏振光的振幅,它以与晶片光轴方向成 α 角的振动方向入射到晶片上,PX 为晶体的光轴方向,在晶体中形成的 e 光和 o 光在刚刚进入晶体时,此二光的振动可分别表示如下:

$$x_0 = a\sin 2\pi \frac{t}{T}$$

$$y_0 = b\sin 2\pi \frac{t}{T}$$

当光刚穿过晶体时,二者的振动分别为

$$x = a\sin 2\pi\left(\frac{t}{T} - \frac{n_e d}{\lambda}\right)$$

$$y = b\sin 2\pi\left(\frac{t}{T} - \frac{n_o d}{\lambda}\right)$$

式中 $a = A\cos\alpha, b = A\sin\alpha$ 。

设 $\Delta = (n_e - n_o)d$,即 Δ 为二光的光程差,合并二式,消去 t,得穿出晶体的合振动为

$$\frac{x^2}{a^2} + \frac{y^2}{b^2} - \frac{2xy\cos\left(2\pi\dfrac{\Delta}{\lambda}\right)}{ab} = \sin^2\left(\frac{2\pi\Delta}{\lambda}\right)$$

当改变晶体厚度 d 时,光程差 Δ 亦改变。

(1) 当 $\Delta = k\lambda(k = 0,1,2,3,\cdots)$ 时,式(4-10-1)变为

$$\frac{x}{a} - \frac{y}{b} = 0$$

出射光为平面偏振光,与原入射光振动方向相同,满足此条件的晶体片叫全波片。通过全波片的光不发生振动状态的变化。

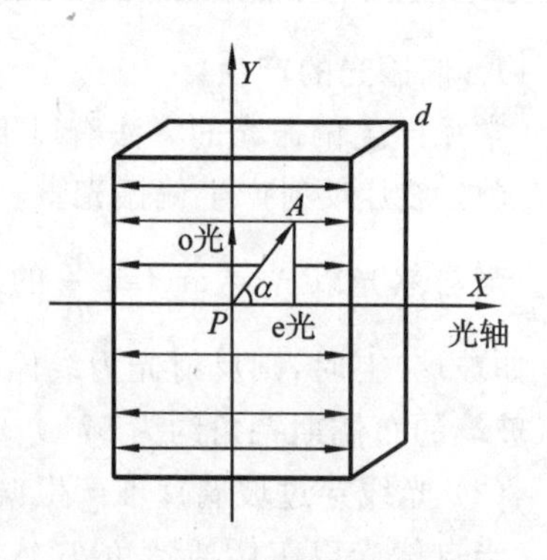

图 4-10-1　晶片光轴示意图

(2) 当 $\Delta = (2k + 1)\dfrac{\lambda}{2}(k = 0,1,2,3,\cdots)$ 时,式(4-10-1)变为

$$\frac{x}{a}+\frac{y}{b}=0$$

出射光为平面偏振光，但与原入射光的夹角为 2α，满足此条件的晶片叫 1/2 波片或半波片。平面偏振光通过半波片后，振动面转过 2α 角，若 $\alpha=45°$，则出射光的振动面与入射光的振动面垂直。

(3) 当 $\Delta=(2k+1)\frac{\lambda}{4}(k=0,1,2,3,\cdots)$ 时，式(4-10-1)变为

$$\frac{x^2}{a^2}+\frac{y^2}{b^2}=1$$

出射光为椭圆偏振光，椭圆的两轴分别与晶体的主截面平行和垂直。满足此条件的晶片叫1/4 波片。

若 $\alpha=\frac{\pi}{4}$，则有 $x^2+y^2=a^2$，出射光为圆偏振光。

由于 o 光和 e 光的振幅是 α 的函数，所以通过 1/4 波片后的合成偏振状态也将随角度 α 的变化而变化。

当 $\alpha=0°$，出射光为振动方向平行于 1/4 波片光轴的平面偏振光。

当 $\alpha=\frac{\pi}{2}$时，出射光为振动方向垂直于光轴的平面偏振光。

当 $\alpha=\frac{\pi}{4}$时，出射光为圆偏振光。

当 α 为其他值时，出射光为椭圆偏振光。

(4) 若 Δ 不为上述三种情况，出射光为某个特定方位的椭圆偏振光。

3. 起偏器和检偏器，马吕斯定律

将自然光变成偏振光的过程称为“起偏”，起偏的仪器叫起偏器。鉴别光的偏振状态的过程称为“检偏”，它所用的仪器叫检偏器。实际上，起偏器和检偏器结构是相同的，只是根据所起的作用不同，叫法不同而已。

按照马吕斯定律，强度为 I_0 的线偏振光通过检偏器后，透射光的强度为

$$I=I_0\cos^2\theta$$

式中 θ 为入射光振动方向与检偏器主截面之间的夹角。显然，当以光传播方向为轴转动检偏器时，透射光强度 I 将发生周期性的变化，当检偏器旋转 360°时，若入射光是线编振光，光强变化出现两个极大(0°和 180°的方位)和两个极小(90°和 270°的方位)；若入射光是部分偏振光或椭圆偏振光，则极小值不为 0；若光强完全不变化，则入射光是自然光或圆偏振光。这样，根据透射光强度变化的情况，可以将线偏振光与其他自然光和部分偏振光区别开来。

4. 偏振光的检验方法

根据以上知识，结合其他参考资料的相关知识，这里对偏振光的检验方法作一个总结，详见表 4-10-2。

表 4-10-2　偏振光的检验方法

第一步	令入射光通过偏振片Ⅰ，改变偏振片Ⅰ的透振方向 P_1，观察透射光强度的变化		
观察到的现象	有消光	强度无变化	强度有变化但无消光
结论	线偏振光	自然光或圆偏振光	部分偏振光或椭圆偏振光

续表

第二步	①令入射光依次通过$\lambda/4$片和偏振片Ⅱ，改变偏振片Ⅱ的透振方向P_2，观察透射光强度的变化		②同①，只是$\lambda/4$波片的光轴方向必须与第一步中偏振片Ⅰ产生的强度极大或极小的透振方向重合	
观察到的现象	有消光	无消光	有消光	无消光
结论	圆偏振光	自然光	椭圆偏振光	部分偏振光

(注:上表改编于赵凯华和钟锡华主编的《光学(下册)》第198页)

【实验任务】

认真阅读光的偏振相关基础知识,或自行查阅其他资料如大学物理教材,了解光的偏振的相关知识,然后在LZH-26型光学平台上,自行设计实验方案,自行选择实验器件,完成以下实验任务。

(1) 以布儒斯特角入射的光,反射光是线偏振光(对$n=1.51$,$i_B\approx57°$)。依据这一原理,自行设计实验方案,用白光源获得线偏振光,检验是否为线偏振光并定出偏振片的易透射轴。

实验室提供器件:白光源、凸透镜($f'=200$ mm)、二维调节架、可调狭缝、黑玻璃镜、偏振片、载物台、X轴旋转二维架。

(2) 以钠光灯为光源,利用偏振片获得线偏振光,检验是否为线偏振光。

实验室提供器件:钠光灯、偏振片、X轴旋转二维架。

*(3) 以氦氖激光器的激光束为光源,自行设计实验方案,获得椭圆偏振光并检验。(选做)

实验室提供器件:氦氖激光器、1/4波片、X轴旋转二维架、偏振片、扩束器、可调狭缝、黑玻璃镜、白屏。

*(4) 以氦氖激光器的激光束为光源,自行设计实验方案,获得圆偏振光并检验。(选做)

实验室提供器件:氦氖激光器、1/4波片、X轴旋转二维架、偏振片、扩束器、可调狭缝、黑玻璃镜、白屏。

【成果导向教学设计】

知识:

(1) 基础知识:光的偏振相关知识、偏振光的检验方法。

(2) 基本光学器件如偏振片、凸透镜、1/4波片、各种光源等的使用方法。

能力:

(1) 实验设计能力:按照实验要求自行设计实验方案,利用提供的备选器件组装实验装置并完成实验。

(2) 实验总结:能建立数据与结果的关联;撰写完整的实验报告。

(3) 安全实验;公民素质(个人能力、团队协作能力)(潜移默化地培养)。

【实验报告】

(1) 写明本设计实验的目的和选题意义。

(2) 记录所选用的仪器、材料的规格和型号、数量等,要与实际使用的相吻合。

(3) 阐明本实验的基本原理、设计思路和研究过程。

(4) 记录实验的全过程，包括实验步骤、各种实验现象和数据等。

(5) 处理实验数据并给出测量结果。

(6) 分析实验结果，讨论实验中出现的各种问题，并提出改进意见，谈谈实验体会。

(7) 列出参考资料(包括来源于教材、图书馆查找到的资料、互联网上查找到的资料或物理实验教学网站上浏览到的资料)。

【拓展研究】

自行选择实验器材，研究太阳光的偏振性或其他光源的偏振性。

【参考资料】

[1] 赵凯华，钟锡华. 光学[M]. 北京：北京大学出版社，1984.

[2] 广西科技大学大学物理实验教学网站.

[3] LZH-26 型光学实验平台说明书.

实验 4-11　综合光学实验平台——测自组望远镜的放大率

本实验是自组开普勒式望远镜，开普勒式望远镜是折射式望远镜的一种。物镜组为凸透镜形式，目镜组也是凸透镜形式。这种望远镜成像是上下左右颠倒的，但视场可以设计得较大，最早由德国科学家开普勒(Johannes Kepler)于 1611 年发明。

【实验目的】

(1) 熟练掌握 LZH-26 型光学平台的基本操作。

(2) 了解开普勒式望远镜，并在光学平台上组装起来。

【实验仪器】

实验仪器装置图如图 4-11-1 所示。

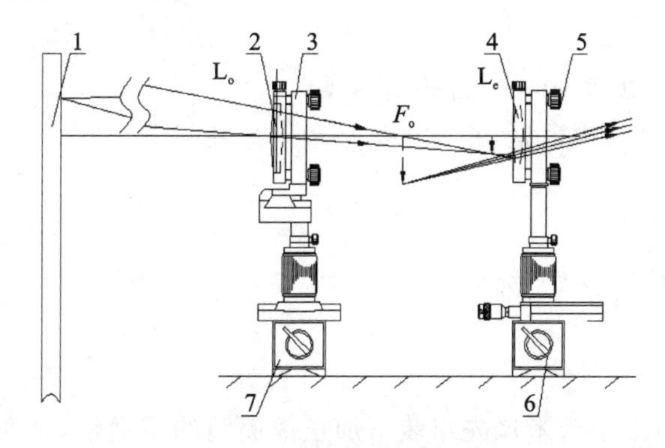

图 4-11-1　实验仪器装配图

1—标尺；2—物镜 L_o(f'_o=250 mm)；3—二维架(YZ-01)；4—目镜 L_e(f'_e=40 mm)；5—二维调节架(YZ-01)；6—三维平移底座(YZ-c)；7—二维平移底座(YZ-b)

【实验步骤】

(1) 按图 4-11-1 所示组成开普勒式望远镜,向约 3 m 远处的标尺调焦,并对准两个红色指标间的“E”字(长度 $d_1=5$ cm)。

(2) 用另一只眼睛直接注视标尺,经适应性练习,在视觉系统获得被望远镜放大的和直观的标尺的叠加像,再测出放大的红色指标内直观标尺的长度 d_2。

(3) 求出望远镜的测量放大率 $\Gamma=\dfrac{d_2}{d_1}$,并与计算出的放大率$\dfrac{f_o'}{f_e'}$作比较。

注　标尺放在有限距离 s 处时,望远镜放大率 Γ'可作如下修正:

$$\Gamma'=\Gamma\frac{s}{s+f_o}$$

当 $s'>100f_o$ 时,修正量 $\dfrac{s}{s+f_o}\approx 1$

【成果导向教学设计】

知识:

基础知识:开普勒式望远镜。

能力:

(1) 测量仪器的使用:光学平台。

(2) 实验总结:能建立数据与结果的关联;撰写完整的实验报告。

(3) 安全实验;公民素质(个人能力、团队协作能力)(潜移默化地培养)。

实验 4-12　综合光学实验平台——自组带正像棱镜的望远镜

本实验物镜组为凸透镜形式,目镜组也是凸透镜形式。这种望远镜成像是上下左右颠倒的,为了成正立的像,采用这种设计的某些折射式望远镜,特别是在光路中增加了转像棱镜系统。

【实验目的】

(1) 熟练掌握 LZH-26 型光学平台的基本操作。

(2) 了解带正像棱镜的望远镜,并在光学平台上组装起来。

【实验仪器】

实验仪器装置图如图 4-12-1 所示。

【实验步骤】

(1) 参照图 4-12-1,沿平台米尺先组装不加正像棱镜的望远镜,并对位于光轴上的约 3 m 远处的标尺调焦,认清该尺所成的倒像。

(2) 按图 4-12-1 所示,在 L_o 的像的前方安置正像棱镜(其成像原理见图 4-12-2),并相应地调节目镜高度,找到标尺的正像。

注　正像棱镜由两块 45°-45°-90°的棱镜组合而成,又称组合泊罗棱镜,从图 4-12-2 中光束

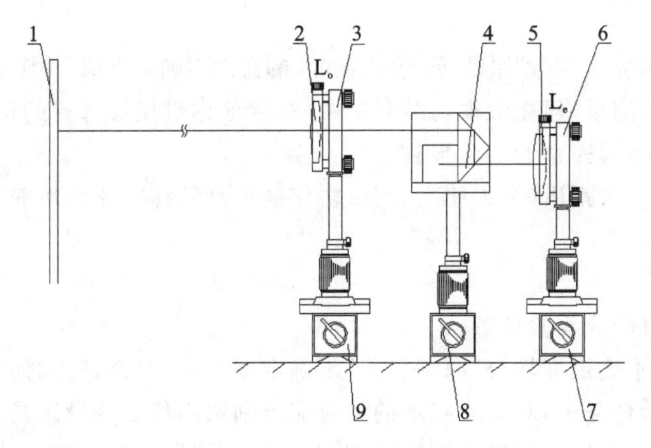

图 4-12-1　实验仪器装置图

1—标尺；2—物镜 L_o（f'_o=250 mm）；3—三维调节架（YZ-06）；4—正像棱镜系统；5—目镜 L_e（f'_e=40 mm）；6—二维架（YZ-01）；7—二维平移底座（LYZ-02）；8—升降调整座（YZ-c）；9—二维平移底座（YZ-b）

箭头的走向可说明图像的翻转过程。

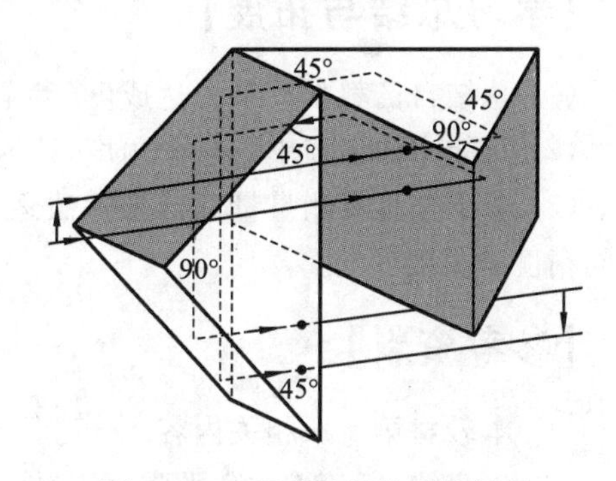

图 4-12-2　正像棱镜的成像原理

【成果导向教学设计】

知识：

基础知识：带正像棱镜的望远镜。

能力：

(1) 测量仪器的使用：光学平台。

(2) 实验总结：能建立数据与结果的关联；撰写完整的实验报告。

(3) 安全实验；公民素质（个人能力、团队协作能力）（潜移默化地培养）。

实验 4-13　根据“不确定度均分”原则进行的实验设计

【实验任务】

通过测量长 a、宽 b 和高 h，求一长方体的钢条的体积 V。

已知 $a\approx 8$ mm，宽 $b\approx 3$ mm，高 $h\approx 500$ mm，要求该钢条体积 V 的相对不确定度不大于 1.0%，问 a、b 和 h 的允许不确定度值？使用什么量具最合适？

若只考虑仪器误差，请根据“不确定度均分”原则，选择合适的测量工具对 a、b 和 h 分别进行测量，使该钢条体积 V 的相对不确定度不大于 1.0%。

【成果导向教学设计】

通过本实验设计训练，学生能了解以下知识，培养以下能力。

知识：

基础知识：掌握“不确定度均分”原则。

能力：

(1) 能根据“不确定度均分”原则，研究 a、b 和 h 的允许不确定度值，并能选择合适的测量量具。

(2) 能通过实验测量，建立数据与结果的关联，验证你对仪器选择的正确性。

(3) 实验总结：撰写完整的实验报告。

(4) 安全实验；公民素质(个人能力、团队协作能力)(潜移默化地培养)。

【实验报告】

(1) 阐明实验目的或实验任务。

(2) 阐述何谓“不确定度均分”原则。按“不确定度均分”原则，应如何选择仪器？

(3) 阐述本实验任务中，对 a、b 和 h 的测量应分别选用什么测量工具。

(4) 阐述实验测量过程，并进行数据处理，验证你对仪器选择的正确性。

(5) 谈谈你的收获和体会。

【学习总结与拓展】

(1) 总结自己教学成果的达成度(参考“成果导向教学设计”内容)。

(2) 从能力的培养中选一个角度，谈谈你的收获。

(3) 若干个直接测量量进行乘除法运算时，为什么要按有效数字位数相同的原则来选择不同精度的仪器？

【参考资料】

[1] 本教材第 4 章相关内容.

[2] 王惠棣，任隆良，谷晋骐，等. 大学物理实验[M]. 修订版. 天津：天津大学出版社，1997：36-37.

[3] 广西科技大学大学物理实验课程网站(教学资源—“根据(不确定度均分)原则进行实验设计的设计引导”).

实验 4-14　用分光计测定液体折射率的实验设计

液体折射率的测量方法有多种，如等厚干涉法、阿贝折射法、分光计折射极限法等。最小偏向角法和全反射法(又称折射极限法)是比较常用的两种方法。

【实验任务】

任务：用分光计采用极限折射法测定液体的折射率。

要求：

(1) 查阅有关资料，利用所学知识，设计实验方法，采用折射极限法测定液体的折射率。

(2) 用所选的测量工具进行实际测量，并进行数据处理，计算出测量结果，并与液体折射率的理论值进行比较。

【实验室提供的备选器材】

(1) JJY-2 型分光计；(2) 低压钠灯；(3) 三棱镜(有多个)；(4) 毛玻璃片。

【成果导向教学设计】

知识：

(1) 基础知识：液体折射率。

(2) 测量原理：折射极限法。

能力：

(1) 测量仪器的使用：JJY-2 型分光计的使用。

(2) 实验总结：能建立数据与结果的关联；撰写完整的实验报告。

(3) 安全实验；公民素质（个人能力、团队协作能力）（潜移默化地培养）。

【实验报告】

(1) 写明本设计实验的目的和选题意义。

(2) 提出两种测量液体折射率的方法，并比较其优劣。

(3) 记录所选用的仪器、材料的规格、型号和数量等，要与实际使用的相吻合。

(4) 阐明用折射极限法测量液体折射率的基本原理、设计思路和研究过程。

(5) 记录实验的全过程，包括实验步骤、实验图示、各种实验现象和数据等。

(6) 处理实验数据并给出测量结果。

(7) 分析实验结果，讨论实验中出现的各种问题，并提出改进意见。

(8) 列出参考资料（包括来源于教材、图书馆查找到的资料、互联网上查找到的资料或物理实验教学网站上浏览到的资料）。

【拓展研究】

本实验采用低压钠灯作为光源，若采用其他光源如低压汞灯，能否进行本实验？若能，实验现象是否有区别？

【参考资料】

[1] 朱基珍. 大学物理实验(基础部分)[M]. 武汉：华中科技大学出版社，2010，185-193.

[2] 广西科技大学大学物理实验教学网站.

实验 4-15　用折射极限法测定三棱镜的折射率

【实验任务】

大学物理实验中常用分光计最小偏向角法测量三棱镜的折射率，本实验要求使用分光计并采用折射极限法测定三棱镜的折射率。

实验要求：

(1) 查阅有关资料，利用所学知识，设计实验方法，采用折射极限法测定三棱镜的折射率。

(2) 用自己设计的方法进行实际测量，并进行数据处理，计算出测量结果，并与三棱镜折射率的理论值相比较。

【实验室提供的备选器材】

(1) JJY-2 型分光计;(2) 低压钠灯;(3) 三棱镜,毛玻璃片。

【成果导向教学设计】

知识:

(1) 基础知识:三棱镜折射率。

(2) 测量原理:极限折射法。

能力:

(1) 测量仪器的使用:JJY-2 型分光计的使用。

(2) 实验总结:能建立数据与结果的关联;撰写完整的实验报告。

(3) 安全实验;公民素质(个人能力、团队协作能力)(潜移默化地培养)。

【实验报告】

(1) 写明本设计实验的目的和选题意义。

(2) 记录所选用的仪器、材料的规格、型号和数量等,要与实际使用的相吻合。

(3) 阐明用折射极限法测量三棱镜折射率的基本原理、设计思路和研究过程。

(4) 记录实验的全过程,包括实验步骤、各种实验现象和数据等。

(5) 处理实验数据并给出测量结果。

(6) 分析实验结果,讨论实验中出现的各种问题,并提出改进意见,谈谈实验体会。

(7) 列出参考资料(包括来源于教材、图书馆查找到的资料、互联网上查找到的资料或物理实验教学网站上浏览到的资料)。

【拓展研究】

本实验采用低压钠灯作为光源,若采用其他光源如低压汞灯能否进行本实验?若能,实验现象是否有区别?

【参考资料】

[1] 朱基珍. 大学物理实验(基础部分)[M]. 武汉:华中科技大学出版社,2010,185-193.

[2] 广西科技大学大学物理实验教学网站.

实验 4-16　接地电阻测量设计

在电力、通信和民用建筑等系统中,需要防雷接地、工作接地、保护接地等接地装置,接地电阻是接地装置的重要参数,必须进行定期测量,根据不同要求,其阻值一般应在 0.5～10 Ω 的范围。对接地电阻的测量,有多种方法,要测量处在密集地物中的接地装置,或占地面积较大,其最大对角线长度在 15 m 以上的接地装置的接地电阻,是比较麻烦的。

【实验任务】

(1) 针对简单的单接地体装置,给出一种(或几种)测量接地电阻的方法。

(2) 使用实验室提供的仪器设计实验方案，完成测量，并撰写完整的实验报告。

【实验室提供的备选器材】

(1) 实验室提供 ZC29B-1 型接地电阻测试仪、辅助电极、测试用导线一套(见图 4-16-1)；

(2) 由学生提出测试仪器或器材，若暂时无法满足要求，可作理论分析和比较。

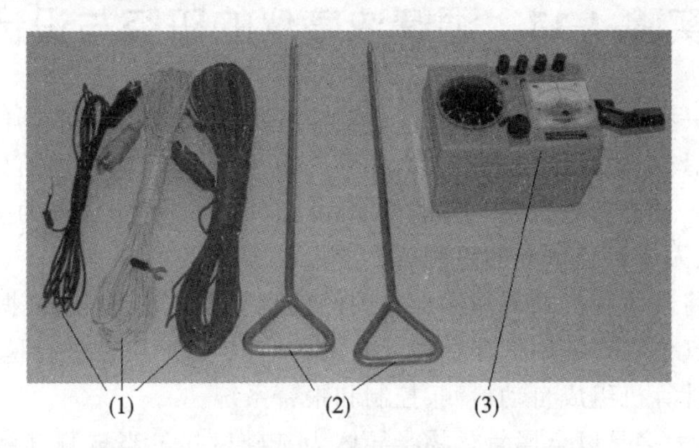

图 4-16-1　ZC29B-1 型接地电阻测试仪及附件

(1) 导线；(2) 辅助探棒；(3) ZC29B-1 型接地电阻测试仪

【成果导向教学设计】

知识：

(1) 基础知识：大地零电位参考点、接地电阻。

(2) 测量原理：补偿法、三极直线法测接地电阻的原理。

能力：

(1) 测量仪器的使用：ZC29B-1 型接地电阻测试仪的使用。

(2) 实验总结：能建立数据与结果的关联；撰写完整的实验报告。

(3) 安全实验；公民素质(个人能力、团队协作能力)(潜移默化地培养)。

【实验报告】

(1) 写明本设计实验的目的和选题意义。

(2) 记录所选用的实验器材。

(3) 阐明接地电阻的基本原理、设计思路和研究过程。

(4) 记录实验的全过程，包括实验步骤、实验图示、各种实验现象和数据等。

(5) 通过数据处理，建立实验数据与实验结果的关联，给出测量结果。

(6) 分析实验结果，讨论设计中出现的各种问题，分析误差原因，提出改进意见。

(7) 列出实际为你提供帮助的参考资料。

【拓展研究】

(1) 列出几种测量接地电阻的方法。

(2) 分析影响接地电阻测量结果的因素及消除方法。

【参考资料】

[1] 仪器使用说明书.

[2] 广西科技大学大学物理实验教学网站.

实验 4-17 酒精浓度仪的研究与设计

气敏传感器是一种能感知环境中某种气体及其浓度的一种装置或器件。它主要包括半导体气敏传感器、接触燃烧式气敏传感器和电化学气敏传感器等,其中用的最多的是半导体气敏传感器。它的应用主要有一氧化碳气体的检测、瓦斯气体的检测、煤气的检测、氟利昂的检测、呼气中乙醇的检测、人体口腔口臭的检测等。

气敏传感器能将气体种类及其与浓度有关的信息转换成电信号,根据这些电信号的强弱就可以获得与待测气体在环境中的存在情况有关的信息,从而可以进行检测、监控、报警,还可以通过接口电路与计算机组成自动检测、控制和报警系统。

气体敏感元件,大多是以金属氧化物半导体为基础材料。当被测气体在该半导体表面吸附后,引起其电学特性(如电导率)发生变化。

气体传感器的电路分析

(1) 电源电路:一般气敏元件的工作电压不高(3～10 V),其工作电压特别是供给加热的电压必须稳定。否则,将导致加热器的温度变化幅度过大,使气敏元件的工作点漂移,影响检测准确性。

(2) 辅助电路:由于气敏元件自身的特性(温度系数、湿度系数、初期稳定性等),在设计、制作应用电路时,应予以考虑。例如:采用温度补偿电路,减少气敏元件的温度系数引起的误差;设置延时电路,防止通电初期因气敏元件阻值大幅度变化造成误报;使用加热器失效通知电路,防止加热器失效导致漏报现象。

(3) 检测工作电路。

【实验任务】

(1) 了解酒精浓度测定的设计思路。

(2) 研究酒精浓度仪原理,给出相应原理图。

(3) 利用现有条件设计出判断高浓度—中浓度—低浓度—零浓度的四段式酒精浓度仪,完成测量,并撰写完整的实验报告。

【实验室提供的备选器材】

气敏传感器实验仪:型号 YJ-SQ-1;气敏传感器的应用模版;盛装不同浓度的酒精及容器瓶。

【成果导向教学设计】

知识:

(1) 基础知识:酒精的特点、酒精浓度、气体浓度测量。

(2) 测量原理:气敏传感器原理。

(3) 新技术:了解气敏传感器的工作原理及其灵敏度。

能力:

(1) 测量仪器的使用:YJ-SQ-1气敏传感器实验仪的使用。

(2) 实验总结:能建立数据与结果的关联;撰写完整的实验报告。

(3) 安全实验;公民素质(个人能力、团队协作能力)(潜移默化地培养)。

【实验报告】

(1) 写明本设计实验的目的和选题意义。

(2) 记录所选用的实验器材。

(3) 阐明实验设计思路。

(4) 记录实验的全过程,包括实验步骤、实验图示、各种实验现象和实验数据等。

(5) 通过数据处理,建立实验数据与实验结果的关联,给出测量结果。

(6) 分析实验结果,讨论设计中出现的各种问题,分析误差原因,提出改进意见。

(7) 列出实际为你提供帮助的参考资料。

【拓展研究】

(1) 如果需要测CO的浓度,我们应该怎么办?

(2) 研究不同浓度下气敏传感器的电阻变化情况。

【参考资料】

[1] 仪器使用说明书.

[2] 广西科技大学大学物理实验教学网站.

实验4-18　照度计的研究与设计

用光照射某些物体,可以看作物体受到一连串具有能量(每个光子能量的大小等于普朗克常数 h 乘以光的频率 ν,即 $E=h\nu$)的光子的轰击,组成该物体的材料吸收光子能量而发生相应电效应的物理现象称为光电效应。

光电效应中所放出的电子称为光电子,能产生光电效应的敏感材料称为光电材料。

光电效应分为光电子发射、光电导效应和光生伏特效应。前一种现象发生在物体表面,又称外光电效应(在光的作用下,物体内的电子逸出物体表面向外发射的现象)。后两种现象发生在物体内部,称为内光电效应(物体内部被光激发产生了载流子——自由电子或空穴。载流子在物质内部运动,使物质的电导率发生变化或产生光生伏特效应的现象)。

基于外光电效应的光电器件有真空光电管和光电倍增管。

基于内光电效应的光电器件有光敏电阻、光敏二极管、光敏三极管、光电池等。

【实验任务】

(1) 光敏二极管照度特性的测量。

(2) 数字照度计的设计。

(3) 使用实验室提供的光敏仪器设计光照数据的实验方案,完成测量,并撰写完整的实验报告。

【实验室提供的备选器材】

照度计设计实验器:型号 VKYJ-ZDS。

【成果导向教学设计】

知识:

(1) 基础知识:光电效应。

(2) 测量原理:光敏二极管照度原理。

(3) 新技术:了解光敏传感器的工作原理。

能力:

(1) 测量仪器的使用:VKYJ-ZDS 型照度计设计实验器的使用。

(2) 实验总结:能建立数据与结果的关联;撰写完整的实验报告。

(3) 安全实验;公民素质(个人能力、团队协作能力)(潜移默化地培养)。

【实验报告】

(1) 写明本设计实验的目的和选题意义。

(2) 记录所选用的实验器材。

(3) 阐明用光电效应的基本原理(包括测量公式的推导)。

(4) 记录实验的全过程,包括实验步骤、实验图示、各种实验现象和实验数据等。

(5) 通过数据处理,建立实验数据与实验结果的关联,给出测量结果。

(6) 分析实验结果,讨论设计中出现的各种问题,分析误差原因,提出改进意见。

(7) 列出实际为你提供帮助的参考资料。

【拓展研究】

(1) 为什么采用光电池做标准光照强度的反馈器件?

(2) 影响测量准确性的因素。

【参考资料】

[1] 仪器使用说明书.

[2] 广西科技大学大学物理实验教学网站.

实验 4-19 电容传感器实验

电容传感器是将被测非电量的变化转换为电容量变化的一种传感器。电容传感器测量技术可广泛应用于位移、振动、角度、加速度、压力、液位等方面的检测,其结构简单、高分辨力、可非接触测量,并能在高温、辐射和强烈振动等恶劣条件下工作,这是它的独特优点。随着集成电路技术和计算机技术的发展,促使它扬长避短,成为一种很有发展前途的传感器。

【实验任务】

(1) 观察电容传感器的结构,了解其基本原理。

(2) 实验仪器的扩展使用——搭建电路,完成对振动平台振动幅度大小测试结果的观察。
(3) 研究电容传感器的实验原理。
(4) 使用实验室提供的仪器设计电容传感器的实验方案,完成测量,并撰写完整的实验报告。

【实验室提供的备选器材】

(1) CSY2001B型传感器系统综合实验台;(2) 电容传感器实验模块;(3) 电源线及连接线;(4) 示波器。

【成果导向教学设计】

知识:

(1) 基础知识:电容器、电容传感器、电容传感器灵敏度的决定因素。
(2) 测量原理:电容传感器的工作原理。
(3) 新技术:了解电容传感器的工作原理。

能力:

(1) 测量仪器的使用:CSY2001B型电容传感器系统模块的使用。
(2) 实验总结:能建立数据与结果的关联;撰写完整的实验报告。
(3) 安全实验;公民素质(个人能力、团队协作能力)(潜移默化地培养)。

【实验报告】

(1) 写明本设计实验的目的和选题意义。
(2) 记录所选用的实验器材。
(3) 阐明电容传感器的基本原理(包括测量公式的推导)。
(4) 记录实验全过程,包括实验步骤、实验图示、各种实验现象和实验数据等,每隔0.5 mm记录电压值(U_o)的变化。
(5) 通过数据处理,建立实验数据与实验结果的关联,求灵敏度K,$K=\frac{\Delta U_o}{\Delta X}$(V/mm),给出测量结果。
(6) 分析实验结果,讨论设计中出现的各种问题,分析误差原因,提出改进意见。
(7) 列出实际为你提供帮助的参考资料。

【拓展研究】

(1) 为什么要接成差动型电容传感器?
(2) 电容传感器还可以应用在哪些具体领域?
(3) 从本实验总结电容传感器的定义。

【参考资料】

[1] 仪器使用说明书.
[2] 广西科技大学大学物理实验教学网站.

实验4-20 电涡流传感器实验

根据法拉第电磁感应原理,块状金属导体置于变化的磁场中或在磁场中做切割磁力线运动时,导体内将产生涡旋状的感应电流,此电流叫电涡流。以上现象称为电涡流效应。而根据电涡流效应制成的传感器称为电涡流传感器。电涡流传感器利用互感原理工作。本质上它就是一个线圈。当线圈中通以交变电流并靠近导体时,交变磁通会在导体表面及内部产生涡流效应,涡流所形成的磁场又使线圈的电感变化。同时导体距离线圈远近距离的变化导致电感量的变化,通过距离变化—电感量变化—电信号变化的关系即可实现实际测量。

【实验任务】

(1) 观察电涡流传感器的结构,了解其基本原理。

(2) 实验仪器的扩展使用——搭建电路,完成对振动平台振动幅度大小测试结果的观察。

(3) 研究电涡流传感器的实验原理。

(4) 使用实验室提供的仪器设计电涡流传感器的实验方案,完成测量,并撰写完整的实验报告。

【实验室提供的备选器材】

(1) CSY2001B型传感器系统综合实验台;(2) 电涡流传感器实验模块;(3) 电源线及连接线;(4) 示波器。

【成果导向教学设计】

知识:

(1) 基础知识:电涡器;电涡流传感器;电涡流传感器灵敏度的决定因素。

(2) 测量原理:电涡流传感器的工作原理。

(3) 新技术:了解电涡流传感器的工作原理。

能力:

(1) 测量仪器的使用:CSY2001B型电涡流传感器系统模块的使用。

(2) 实验总结:能建立数据与结果的关联;撰写完整的实验报告。

(3) 安全实验;公民素质(个人能力、团队协作能力)(潜移默化地培养)。

【实验报告】

(1) 写明本设计实验的目的和选题意义。

(2) 记录所选用的实验器材。

(3) 阐明电涡流传感器的基本原理(包括测量公式的推导)。

(4) 记录实验的全过程,包括实验步骤、实验图示、各种实验现象和实验数据等,每隔0.2 mm记录电压值(U_o)的变化。

(5) 通过数据处理,建立实验数据与实验结果的关联,求灵敏度K,$K=\frac{\Delta U_o}{\Delta X}$(V/mm),给出测量结果。

(6) 分析实验结果,讨论设计中出现的各种问题,分析误差原因,提出改进意见。

(7) 列出实际为你提供帮助的参考资料。

【拓展研究】

(1) 如果更换涡流片材料属性,会出现什么结果?

(2) 影响电涡流传感器灵敏度的因素有哪些?

(3) 被测体材料对测量有何影响？

【参考资料】

[1] 仪器使用说明书.
[2] 广西科技大学大学物理实验教学网站.

实验 4-21　传感器的设计实验

扩散硅压阻式压力传感器是利用单晶硅的压阻效应制成的器件，当它受到压力作用时，应变元件的电阻发生变化，从而使输出电压也发生变化。

【实验任务】

(1) 了解扩散硅压阻式压力传感器的工作原理
(2) 了解扩散硅压阻式压力传感器工作情况。

【实验室提供的备选器材】

九孔实验板、JK-19 型直流恒压电源、差动放大器、万用表、压阻式传感器和压力表。

【成果导向教学设计】

知识：
(1) 基础知识：扩散硅压阻式压力传感器的结构。
(2) 测量原理：扩散硅压阻式压力传感器的工作原理。
(3) 新技术：了解压阻式压力传感器的工作原理。
能力：
(1) 测量仪器的使用：扩散硅压阻式压力传感器、压力表的使用。
(2) 实验总结：能建立数据与结果的关联；撰写完整的实验报告。
(3) 安全实验；公民素质(个人能力、团队协作能力)(潜移默化地培养)。

【实验报告】

(1) 写明本设计实验的目的和选题意义。
(2) 记录所选用的实验器材。
(3) 阐明扩散硅压阻式压力传感器的工作原理(包括测量公式的推导)。
(4) 记录实验的全过程，包括实验步骤、实验图示、各种实验现象和实验数据等。
(5) 通过数据处理，建立实验数据与实验结果的关联，给出测量结果。
(6) 分析实验结果，讨论设计中出现的各种问题，分析误差原因，提出改进意见。
(7) 列出实际为你提供帮助的参考资料。

【注意事项】

(1) 实验中压力不稳定，应检查加压气体回路是否有漏气现象，气囊上单座调节阀的锁紧螺丝是否拧紧。

(2) 如读数误差较大，应检查气管是否有折压现象，造成传感器与压力表之间的供气压不均匀。

(3) 如觉得差动放大器增益不理想,可调整其增益旋钮,不过此时应重新调整零位,调好后在整个实验过程中不得再改变其位置。

(4) 实验完毕必须关闭直流恒压电源后再拆去实验连接线(拆去实验连接线时要注意手要拿住连接线头部的接头,以免拉断实验连接线)。

【拓展研究】

(1) 差压传感器是否可用作真空度以及负压测试?

(2) 如何测量人的肺活量,怎样去做实验?请给出设计方案、原理图和必要的文字说明。

【参考资料】

[1] 仪器使用说明书.

[2] 广西科技大学大学物理实验教学网站.

实验 4-22　光敏传感器实验

凡是能将光信号转换为电信号的传感器称为光敏传感器,也称为光电式传感器。它可用于检测直接由光强度变化引起的非电量,如光强、光照度等;也可用来检测能转换成光量变化的其他非电量,如零件直径、表面粗糙度、位移、速度、加速度、物体形状及工作状态识别等。光敏传感器具有非接触、响应快、性能可靠等特点,因而在工业自动控制及智能机器人中得到广泛应用。

光敏传感器的物理基础是光电效应,光电效应通常分为外光电效应和内光电效应两大类。在光辐射作用下电子逸出材料的表面,产生光电子发射,该现象称为外光电效应,或光电子发射效应,基于这种效应的光电器件有光电管、光电倍增管等。电子并不逸出材料表面的现象则称为内光电效应。光电导效应、光生伏特效应则属于内光电效应,即半导体材料的许多电学特性都因受到光的照射而发生变化。几乎大多数光电控制应用的传感器都基于内光电效应,通常有光敏电阻、光敏二极管、光敏三极管、硅光电池等。

【实验任务】

(1) 了解光敏电阻、硅光电池的基本特性,测出伏安特性曲线和光照特性曲线。

(2) 了解硅光敏二极管、硅光敏三极管的基本特性,测出伏安特性曲线和光照特性曲线。

【实验室提供的备选器材】

FB716-Ⅲ型(光电传感器)设计性实验装置,它由光敏电阻、光敏二极管、光敏三极管、硅光电池、光纤、光耦六种光敏传感器及可调光源、电阻箱、九孔实验板、光学暗筒及数字万用表等组成。

【成果导向教学设计】

知识:

(1) 基础知识:光电效应。

(2) 测量原理:FB716-Ⅲ型(光电传感器)的工作原理。

(3) 新技术:了解光电传感器的工作原理。

能力:

(1) 测量仪器的使用:FB716-Ⅲ型(光电传感器)的使用。

(2) 实验总结:能建立数据与结果的关联;撰写完整的实验报告。

(3) 安全实验;公民素质(个人能力、团队协作能力)(潜移默化地培养)。

【拓展研究】

(1) 光敏传感器感应光照有一个滞后时间,即光敏传感器的响应时间,如何来测试光敏传感器的响应时间?

(2) 光照强度与距离的关系:验证光照强度与距离的平方成反比(把实验装置近似看作为点光源)。

实验 4-23　细丝直径测量设计

高精度地测量薄片厚度或金属细丝的直径在现实中具有重要的意义。在大学物理实验中,对细丝直径的测量方法有多种方法如读数显微镜测量法、千分尺直测法、光的干涉法(劈尖干涉)、光的衍射法(单丝衍射)等。本实验要求用给定的测量仪器,设计相应的实验原理,对细丝直径进行测量。

【实验任务】

使用实验室提供的测量仪器,设计测量细丝直径的实验原理,并对细丝直径进行测量。

【实验室提供的备选器材】

FD-OD-1 型单缝、单丝衍射实验仪,实验仪由光具座(带标尺)、半导体激光器、衍射元件(单缝、单丝、圆孔、圆屏)、光功率计(提供光源)和观察屏组成,其实物图如图 4-23-1 所示。

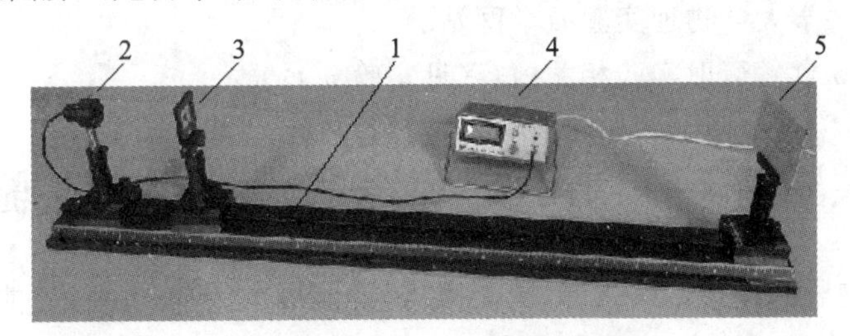

图 4-23-1　单缝、单丝衍射实验装置

1—光具座(带标尺);2—半导体激光器;
3—衍射元件(单缝、单丝、圆孔、圆屏);4—光功率计(提供光源);5—观察屏

【成果导向教学设计】

通过本实验的学习,学生能了解以下知识,培养以下能力。

知识:

(1) 基础知识:光的衍射基本理论知识;单缝、单丝衍射基础知识。

(2) 实验原理:用单丝衍射测量细丝直径的实验原理。

能力:

(1) 测量仪器的使用:FD-OD-1 型单缝、单丝衍射实验仪的调节及读数。

(2) 实验总结:能建立数据与结果的关联;撰写完整的实验报告。

(3) 能力:安全实验;公民素质(个人能力、团队协作能力)(潜移默化地培养)。

【实验报告】

(1) 阐明实验目的或实验任务。

(2) 阐明本实验的基本原理、设计思路和研究过程。

(3) 记录实验的全过程,包括实验步骤,各种实验现象和数据处理等。

(4) 处理实验数据,并给出实验结论。

(5) 对实验结果进行分析,讨论实验中出现的各种问题,并提出改进意见。

【学习总结与拓展】

(1) 总结自己教学成果的达成度(参考成果导向教学设计的内容)。

(2) 从能力的培养中选一个角度,谈谈你的收获。

(3) 用光的干涉法和衍射法都可测量细丝的直径,有兴趣的同学可设计用劈尖干涉对头发直径进行测量。

【参考资料】

[1] 李学慧.大学物理实验[M].北京:高等教育出版社,2005.

[2] 倪新蕾.大学物理实验[M].广州:华南理工大学出版社,2006.

[3] 东南大学等七所工科院校.物理学(下册)[M].马文蔚,解希顺,周雨青,改编.5 版.北京:高等教育出版社,2006.

[4] FD-OD-1 型单缝、单丝衍射实验仪使用说明书.

[5] 广西科技大学大学物理实验教学网站.

[6] 本教材第 3 章　衍射实验相关内容(见实验 3-12).

实验 4-24　智能建筑综合设计平台实验

近年来,随着物联网等技术的兴起,智能家居、智能楼宇、智能农业、智能交通、工业 4.0 等各个领域都出现了物联网的应用,且很多产品正在日益普及。在此背景下,我们开发了这套智能建筑综合设计平台,此平台依据智能楼宇、智能家居的设计思路,外形结构也做成了房子的形状,学生可分两组进行实验。

智能建筑综合设计平台涵盖了 51 单片机、STM32 单片机、串口触摸显示屏、OLED 显示屏、红外热释电传感器、光照传感器、温湿度传感器、空气质量传感器、LED 照明、RGB 全彩照明、光纤照明、报警器、风扇、空调、自动窗帘、舵机、光伏发电、触摸按键、IC 卡读写、485 通信、Zigbee 通信、WIFI 通信、手机 APP 远程控制等内容。这也是目前在智能楼宇、智能家居等领域普遍涉及的内容。

【实验目的】

学习并理解智能建筑平台综合实验的设计思路。

【实验仪器】

智能建筑综合设计平台(含全套配件)。

【实验原理】

本实验综合了智能建筑平台上所有的设备,形成一个完整的综合控制系统,包含了若干个独立的实验界面及一个综合性的实验界面。

实验集成了温度控制、光照控制、空气质量控制、红外检测、风速风向检测、窗帘控制、门锁控制、IC 卡读写、RGB 全彩灯、光伏发电、手机远程控制等内容。

实验旨在向大家展示智能建筑平台的功能及综合控制效果,供用户设计参考。

【注意事项】

(1) 实验操作中,严禁带电插拔器件和导线。

(2) 烧录程序后,可重启相应设备。

(3) 严禁将电源对地短路。

(4) 学生实验操作时,请严格按照实验指导老师的要求进行操作,以免造成不必要的损失。

【成果导向教学设计】

知识:

(1) 基础知识:单片机、传感器等基础知识。

(2) 新技术:了解智能建筑平台综合实验的设计思路。

能力:

(1) 测量仪器的使用:GCBIPV-B 智能建筑综合设计平台各模块的使用。

(2) 实验总结:能建立数据与结果的关联;撰写完整的实验报告。

(3) 安全实验;公民素质(个人能力、团队协作能力)(潜移默化地培养)。

【实验报告】

(1) 写明本实验的目的和意义。

(2) 记录所选用的实验器材。

(3) 阐明实验的基本原理、设计思路(包括测量公式的推导)。

(4) 记录实验的全过程,包括实验的步骤、实验图示、实验现象和实验数据等。

(5) 通过数据处理,建立实验数据与实验结果的关联,给出测量结果。

(6) 分析实验结果,讨论实验中出现的各种问题,分析误差原因,提出改进意见。

(7) 列出实际为你提供帮助的参考资料。

【拓展研究】

借助此平台,你能设计出其他智能产品模型吗?如智能农业、智能交通等应用领域。

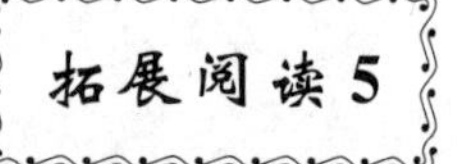

微波技术简介

1. 微波定义

微波是一种频率很高的电磁波,其波长从1 mm至1 m、频率从300 MHz至300 GHz,因为微波的波长与长波、中波及短波的波长相比,都要“微小”得多,因而得名“微波”。为了方便,使用中常分为分米波、厘米波和毫米波三个波段。

2. 微波的特殊性质

微波与低频无线电波一样,具有电磁波所共有的本质属性。但由于微波频率高、波长短,它又具有与其他电磁波不同的特性。

(1) 理论描述方法不同。在微波波段处理问题必须用“场”的概念来描写,电磁场理论是微波理论和技术的基础。一般低频集中的参数元件、双线传输线和LC谐振回路已不适用,必须用波导传输线、谐振腔等和由它们构成的分布参数电路元件来描述微波。在微波测量中,也不再用电压、电流和电阻作为基本参量,而以驻波、波长(或频率)、功率等作为基本参量。微波振荡周期($10^{-12}\sim10^{-9}$ s)与电子管内电子的渡越时间(约10^{-9} s)有相同的数量级,甚至还要小。所以,微波振荡的产生和放大已不能再用普通电子管,而必须采用原理上完全不同的微波电子管(速调管、磁控管和行波管等)、微波固体器件和电子器件。

(2) 具有似光性。微波波长短,比一般物体的尺寸小,所以微波在空间传播时具有“似光性”,表现为直线传播,特别适合于无线电定位。我们能利用天线装置,将微波能量集中在一个很窄的波束中进行定向发射;也可以通过天线设备,接收地面上或宇宙空间中各种物体反射回来的微弱信号,从而确定该物体的方位和距离。

(3) 具有很强的穿透性。微波照射于物体时,能深入该物体内部的特性称为穿透性。微波能畅通无阻地穿过地球上空的电离层向太空传播,即微波是电磁波谱中的宇宙“窗口”,它为宇宙空间技术的开拓提供了广阔的前景;微波能穿透生物体,成为医学透热疗法的重要手段;毫米波还能穿透等离子体,是远程导弹和航天器重返大气层时实现通信和末端制导的重要手段。

(4) 信息容量大。微波的频率很高,容易实现容量大的宽带信号(如卫星—卫星、微波中继通信传输的多路电话、电视等)的传送和辐射,适合于宽频带技术的需要。

(5) 具有非电离性。微波的能量不够大,因而不会改变物质分子的内部结构或破坏其分子的化学键,所以微波和物体之间的作用是非电离的。因分子、原子和原子核在外加电磁场的周期力作用下所呈现的许多共振现象都发生在微波范围内,因此微波为探索物质的内部结构和基本特性提供了有效的研究手段。

(6) 微波辐射损害。微波的辐射对人体有害,其影响随波长的减小而增强,这种伤害主要是由于微波对人体的热效应和非热效应所致。微波的热效应是指微波加热引起人体组织升温而产生的生理损伤。微波的非热效应是指除热效应外对人体的其他生理损伤,主要是对神经和心血管系统的影响。为了防止微波辐射能对人体的伤害,建议距微波设备外壳5 cm处,漏能值不得超过1 mW/cm^2。在做微波实验时,一定要注意对微波辐射的防护。

3. 微波技术的应用

微波技术是第二次世界大战期间，由于雷达的需要而飞速发展起来的一门电子技术。目前微波技术的应用十分广泛，已经渗透到各个领域。在国防军事方面，有雷达、导弹、导航、电子战和军用通信等应用；在国民经济方面，有移动通信、卫星通信、微波遥感、沥青路面养护、微波能加热、干燥、治疗、杀虫、灭菌等应用。在学科研究方面，已发展起射电天文学、微波波谱学、量子电子学等。

对微波的应用，人们最熟悉的是家用微波炉。下面具体介绍一下微波加热的原理及特点。

1）微波加热原理

微波是频率在300 MHz到300 GHz之间的电磁波。微波能是一种由电子或离子迁移及偶极子转动引起分子运动的辐射能。当它作用于极性分子上时，极性分子产生瞬时极化并以每秒数十亿次的速度做极性变换运动，从而产生分子键的振动和粒子间的相互摩擦、碰撞，同时迅速产生大量热量，使被微波辐射的介质温度不断升高。

2）微波加热的特点

(1) 加热速度快。微波加热中，被加热物体本身成为发热体，吸收微波后直接转变为热能，不依赖热传导作用。尤其是对沥青混合料这种导热性很差的物料，其加热速度增加得更为明显。

(2) 加热均匀。微波对被加热物体具有很强的穿透性，使内部和表层同时被加热，几乎不受被加热物体外形的影响，所以微波加热也称为内加热或整体加热。不会出现常规加热(称之为外加热)方式中外焦内生的现象。

(3) 易于控制。微波加热即开即停，无热惯性，特别适宜于加热过程和加热工艺的规范和自动化控制。

(4) 节能高效。微波加热中无传热中介，只对目标介质加热，附加热损很少。

(5) 安全环保。严谨而合理的结构设计和精良的加工，确保在微波加热中，微波泄漏满足国家标准的前提下，无任何放射类危害和有毒气体排放，可称之为“绿色环保”。

拓展阅读6

传感器技术简介

传感器技术、计算机技术与通信技术一起被称为信息技术的三大支柱。从仿生学角度来理解，如果把计算机看成处理和识别信息的“大脑”，把通信系统看成是传递信息的“神经系统”的话，那么传感器就是“感觉器官”。有许多物理量是人的五官感觉不到的，例如视觉可以感知可见光部分，对于频域更加宽的非可见光谱则无法感觉得到，像红外线和紫外线光谱，人类却是“视而不见”。借助红外线和紫外线传感器，便可感知到这些不可见光。这些传感器技术在军事、国防及医疗卫生等领域有着极其重要的作用。

1. 传感器的定义及其分类

1) 传感器的定义

传感器是能感受规定的被测量对象并按照一定的规律转换成可用信号的器件或装置，通常由敏感元件和转换元件组成。它可以直接接触被测对象，也可以不接触。对传感器的基本要求是高灵敏度、高精度、高可靠性、容易调节、响应速度快等，同时对特定的传感器还有特殊的要求，如用于测量高温的传感器必须耐高温等。

2) 传感器的分类

由于热敏、光敏、磁敏、压敏等各种新型功能材料的不断涌现，以及这些材料性能的不断提高，各种各样的敏感器件和传感器应运而生。目前传感器的种类繁多，分类方法也很多。

(1) 按传感器的工作机理可分为物理传感器、化学传感器和生物传感器。

物理传感器是指利用物质的物理现象和效应感知并检测被测对象信息的器件。物理传感器输入的信息主要是热、力、光、磁和射线等，由转换器中的敏感元件感知并转换成另一种可测量的物理量，如电流、电荷、电动势、热量等。常见的有电容传感器、电感传感器、光电传感器等。物理传感器开发早、品种多、应用广，目前正向集成化、系列化和智能化发展。

化学传感器是利用化学反应来识别和检测信息的器件，这类传感器主要有气敏、离子敏等类型，这种传感器很有发展前途，可在环境保护检测、工作环境监视、火险警报与监视、大气和室内空气监视、化学反应过程控制、汽车马达空燃比控制、化学实验室诊断、医疗卫生等方面广泛使用。

生物传感器是利用生物化学反应的器件，是由生物体材料和适当的换能器件组合而成的系统，从工作原理上说这类传感器与化学传感器密切相关，常见的有味觉传感器和听觉传感器等。

(2) 按能量转换方式可分为能量转换型传感器和能量控制型传感器。

能量转换型传感器主要由能量变换元件构成，不需要外加电源，由基本物理效应产生信息，如热敏电阻、光敏电阻等。能量控制型传感器在信息变换过程中，需要外加电源供给，如霍尔传感器、电容传感器等。

(3) 按传感器输出信号的不同，可分为模拟传感器和数字传感器。

目前模拟传感器的种类远超过数字传感器的种类。数字传感器直接输出数字信号，不需要使用 A/D 转换器就可直接与计算机联机，并适宜远距离传输，是传感器发展方向之一。这类传感器有振弦式传感器和光栅传感器等。

(4) 按传感器使用材料可分为半导体传感器、陶瓷传感器、复合材料传感器、金属材料传感器、高分子材料传感器、超导材料传感器、光纤材料传感器、纳米材料传感器等。

2. 传感器技术的应用

传感器主要经过了三代(20世纪70年代前的结构型,70年代的集成型和80年代后的智能型)的发展,随着现代科学技术的高速发展,传感器技术越来越受到普遍的重视,目前已广泛应用于各个领域。

1) 在非电量测量方面的应用

随着对测量准确度和测量速度提出的新要求,对温度、压力、位移、速度等非电量,尤其是微弱非电量,传统的测量方法已不能满足测量要求,必须采用传感器电测技术,把非电信息转换为电量信息来测量。

2) 在生产自动化控制方面的应用

通过传感器与微机、通信等相互结合渗透,可对生产中的参数进行检测、诊断,从而实现对工作状态的监测自动化,保证产品质量,提高生产效益。另外,传感器对恶劣环境、有毒环境下的检测、诊断,更发挥着独特的作用。

3) 传感器在汽车电控系统中的应用

传感器在汽车中相当于感官和触角,它能准确地采集汽车工作状态的信息,提高自动化程度。普通汽车上安装有10～20个传感器,而高级豪华汽车使用的传感器更是多达数百个。这些分布在发动机控制系统、底盘控制系统和车身控制系统中的传感器是汽车电控系统的关键部件,它将直接影响到汽车的安全性、舒适性,并影响到汽车技术性能的发挥。

4) 在家用电器方面的应用

随着人们对家用电器方便、舒适、安全、节能的要求的提高,传感器在家电方面所起的作用日益显著。如在微电脑与传感技术的协作下,一台空调可实现对压缩机的启动、停机、风扇摇摆、风门调节与换气等的自动控制,从而实现对温度、湿度和空气浊度等状态进行控制。电饭锅、微波炉等日用电器也是靠传感器来实现各种功能下的温度控制的。

5) 在医学领域的应用

在图像处理、临床化学检验、生命体征参数的监护监测、呼吸、神经、心血管疾病的诊断与治疗等方面,传感器的应用已十分普及。

6) 在军事领域的应用

传感器技术在军用电子系统中的应用,促进了武器、作战指挥、控制、监视和通信系统的智能化。在远方战场监视系统、防空系统、雷达系统、导弹系统等领域,传感器都有广泛的应用,传感器技术在现代战争中发挥着巨大的作用。

3. 传感器的发展趋势

近年来传感器技术发展迅速,正朝着以下的方向发展:一是不断开发新材料、新工艺;二是实现高精度、高性能、多功能、集成化、智能化、小型化和低成本化;三是通过与其他技术的相互渗透,实现无线传感器的网络化。

总之,传感器是信息采集系统的首要部件,如果没有传感器对原始信息进行精确、可靠的捕获和转换,一切测量和控制都是不可能实现的。传感器与传感器技术的发展水平是衡量一个国家综合实力的重要标志,也是判断一个国家科学技术现代化程度与生产水平高低的重要依据。

第5章　研究性实验

研究性实验是指组织若干个围绕基础物理实验的课题，由学生以个体或团队的形式，以科研方式进行的实验。根据教育部高等学校物理学与天文学教学指导委员会物理基础课程教学指导分委员会制定的《理工科类大学物理实验课程教学基本要求》，研究性实验的目的是使学生了解科学实验的全过程，逐步掌握科学思想和科学方法，培养学生独立实验的能力和运用所学知识解决给定问题的能力。各校应根据本校的实际情况设置一定数量的研究性实验（实验选题、教学要求、实验条件、独立的程度等）。

5.1　研究性实验的教学要求

1. 研究性实验的性质与教学目的

1）研究性实验的性质

大学物理研究性实验是这样一类实验：它是由教师给出或者学生自己选择实验课题，教师提出实验要求，然后由学生自己拟定实验方案，制定实验步骤，主动收集有关信息，通过实验的观测和分析以及与他人的合作和交流去探索研究，从而发现"新"的物理现象，并通过提出猜想或假说，设计验证实验和按设计要求进行操作性实验，总结出他们原来并不知道的规律性的结论。

物理研究性实验的实质是学生自主地进行实验，在实验前对将要得到的实验结果并无真正了解，通常由学生自主地进行各种研究活动，包括形成问题、提出假设、提出模型、进行实验、观察、测量、制作，对观测结果或实验数据进行分析、解释、评价和交流等，教师只做组织引导。实验教学过程就是学生在教师有目的、有组织的指导下的发现过程。

2）开展研究性实验教学的必要性

传统的实验一般分为演示性实验、验证性实验和设计性实验等。演示性实验侧重于再现物理规律，使抽象的理论形象地表现出来，便于理解和掌握；验证性实验着重培养学生的基本实验技能；设计性实验着重培养学生的实验设计能力。实验教学是高等教育教学过程中实践性教学环节的一个重要组成部分，其实质是学生在教师的指导下，借助于实验设备和实验手段，选择适当的方法，将预定的实验对象的某些属性呈现出来，进而揭示实验对象的本质，加深学生对所学知识的理解和对新知识的探索，获得感知、真知，从而达到促使智力发展的目的。演示性实验、验证性实验和设计性实验都是对已存在的实验过程和实验结果的重复。学生会不自觉地将重点放在实验过程与实验结果的正确与否上，而把为何要设计这样的过程及对实验结果的分析排在次要地位。因此，在培养学生对新知识尤其是求知领域的探索能力方面表现不足，从而无法达到实验教学的最终目的。

因此，我们应当注重对学生新知识探索能力的培养，鼓励学生进行科学研究，通过开展研究性实验的教学，使学生在学习期间有机会接受科学研究训练，培养学生的实践能力和创新精神。

3）开展研究性实验教学的意义

研究性实验是培养学生能力、提高学生智力的重要手段。研究性实验可培养学生的科研意识和基本科研能力，为其后续发展奠定基础。在大学物理引入研究性实验的意义主要表现在以下几个方面。

(1) 研究性实验是大学生获取直接知识的渠道。大学生不应只满足于继承前人积累的知识，而应积极关注学科发展前沿，继续探索客观世界。这样便可获取直接知识。

(2) 有利于扩大知识面。由于研究性实验涉及的范围较广，这不仅要求学生具备专业的知识，还要具备物理、数学、计算机等方面的知识。学生通过研究性实验的锻炼，扩大了知识面。

(3) 培养学生独立自主学习的能力，培养学生的探究精神和创新能力，培养学生勇于探究未知领域的自信心。

(4) 培养学生的实验情感和态度：实事求是的科学态度的培养、自信心的树立、与人合作研究精神的培养、挫折承受能力的培养。

(5) 提高师资水平。为了指导学生做研究性实验，教师就必须在这方面提高业务水平，只有如此，才能更好地指导学生做研究性实验，才能保证和提高研究性实验的质量和水平。

4）研究性实验的教学目标

在大学物理实验课程中，通过开展研究性实验教学，应达到以下几个教学目标。

(1) 自学能力的培养。

自学能力是学生通过自己独立学习获得知识和技能的一种能力，自学能力包括独立阅读、独立思考、独立研究、独立观察、独立实验等能力。它的最大特点在于必须通过独立的活动，与物理环境发生相互作用，使自己的行为或行为潜力发生比较持久的变化。自主学习的能力是一个人获得知识和更新知识的基础。因此，大学物理研究性实验教学要重视学生自主学习能力的培养。

①培养学生会读物理资料，能够较快地读懂书中的内容，把握作者的写作思路和逻辑顺序，抓住某一节或某一段的基本内容和重点部分，从书中获得感知。

②培养学生会把感知的内容与认知结构中的已有知识和经验联系起来，找出新旧知识之间的差异和矛盾，发现问题和提出问题，通过思维加工找出问题的答案，在深入理解的基础上有意识地去记忆有关的重点内容。

③培养学生会利用参考书和查找资料，当从一本书中看不懂时，能及时地去找到其他书中的有关内容，几本书联系在一起阅读，多数疑难就能得到解决。

(2) 观察能力的培养。

观察力是观察活动的效力。学生与物理环境的作用从根本上说始于观察，从观察中获得感性材料。因此，观察力是物理学习认知活动的源泉，是学生获得感性认识的智力条件。观察物理现象的能力，是指在实验中正确选择观察对象，从观察对象中发现物理现象及与现象本质联系的能力。在大学物理研究性实验教学中，教师必须高度重视训练学生对实验中的现象进行深入细致而敏锐的观察，引导学生明确观察的目标，从实验所发生的各种现象中抓住最主要的现象。实验中出现的现象有的比较稳定，可以长时间观察，有的则瞬息即逝，教师要引导学生提高观察的速度，能迅速捕捉那些稍纵即逝的物理现象。教师还要特别注意培养学生观察的敏锐力，引导学生从一些平时不大引人注目的现象中发现新的线索，从而去研究一些新问题以获得新的发现。

大学物理研究性实验观察能力培养的目标包括：

①养成观察自然现象和物理现象的习惯；

②能够观察出自然现象和生活现象中某些物理要素及其作用方式；

③根据已定目的，正确选择物理实验中的观察对象，确定观察内容，能够正确区分实验中不同现象的主次，并能注意伴之发生的异常现象；

④根据观察对象的具体情况和观察目的，较熟练地使用一些有效的观察方法。

(3) 思维能力的培养。

物理实验中的思维能力，侧重的是指根据物理概念、规律、仪器性能、实验规范和实验现象与结论，并以相关学科作为工具，使用物理学的方法进行加工与升华的能力。作为物理思维工具的相关学科，通常包括文学、化学、数学、逻辑学等。

大学物理研究性实验思维能力培养的目标包括：

①善于对观察内容提出质疑；

②具有使用实验手段进行释疑和对设想与推理进行实验验证的明确意识；

③能应用学过的物理概念、规律提出和阐述实验原理，熟悉仪器使用和实验操作的规范，并能在这些基础上，拟定简单的实验方案或操作计划；

④对观察结果、实验现象、数据和结论，养成用物理概念、规律进行归纳、联想、解释或有逻辑地分析出本质的习惯，能够应用数学知识进行推理，认识并重视直觉的作用，能进行初步的误差分析；

⑤理解实验结论的相对性，注意在实验的全过程中，保持质疑心理，重视实验中各阶段的反思与总结。

(4) 动手操作能力的培养。

动手操作能力是将思维中有必要实践的内容，通过仪器、设备、工具来实现的能力。动手操作能力的目标属于技能领域目标。实验操作是实验实施的过程，操作在很大程度上影响着实验的结果。大学物理实验中的操作，是在观察和思维的配合下，按要求对器材进行组装，使之成为实验装置；或者对实验装置进行调试，使之能进行实验；或者使用测量工具测量某些物理量。实验操作技能与观察能力一样，是物理实验本身的要求。大学物理研究性实验操作能力培养的目标包括：

①在设计实验的过程中，能够运用简略实验，估计该方案的可行性，并据此修正原方案；

②具有根据实验方案或制作计划，进行规范操作的本领，能够按照仪器的说明书，基本正确的实验操作；

③必要时能够寻找代用品，并进行简易加工，使其解决实验中仪器设备方面的某些困难；

④掌握排除一般常见故障的方法。

(5) 情感态度的培养。

非认知性心理机能系统对智慧活动具有促进和调节功能。它们不直接参与对客观事物的认识，以及对各种内外信息的处理等具体操作，而是对智慧活动有启动、维持、强化、定向、引导和调节作用。它们不能体现一个人的智慧水平，所以人们把具有这类技能的各种心理因素统称为非智力因素，也叫情感因素。

大学物理研究性实验情感态度培养的目标包括：

①实事求是的科学态度；

②树立强烈的自信心；

③与人合作研究的精神；

④热爱科学，具有较强的承受挫折的能力。

2. 研究性实验的教学原则和基本理论

教学原则是根据教学过程的客观规律和一定的教育方针、教学目的而制定的，在整个教学工作中必须遵循的基本要求和指导原理。它既指导教师的教，又指导学生的学，应贯彻到教学过程的各个方面。在大学物理研究性实验的教学中应遵循学生主体性原则、教师主导性原则、因材施教原则、民主性原则、开放性原则和创新性原则。研究性实验教学的基本理论依据是认知结构理论、有意义学习理论、建构主义学习理论和主体性教育理论。

5.2　研究性实验的教学课题

下面是一些研究性实验的教学课题，仅供参考，更多及新增的课题会及时上传到物理实验课程网站上。

实验 5-1　电子秤的研究

测量重量的方法多种多样。经常遇到的是天平、杆秤、台秤等衡器（称量物体重量的器具）。总体来说，衡器按结构原理可分为机械秤、电子秤、机电结合秤三大类。从力学角度所依赖的主要原理是胡克定律或力的杠杆平衡原理，而随着科技的进步和知识的创新，衡器开始向材料学、电学方向拓展，比如利用应变金属组成的电子衡器，就是材料学和电学的综合。

应变式压力传感器就是一种可以用来设计衡器（电子秤）的装置。它是利用弹性敏感元件和应变计将被测压力转换为相应电阻值变化的压力传感器。目前应变式压力传感器广泛应用于各种工业控制环境，涉及水利水电、交通、智能建筑、生产自控、航空航天、军工、石化、油井、电力、船舶、机床、管道等众多行业。

【实验任务】

(1) 了解应变式压力传感器结构及工作原理，了解电子秤的设计思路。

(2) 学习、使用实验室的实验设备，研究简易电子秤模拟设计，给出相应分析。

(3) 使用实验室提供的应变式压力传感器，完成测量，并撰写完整的实验报告。

【实验室提供的备选器材】

压力传感器实验仪：型号 YJ-SC-1。

【成果导向教学设计】

知识：

(1) 基础知识：金属应变的应变效应。

(2) 测量原理：应变效应原理。

(3) 新技术：了解压力传感器的工作原理。

能力:

(1) 测量仪器的使用:YJ-SC-1 型压力传感器实验仪的使用。

(2) 实验总结:能建立数据与结果的关联;撰写完整的实验报告。

【实验报告】

(1) 写明本设计实验的目的和选题意义。

(2) 记录所选用的实验器材。

(3) 阐明应变效应的基本原理(包括测量公式的推导)。

(4) 记录实验的全过程,包括实验步骤、实验图示、各种实验现象和实验数据等。

(5) 通过数据处理,建立实验数据与实验结果的关联,给出测量结果。

(6) 分析实验结果,讨论设计中出现的各种问题,分析误差原因,提出改进意见。

(7) 列出实际为你提供帮助的参考资料。

【拓展研究】

(1) 如何选择正(受拉)应变片、负(受压)应变片的连接方法?

(2) 单臂电桥、半桥、全桥的灵敏度比较。

(3) 简要说明所设计的电子秤的最小分辨重量。

【参考资料】

[1] 仪器使用说明书.

[2] 广西科技大学大学物理实验教学网站.

实验 5-2　全息技术研究

全息技术是利用干涉和衍射原理记录并再现物体真实的三维图像的技术。第一步是利用干涉原理记录物体光波信息,此即拍摄过程:被摄物体在激光辐照下形成漫射式的物光束;一部分激光作为参考光束射到全息底片上,与物光束叠加产生干涉,把物体光波上各点的相位和振幅转换成在空间上变化的强度,从而利用干涉条纹间的反差和间隔将物体光波的全部信息记录下来。记录着干涉条纹的底片经过显影、定影等处理程序后,便成为一张全息图,或称全息相片。第二步是利用衍射原理再现物体光波信息,这是成像过程:全息图犹如一个复杂的光栅,在相干激光照射下,一张线性记录的正弦型全息图的衍射光波一般可给出两个像,即原始像(又称初始像)和共轭像。再现的图像立体感强,具有真实的视觉效应。全息图的每一部分都记录了物体上各点的光信息,故原则上它的每一部分都能再现原物的整个图像,通过多次曝光还可以在同一张底片上记录多个不同的图像,而且能互不干扰地分别显示出来。

全息光栅则是利用全息照相技术,在全息干板上曝光、成像得到的全息干涉条纹。

【实验任务】

(1) 研究全息照相的基本原理。

(2) 进行全息拍摄与再现。

(3) 通过多次曝光,在同一张底片上记录多个不同的图像,并进行实物再现。

(4) 制作全息光栅。

(5) 测量光栅常数。

(6) 使用实验室提供的仪器研究设计实验方案，完成测量，并撰写完整的实验报告。

【实验室提供的备选器材】

全息实验台，光具组件，激光器，全息干板，曝光定时器及电磁快门、暗室照相冲洗设备器材等。

【成果导向教学设计】

知识：

(1) 基础知识：光路和光程差、光的干涉和衍射。

(2) 实验原理：拍摄合格的全息相片的原理。

(3) 新技术：了解波前记录和波前重现的原理。

能力：

(1) 实验仪器的使用：JQS-4 型全息照相实验台及配套仪器的使用。

(2) 实验总结：能建立数据与结果的关联；撰写完整的实验报告。

(3) 安全实验；公民素质(个人能力、团队协作能力)(潜移默化地培养)。

【实验报告】

(1) 写明本实验的目的和选题意义。

(2) 记录所选用的实验器材。

(3) 阐明全息照相的基本原理。

(4) 记录实验的全过程，包括实验步骤、实验图示、各种实验现象和实验数据等。

(5) 通过数据处理，建立实验数据与实验结果的关联，给出实验结果。

(6) 分析实验结果，讨论设计研究中出现的各种问题，分析误差原因，提出改进意见。

(7) 列出实际为你提供帮助的参考资料。

【拓展研究】

了解 3D 全息投影技术的原理和应用进展。

【参考资料】

[1] 苏显渝，李继陶. 信息光学[M]. 北京：科学出版社，1999.

[2] 陈国杰，谢嘉宁. 物理实验教程[M]. 武汉：湖北科学技术出版社，2004.

[3] 李学金. 大学物理实验教程[M]. 长沙：湖南大学出版社，2001.

[4] 秦颖，李琦. 全息照相实验的技巧[J]. 大学物理实验，2004. 3，17(1)：40-41.

[5] 广西科技大学大学物理实验教学网站.

实验 5-3　直流电源参数及输出伏安特性

【实验任务】

(1) 研究直流电源的一般参数,了解负载对直流电源的输出特性的影响。

(2) 测量不同负载时直流电源的输出特性。

(3) 测量并计算直流电源内阻。

【实验室提供的备选器材】

九孔实验板;四盘十进电阻箱盒;数字式万用表;钮子开关盒;1 号干电池及电池盒;短路片、连接专用导线。

【成果导向教学设计】

知识:

(1) 基础知识:电路分析、负载、电动势。

(2) 测量原理:曲线的线性拟合。

(3) 新技术:用作图法研究变化规律。

能力:

(1) 测量仪器的使用:FB715-Ⅲ型物理实验装置的使用。

(2) 实验总结:能建立数据与结果的关联;撰写完整的实验报告。

(3) 安全实验;公民素质(个人能力、团队协作能力)(潜移默化地培养)。

【实验报告】

(1) 写明本实验的目的和选题意义。

(2) 记录所选用的实验器材。

(3) 阐明测量直流电源参数及输出伏安特性的基本原理。

(4) 记录实验的全过程,包括实验步骤、实验图示、各种实验现象和实验数据等。

(5) 通过数据处理,建立实验数据与实验结果的关联,给出测量结果。

(6) 分析实验结果,讨论设计研究中出现的各种问题,分析误差原因,提出改进意见。

(7) 列出实际为你提供帮助的参考资料。

【参考资料】

[1] 仪器使用说明书.

[2] 广西科技大学大学物理实验教学网站.

实验 5-4　用感应式落球法测量液体的粘滞系数的实验研究

各种液体具有不同程度的粘滞性,当液体流动时,平行于流动方向的各层流体速度都不相同,即存在着相对滑动,于是在各层之间就有摩擦力产生,这一摩擦力称为粘滞力。它的方向平行于接触面，其大小与速度梯度及接触面积成正比，比例系数 η 称为粘度或粘滞系数。它是表征液体粘滞性强弱的重要参数，液体的粘滞性的测量是非常重要的。例如，现代医学发现，许多心血管疾病都与血液粘度的变化有关，血液粘度的增大会使流入人体器官和组织的血流量减少，血液流速减缓，使人体处于供血和供氧不足的状态，这可能引起多种心脑血管疾病和其他许多身体不适症状。因此，测量血粘度的大小是检查人体血液健康的重要标志之一。又如，石油在封闭管道中长距离输送时，其输运特性与粘滞性密切相关，因而在设计管道前，必须要测量被输石油的粘度。

测量液体粘度有多种方法，本实验所采用的落球法是一种绝对法测量液体的粘度。如果一小球在粘滞液体中铅直下落，由于附着于球面的液层与周围其他液层之间存在着相对运动，因此小球受到粘滞阻力，它的大小与小球下落的速度有关。当小球做匀速运动时，测出小球下落的速度，就可以计算出液体的粘度。

本实验仪器应用现代金属探测技术和单片机计时方法测量小球下落时间，测量方法先进、测量精度高，克服了"落针霍尔法"测量误差大和"激光落球法"实验难的缺点，而且可以测量不透明的液体。

【实验任务】

使用实验室提供的仪器设计测量液体粘滞系数的方法，完成测量，并撰写完整的实验报告。

【实验室提供的备选器材】

HLD-IVM-Ⅱ型感应式落球粘滞系数测定仪（含金属探测器）（见图 5-4-1）、小钢球、蓖麻油、温度计、千分尺、游标卡尺、钢卷尺。

【成果导向教学设计】

知识：

（1）基础知识：粘滞阻力、粘滞系数、斯托克斯定律及其成立条件。

（2）测量原理：落球法测液体粘滞系数的原理。

（3）新技术：金属探测器计时原理。

能力：

（1）测量仪器的使用：HLD-IVM-Ⅱ型感应式落球粘滞系数测定仪的使用。

（2）实验研究能力。

（3）实验总结：能建立数据与结果的关联；撰写完整的实验报告。

（4）安全实验；公民素质（个人能力、团队协作能力）（潜移默化地培养）。

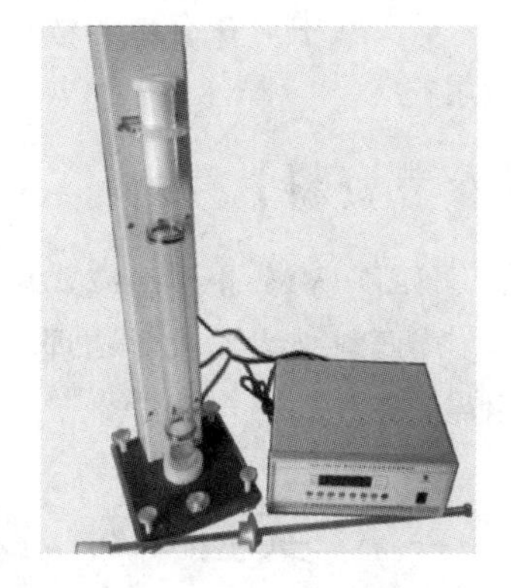

图 5-4-1　HLD-IVM-Ⅱ型感应式落球粘滞系数测定仪实物图

【研究内容】

（1）金属小球在粘性液体中下落时的受力研究。

（2）斯托克斯定律的适用条件是什么？在有限的液体空间内使用斯托克斯定律时如何进

行修正?

(3) 通过受力分析,推导出液体粘滞系数的计算公式。

(4) 研究金属探测器的计时原理。

【研究引导】

金属小球在粘性液体中下落时受到重力、浮力、粘滞阻力三个力的作用,其中粘滞阻力由斯托克斯定律给出。三力达到平衡时列出受力平衡方程,再对在有限的液体空间内使用斯托克斯定律时进行修正,即可推导出液体粘滞系数的计算公式。

【研究报告】

(1) 写明本研究实验的目的和选题意义。

(2) 记录所选用的实验器材。

(3) 阐明测量液体粘滞系数的基本原理(包括测量公式的推导)。

(4) 记录实验的全过程,包括实验步骤、实验图示、各种实验现象和实验数据等。

(5) 通过数据处理,建立实验数据与实验结果的关联,给出测量结果。

(6) 分析实验结果,讨论实验中出现的各种问题,分析误差原因,提出改进意见。

(7) 列出实际为你提供帮助的参考资料。

【拓展研究】

(1) 了解液体粘滞系数的多种测量方法,比较其优缺点。

(2) 测小球下落时间的方法有多种,如秒表直测计时、激光法计时、霍尔法计时、金属探测器感应法计时等,本实验用的金属探测器感应法计时有什么优点?

(3) 本实验中对在有限的液体空间内使用斯托克斯定律时进行的修正方法,对你有什么启发作用?

【参考资料】

[1] HLD-IVM-Ⅱ型感应式落球粘滞系数测定仪使用说明书.

[2] 广西科技大学大学物理实验教学网站(用感应式落球法测量液体的粘滞系数的实验研究引导).

实验 5-5 综合光学实验平台——θ 调制

θ 调制是最简单的空间滤波实验,它是通过特殊滤波器,控制像平面相关部位的灰度或色彩的一种调制——滤波方法,也称分光滤波。θ 调制用一般光源即可进行,色彩变化多端,可同时演示颜色合成、透镜成像和空间滤波等原理。

【实验任务】

(1) 了解空间滤波的基本原理,理解傅里叶光学中的空间频谱和空间滤波的概念。

(2) 学会利用光学元件组装 θ 调制光路,观察各种滤波器产生的滤波效果,加深对光学信息处理实质的认识。

(3) 了解简单的空间滤波在光信息处理中的实际应用。

(4) 使用实验室提供的仪器设计实验方案,完成实验,并撰写完整的实验报告。

【实验室提供的备选器材】

实验仪器装配图如图5-5-1所示。

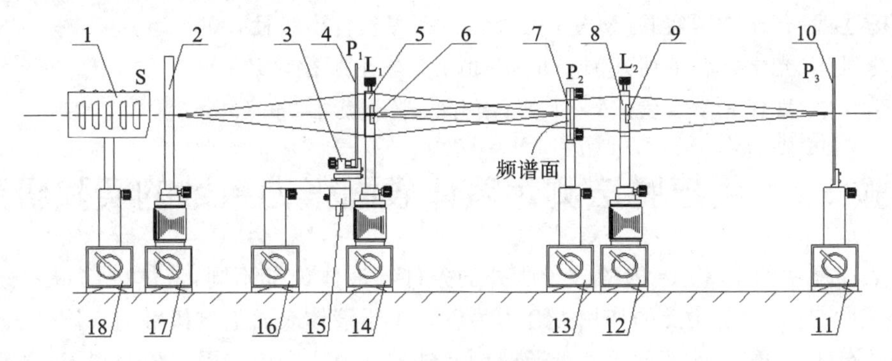

图5-5-1 实验仪器装配图

1—白光源(GY-6A);2—圆孔光阑S(SZ-15);3—透镜架(SZ-08);4—透镜 L_1($f'=150$ mm);5—θ调制片 P_1;6—干版架(SZ-12);7—纸架 P_2(SZ-50);8—透镜 L_2($f'=225$ mm);9—透镜架(SZ-08);10—毛玻璃屏 P_3(SZ-49);11—普通底座(SZ-04);12—升降调节座(SZ-03);13—普通底座(SZ-04);14—普通底座(SZ-04);15—延伸架(SZ-09);16—升降调节座(SZ-03);17—升降调节座(SZ-03);18—普通底座(SZ-04)

【成果导向教学设计】

知识:

(1) 基础知识:阿贝成像、空间频谱、空间滤波。

(2) 测量原理:分光滤波原理。

(3) 新技术:了解θ调制的基本原理。

能力:

(1) 测量仪器的使用:综合光学实验平台的使用。

(2) 实验总结:掌握光路等高共轴调节,能建立数据与结果的关联;撰写完整的实验报告。

(3) 安全实验;公民素质(个人能力、团队协作能力)(潜移默化地培养)。

【实验报告】

(1) 写明本设计实验的目的和选题意义。

(2) 记录所选用的实验器材。

(3) 阐明θ调制的基本原理。

(4) 记录实验的全过程,包括实验步骤、实验图示、各种实验现象和实验数据等。

(5) 通过数据处理,建立实验数据与实验结果的关联,给出测量结果。

(6) 分析实验结果,讨论设计中出现的各种问题,分析误差原因,提出改进意见。

(7) 列出实际为你提供帮助的参考资料。

【拓展研究】

(1) θ调制实验中如果使用单色光作为光源,会观察到彩色图像吗?为什么?

(2) 空间滤波时,是在第一个透镜的后焦平面上进行的,在其他位置可以吗?

【参考资料】

[1] 仪器使用说明书.
[2] 广西科技大学大学物理实验教学网站.
[3] 杨述武.普通物理实验[M].3 版.北京:高等教育出版社,2003.
[4] 赵凯华.光学(上、下册)[M].北京:北京大学出版社,1999.
[5] 李允中.现代光学实验[M].天津:南开大学出版社,1991.

实验 5-6　用拉脱法测定液体表面张力系数的实验研究

液体表层厚度约 10^{-10} m 内的分子所处的条件与液体内部不同,液体内部每一分子被周围其他分子所包围,分子所受的作用力合力为零。由于液体表面上方接触的气体分子,其密度远小于液体分子密度,因此液面每一分子受到向外的引力比向内的引力要小得多,也就是说所受的合力不为零,力的方向是垂直于液面并指向液体内部,该力使液体表面收缩,直至达到动态平衡。因此,在宏观上,液体具有尽量缩小其表面积的趋势,液体表面好像一张拉紧了的橡皮膜。这种沿着液体表面的、收缩表面的力称为表面张力。表面张力能说明液体的许多现象,如润湿现象、毛细管现象及泡沫的形成等。在工业生产和科学研究中常常要涉及液体特有的性质和现象。比如化工生产中液体的传输过程、药物制备过程及生物工程研究领域中关于动、植物体内液体的运动与平衡等问题。因此,了解液体表面性质和现象,掌握测定液体表面张力系数的方法是具有重要现实意义的。测定液体表面张力系数的方法通常有拉脱法、毛细管升高法和液滴测重法等。本实验仅介绍拉脱法。拉脱法是一种直接测定法。

【实验任务】

(1) 研究液体的表面张力系数,了解其决定因素。

(2) 研究拉脱法测量液体的表面张力系数的实验原理。

(3) 使用实验室提供的仪器设计液体表面张力系数的实验方案,完成测量,并撰写完整的实验报告。

【实验室提供的备选器材】

FB326C 型液体的表面张力系数测定仪,它包含底座、立柱、传感器固定支架、压阻力敏传感器、数字式毫伏表、有机玻璃器皿(连通器)、标准砝码(砝码盘)、圆筒形吊环,如图 5-6-1 所示。

【成果导向教学设计】

通过本实验的学习,学生能了解以下知识,培养以下能力。

知识:

(1) 基础知识:表面张力、表面张力系数、表面张力系数的决定因素。

(2) 测量原理:拉脱法测液体表面张力系数的原理。

(3) 新技术:了解压阻力敏传感器的工作原理。

图 5-6-1　FB326C 型液体的表面张力系数测定仪实物图

(4) 掌握方法:学会用标准砝码对测量仪进行定标的方法。

能力:

(1) 测量仪器的使用:FB326C 型液体的表面张力系数测定仪的使用。

(2) 培养用标准砝码对测量仪进行定标的能力。

(3) 实验总结:能建立数据与结果的关联;撰写完整的实验报告。

(4) 安全实验;公民素质(个人能力、团队协作能力)(潜移默化地培养)。

【研究内容】

(1) 在了解表面张力系数的概念及决定因素的基础上,研究用拉脱法测定纯水的表面张力的实验原理。

(2) 研究如何用标准砝码对测量仪进行定标。

【研究引导】

如果将一洁净的圆筒形吊环浸入液体中,然后缓慢地提起吊环,圆筒形吊环将带起一层液膜,其受力分析图如图 5-6-2 所示,使液面收缩的表面张力 f 沿液面的切线方向,角 ϕ 称为湿润角(或接触角)。

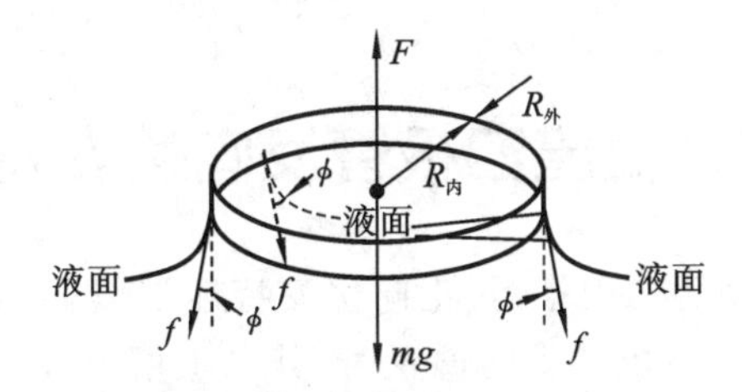

图 5-6-2　圆筒形吊环从液面缓慢拉起时的受力示意图

当继续提起圆筒形吊环时,ϕ 角逐渐变小而接近于零,这时所拉出的液膜的里外两个表面的张力 f 均垂直向下,设拉起液膜破裂时的拉力为 F,则有

$$F = (m + m_0)g + 2f \tag{5-6-1}$$

式中:m 为粘附在吊环上的液体的质量;m_0 为吊环质量。因表面张力的大小与接触面周边界长度成正比,则有

$$2f = \pi(D_{内} + D_{外})\alpha \tag{5-6-2}$$

式中:比例系数 α 称为表面张力系数,单位是 N/m,α 在数值上等于单位长度上的表面张力。

$$\alpha = \frac{F-(m+m_0)g}{\pi(D_{内}+D_{外})} \tag{5-6-3}$$

由于金属膜很薄,被拉起的液膜也很薄,m 很小可以忽略,于是公式可简化为

$$\alpha = \frac{F-m_0 g}{\pi(D_{内}+D_{外})} \tag{5-6-4}$$

表面张力系数 α 与液体的种类、纯度、温度和它上方的气体成分有关。实验表明:液体的温度越高,α 值越小;所含杂质越多,α 值也越小。只要上述这些条件保持一定,α 值就是一个常数。本实验的核心部分是准确测定 $F-m_0 g$,即圆筒形吊环所受到向下的表面张力,本实验用 FB326C 型液体的表面张力系数测定仪测定这个力。

【实验报告】

(1) 写明本设计实验的目的和选题意义。

(2) 记录所选用的实验器材。

(3) 阐明用拉脱法测量液体表面张力系数的基本原理(包括测量公式的推导)。

(4) 记录实验的全过程,包括实验步骤、实验图示、各种实验现象和实验数据等。

(5) 通过数据处理,建立实验数据与实验结果的关联,给出测量结果。

(6) 分析实验结果,讨论设计中出现的各种问题,分析误差原因,提出改进意见。

(7) 列出实际为你提供帮助的参考资料。

【拓展研究】

(1) 拉脱法的物理本质是什么?

(2) 若考虑拉起液膜的重量,实验结果应如何修正?

【参考资料】

[1] 仪器使用说明书.

[2] 广西科技大学大学物理实验教学网站(用拉脱法测定液体表面张力系数的实验研究引导).

实验 5-7 稳压二极管反向伏安特性研究

2EZ7.5D5 属硅半导体稳压二极管,其正向伏安特性类似于 1N4007 型二极管,其反向特性变化甚大。当 2EZ7.5D5 两端电压反向偏置时,其电阻值很大,反向电流极小,据资料显示其值不大于 0.5 μA。随着反向偏置电压的进一步增加,到 7~8.8 V 时,出现了反向击穿(有意掺杂而成),产生雪崩效应,其电流迅速增加。由此可知,在反向电压范围之外,电压稍许变化,将引起电流巨大变化。只要在线路中,对“雪崩”产生的电流进行有效的限流措施,其电流有少许一些变化,二极管两端电压仍然是稳定的(变化很小)。这就是稳压二极管的使用基础。

【实验任务】

(1) 研究稳压二极管反向伏安特性。

(2) 研究稳压二极管应用电路。

(3) 使用实验室提供的仪器设计实验方案,完成测量,并撰写完整的实验报告。

【实验室提供的备选器材】

DH-SJ1 物理实验装置,包括九孔板、二极管、电阻、电容、电感、可调电阻、可调电容、可调电感、微安表头、开关、连接线等。

【成果导向教学设计】

知识:

(1) 基础知识:二极管原理、单向导电性、雪崩效应。

(2) 测量原理:伏安法测稳压二极管反向伏安特性的原理。

(3) 新技术:二段式测量的实验原理。

能力:

(1) 测量仪器的使用:DH-SJ1 物理实验装置的使用。

(2) 实验总结:能建立数据与结果的关联;撰写完整的实验报告。

(3) 安全实验;公民素质(个人能力、团队协作能力)(潜移默化地培养)。

【实验报告】

(1) 写明本研究实验的目的和选题意义。

(2) 记录所选用的实验器材。

(3) 阐明用伏安法测稳压二极管反向伏安特性的基本原理。

(4) 记录实验的全过程,包括实验步骤、实验图示、各种实验现象和实验数据等。

(5) 通过数据处理,建立实验数据与实验结果的关联,给出测量结果。

(6) 分析实验结果,讨论设计研究中出现的各种问题,分析误差原因,提出改进意见。

(7) 列出实际为你提供帮助的参考资料。

【参考资料】

[1] 仪器使用说明书.

[2] 广西科技大学大学物理实验教学网站.

拓展阅读 7

全息技术简介

1. 全息技术的基本原理

全息照相是一种新型的照相技术。早在 1948 年伽柏(D. Gabor)就提出了全息原理。20 世纪 60 年代初,激光的发明使全息技术得到迅速的发展,并在许多领域得到了广泛的应用。

全息照相是基于光的干涉、衍射原理。它的关键是引入一束相干的参考光波,使其和来自物体的物光波有一定的夹角,在全息干板处相干涉,底片上以干涉条纹的形式记录下物光波的全部信息——强度和位相。这就是全息照相名称的由来。经过显影、定影等处理后,底片上形成明暗相间的复杂的干涉条纹,这就是全息图。若用与参考光相同的光束以同样的角度照射全息图,全息图上密密的干涉条纹相当于一块复杂的光栅,在光栅的衍射光中,会出现原来的物光波,能形成原物体的立体像。因此,全息照相可分为全息记录和波前重现两个基本过程,它们的本质就是干涉和衍射。

2. 全息照相的分类

全息照相按制作方法分为以下几类:

(1) 菲涅耳全息照相;

(2) 像面全息和一步彩虹全息照相;

(3) 二步彩虹全息照相;

(4) 合成彩虹全息照相。

3. 全息照相的基本特点

(1) 全息照相不同于普通照相。普通照相是基于几何透镜成像原理,普通照相照得再好也没有立体感。但全息照相却不同,我们只要改变观察的角度,就可以看被照物不同的方面。因为全息照相能将物体的全部几何特征信息都记录在底片上,因此所成的像本身就是三维的。

(2) 当全息照片被损坏或者大部分损坏的情况下,仍然可以从剩下的那一小部分上看到这张全息照片上所记录的原有被照物的全貌,即所谓窥一斑而知全豹。这是因为全息底片上的每一点上都记录有参考光和被照物漫反射光的全部信息。

(3) 全息照相在同一张全息底片上可以记录多幅全息图,在重现时被照物不会互相干扰。

4. 全息应用

1) 全息信息储存技术

全息信息存储是 20 世纪 60 年代随着激光全息发展而发明的一种大容量的高存储密度方式。因为全息照相可以在同一张感光片上重迭记录许多像,这为信息的大容量、高密度储存提供了可能。加上其具有高密度、高分辨率、衍射效率高、读取速率高、噪声低以及可并行等优点,因而受到广泛的关注。处在发展中的全息存储技术可以把一本几百页的书的内容存储在一张很小的全息照片上。有人作过对比,用光盘存储信息,每平方厘米可以存储的信息约为 10^6 位,而用全息存储,每平方厘米可以存 10^8 位,比光盘存储的信息高 100 倍,而且读出信息的时间只有 10^{-6} s。

2）全息显微技术

一般说来，欲看到一个较好的物体的三维图像，显微镜必须有较大景深。一般光学系统的相对孔径愈大，其景深就越小。对显微镜而言，欲提高其分辨能力就必须提高其数值孔径，造成的结果就是其景深很小，几乎只能看到是一个平面上的物，想观察一个立体的物体就要多次调焦。采用全息照相可以解决显微镜的分辨能力与景深的矛盾。全息图片是平面的，因此用显微镜观察时只需一次聚焦即可。利用参考光束，通过全息图可显现物的三维像。这样，只要事先拍出待观察物的全息图，利用显微镜即可观察到物的三维像。

在科学实验中经常要测样品中浮动粒子的分布、大小及其他特性，而这些粒子是不停地运动着的，利用显微镜根本无法直接观测这些粒子，因为观测时根本来不及将显微镜调焦在这些粒子上。应用全息图进行这类观测是方便可行的，因为只要在某时刻把这些粒子全部拍摄成全息图再进行观测即可。

3）全息干涉计量术

普通光学计量术，只能测量形状比较简单、表面光磨度很高的零部件。而全息干涉计量术能实现高精度的非接触无损测量，对任意形状、任意粗糙表面的物体均可测量。测量精度可以达到几百纳米（光波波长）数量级。由于全息图具有三维性质，使用全息技术可以从不同视角，借助参考光去考察一个形状复杂的物体的各个方面。因此，一个干涉计量全息图就相当于一般干涉计量多次观察的结果。

全息干涉计量术分为一次曝光法（实时全息干涉法）、二次曝光法（双曝光全息干涉法、夹层全息法）或连续曝光法（时间平均全息干涉法）。目前，全息干涉计量分析在无损检测、应变测量、振动分析、冲击波和流速场描绘等多个领域中得到应用。随着相关技术的发展，全息技术已与莫阿技术、激光散斑技术等结合起来，用于光电检测、CCD数据采集和计算机等技术来自动处理测量结果，以达到速度快、精度高、性价比优的特点。

4）全息模压术及防伪技术

把全息图片压印到一定的材料上，用白光再现时，可得到色彩艳丽而逼真的三维图像，随着全息立体图和真彩色全息的发展，模压全息图像在像质、色彩等方面有显著改善，并可表现动态景物，其深奥的成像原理及斑斓的闪光效果受到消费者的喜爱。

激光防伪技术包括激光全息图像防伪标识、加密激光全息图像防伪标识和激光光刻防伪技术三方面。

目前常用的是激光彩虹模压全息图文防伪技术，它是应用激光彩虹全息图制版技术和模压复制技术，在产品上制作的一种可视的图文信息。这种全息图可用日光观察，日光中的每一种波长的光都会被图片上的干涉条纹所衍射，因有不同的衍射角，故在不同的角度观看时，有不同颜色的再现图像。因此，它现已广泛应用于票证、商标及信用卡。

彩色全息图、合成全息图、密码全息图（用一个激光笔可读出图中的信息）都利用了激光全息技术，因而具有更好的防伪功能。这些防伪新技术，已逐渐应用在新型包装材料和更高技术层次的全息图像标识技术方面。